U0167192

高等学校建筑环境与能源应用工程专业规划教材

# 民用燃气具与输配设备测试技术

刘凤国　王洪林　张　蕊　编著

中国建筑工业出版社

图书在版编目（CIP）数据

民用燃气具与输配设备测试技术/刘凤国，王洪林，
张蕊编著. —北京：中国建筑工业出版社，2021.1
高等学校建筑环境与能源应用工程专业规划教材
ISBN 978-7-112-25825-3

Ⅰ．①民… Ⅱ．①刘… ②王… ③张… Ⅲ．①燃气用
具-测试-高等学校-教材②煤气输配-设备-测试-高等
学校-教材 Ⅳ.①TU996.7

中国版本图书馆 CIP 数据核字（2021）第 023195 号


责任编辑：张文胜
责任校对：李美娜

高等学校建筑环境与能源应用工程专业规划教材
民用燃气具与输酡设备测试技术
刘凤国　王洪林　张　蕊　编著
*
中国建筑工业出版社 出版、发行（北京海淀三里河路 9 号）
各地新华书店、建筑书店经销
霸州市顺浩图文科技发展有限公司制版
北京建筑工业印刷厂印刷
*
开本：787 毫米×1092 毫米　1/16　印张：13¾　字数：348 千字
2021 年 1 月第一版　　2021 年 1 月第一次印刷
定价：**48.00** 元
ISBN 978-7-112-25825-3
（35896）

# 前　言

近年来，随着我国发展水平的提高，城镇燃气得到了快速发展，生产能力和消费能力都有较大的增长。结合我国节能减排相关政策的推动，天然气消费比重越来越大，国家对民用和商用燃气利用领域的人才需求显得极为迫切。燃气测试技术，已成为建筑环境与能源应用工程专业大学生必须具备的基础知识技能。

本书系高等学校建筑环境与能源应用工程专业"民用燃气具与输配设备测试技术"课程的教科书，亦可供热能与动力工程、化工机械、工程热物理等专业使用，还可作为燃气输配公司和燃气设备生产企业的基本工具书。天津城建大学自1978年开设城市燃气专业以来，一直重视燃气测试技术方面的教学工作，经过多年的教学实践，在以现有教学自编教材的基础上，修改、补充编写成该书稿。

本书在介绍测量基本知识和误差分析的基础上，详细介绍了燃气成分的分析、燃气燃烧性质的测量、燃气燃烧设备的测试和燃气输配设备的测试等内容。编写组非常注重书稿内容与现有国家标准的符合度，同时，也介绍了最新测试仪器的使用方法。

本书共9章，第1章、第2章由天津城建大学环境与市政工程学院张蕊博士编写，第3章~第8章由天津城建大学能源与安全工程学院刘凤国教授编写，第9章由中国市政工程华北设计研究总院王洪林高级工程师编写。

本书亦可供机械、化工、家用电器、建筑、城市燃气工程等领域从事燃气输配、燃气测试技术、燃气设备检测有关的科研、设计、生产、测试等工作的技术人员参考。

由于编者水平有限，有不妥和错误之处，希望使用本书的人士给予批评指正。

# 目　　录

# 第1章　测试技术的基本知识

测试技术是人们认识客观事物的重要方法，是从客观事物中取得有关信息的认识过程。其特点是广博的理论性和丰富的实践性，随着现代科学技术的发展而发展。本章主要介绍计量、测量、测试技术的基本概念、测量方法及分类、测量仪表概况、测试系统的基本构成以及测试技术的国内外发展情况。

## 1.1　测试技术的基本概念

### 1.1.1　基本概念

1. 测量

人们通过对客观事物大量的观察和测量，形成了定性和定量的认识，通过归纳、整理建立起了各种定理和定律，而后又要通过测量来验证这些认识、定理和定律是否符合实际情况，经过如此反复实践，逐步认识事物的客观规律，并用以解释和改造世界。

测量是人们认识和改造世界的一种不可缺少和替代的手段。它是以确定被测物属性量值为目的的一组操作。通过测量和试验能使人们对事物获得定性或定量的概念，并发现客观事物的规律性。广义地讲，测量是对被测量进行检出、变换分析处理、判断、控制等的综合认识过程。据国际通用计量学基本名词推荐：测量是以确定量值为目的的一组操作，这种操作就是测量中的比较过程——将被测参数的量值与作为单位的标准量进行比较，比出的倍数即为测量结果。

2. 误差公理

在科学试验和工程实践中，由于客观条件的限制以及在测量工作中人的主观因素的影响，都会使测量结果与实际值不同，即测量误差客观存在于一切科学试验与工程实践中，没有误差的测量是不存在的，这就是所谓的误差公理。对测量误差的控制就成为衡量测量技术水平乃至科技水平的重要标志之一。研究误差的目的，就是要根据误差产生的原因、性质及规律，在一定测量条件下尽量减少误差，保证测量值有一定的可信度，将误差控制在允许的范围之内。

3. 计量

计量和测量是互有联系又有区别的两个概念。测量是通过实验手段对客观事物取得定量信息的过程，也就是利用实验手段把待测量直接或间接地与另一个同类已知量进行比较，从而得到待测量的值的过程。测量过程中所使用的器具和仪器就直接或间接地体现了已知量。测量结果的准确与否，与所采用的测量方法、实际操作和作为比较标准的已知量的准确程度都有着密切的关系。因此，体现已知量在测量过程中作为比较标准的各类量具、仪器仪表，必须定期进行检验和校准，以保证测量结果的准确性、可靠性和统一性，这个过程称为计量。计量的定义不完全统一，目前较为一致的意见是："计量是利用技术和法制手段实现单位统一和量值准确可靠的测量。"计量可看作测量的特殊形式，在计量过程中，认为所使用的量具和仪表是标准的，用它们来校准、检定受检量具和仪器设备，以衡量和保证使用受检量具仪器进行测量时所获得测量结果的可靠性。

4. 测试

测试是测量和试验的全称，有时把较复杂的测量称为测试。

5. 检测

检测是意义更为广泛的测量，是检验和测量的统称。具体到工程检测技术，则是对研究对象、生产过程实施定性检查和定量测量的技术。也就是根据检测的具体问题、误差理论及对象的特性，来合理设计、科学组建检测系统，正确地进行测量。检验是由测量来实现的，它常常需要分辨出参数量值所归属的某一范围带，以此来判别被测参数是否合格或某一现象是否存在。

### 1.1.2　测试技术的作用和任务

从测试技术的定义中可以看出，人类在研究未知世界的过程中是离不开测试技术的。人类最早只能依靠自身的感觉器官（听觉、视觉、嗅觉、味觉、触觉）和简陋的器具去考察自然现象，指导生产活动。随着科技的发展，人类获取信息的能力达到了新的高度和广度。当今的时代是以新材料、新能源开发、计算机技术、信息工程、自动控制技术、激光、生物技术、物联网技术、大数据分析技术等为主要标志的时代，各个学科之间相互渗透、相互促进、协调发展，测试技术和数据处理等日益为人们所重视。在燃气工程领域，通过对有关物理量（如温度、湿度、压力、压差、流量、热量、噪声等）的测量，不仅能够对产品运行状况、产品的质量提供客观的评价，对系统运行实时监测调度，还能够为生产、科研提供可靠的数据和反馈信息，成为探索、开发、创造新材料、新产品和实现系统优化运行的一种重要手段。

测试技术的主要任务体现在以下几个方面：

（1）对燃气具、燃气输配设备等的性能进行检定，以确保产品质量达到预定的标准。例如对燃气调压器、燃气燃烧器具的测试。通过测试一方面可以防止不合格材料、产品流入市场；另一方面可以通过测试发现材料、产品的缺陷，分析出原因，加以改进。通过测试可以给出材料和产品的性能参数，作为系统设计、施工的依据。

（2）对运行参数进行监测或控制，以保证系统正常运行。为保证燃气输配系统和应用设备能安全、可靠地运行，必须对与这些系统运行条件有关的量进行实时在线监测，以指导系统的正常运行。

（3）许多复杂系统仅凭已有的理论公式或经验公式进行计算是不够的，利用测试技术可以积累大量的系统实际运行参数的数据，通过对数据的分析研究，可以发现系统运行中存在的问题、改进的方法及建立系统的最优运行方案。

（4）在许多科学领域，测量技术占有很重要的地位，如土木工程、建筑环境工程、电子工程、气象学、地震学、海洋学的研究都是和测量技术分不开的。至于人造地球卫星的发射与回收、宇宙空间的探测、航天工程等尖端技术的科学研究则更是与测试技术紧密相关。因此，测试技术是科学技术发展中一项重要的基础性技术。

### 1.1.3　测试技术的内容和特点

测试技术是人们认识客观事物的重要方法，是从客观事物中取得有关信息的认识过程。在这过程中，借助于专门的仪器设备，通过正确的试验及相应的数学处理，求得所研究对象的有关信息。

研究对象的有关信息有些是可以直接检测的。例如，温度的变化可以引起温度敏感元件（如：热敏电阻）阻值的变化，其阻值的变化量是可以直接测量的。可是，对于有些研究对象，它的某些参数的测量就不那么容易。对于这样的对象，必须首先根据被测参数的特性选择相应的传感器，并设计一个正确的测试系统，通过对传感器获取的信号进行加工、处理才能获得所研究对象的正确参数。有些复杂对象的动态特性则只有通过对它的激励和系统响应的测试才能求得。

从广义角度来讲，测试技术涉及传感器、试验设计、模型理论、信号加工与处理、误差理论、控制工程和参数估计等内容。从狭义的角度来讲，测试技术则是指在一定的激励方式下，信号的测量、数据的处理、数据的记录乃至显示等内容。与之相对应的各具体环节构成测试系统。本书主要介绍民用燃气设备测试技术中的基本知识、基本理论、仪表、基本测试方法以及测试案例。

基本知识主要是指计量、测量、测试、误差的概念以及测试系统的基本构成。

基本理论主要是指测量理论、误差理论、测试系统理论。

传感器和仪表主要是指本专业所涉及的传感器与相应的仪表的原理、选择应用及校准方法。

基本测试技能主要包括根据测试对象正确构思测试系统，合理选择各类传感器、组建测试系统，对测试结果进行正确处理分析。

测试案例主要有：燃气成分分析、燃气燃烧性质的测定、民用及工业燃气燃烧设备的测试、商用燃气厨具的测试、燃气输配设备的测试。

如果所测试的信号不随时间变化，或相对观察时间而言，其变化非常缓慢，则称这种测试是静态的。如果所测试的信号变化较快，这种测试则属于动态测试。测试技术既涉及静态测试也涉及动态测试。由于动态测试系统与静态测试系统的差别，因此在传感器的选择、测试系统的构建及数据的处理方法等方面应采用不同的方法。

### 1.1.4 测试技术的发展

测试技术是随着现代科学技术的发展而迅速发展起来的一门新兴学科。现代科学技术的发展离不开测试技术，而且不断对测试技术提出新的要求。另一方面，现代测试方法和测试系统的出现和不断完善、提高又是科学技术发展的结果，两者是互相促进的。可以说，采用先进的测试技术是科学技术现代化的重要标志之一，也是科学技术现代化必不可少的条件。反过来，测试技术的水平又在一定程度上反映了科学技术的发展水平。科学技术的发展，使测试技术达到了一个新的水平，其主要标志有以下几个方面：

1. 传感器技术水平的提高

由于物理学、化学、半导体材料学、微电子学及加工工艺等方面的新成就，使传感器向着灵敏度高、精确度高、测量范围大、智能化程度高、环境适应性好等方向发展。已经研制成功很多可以检测压力、温度、湿度、热、光和磁等物理量和气体化学成分的智能传感器。光导纤维不仅可以用作信号的传输，而且可作为传感器。微电子技术的发展已能将某些电路乃至微处理器和传感、测量部分做成一个整体，使传感器本身具有检测、放大、判断和一定的信号处理功能。可以说传感器的小型化与智能化已经成为当代科学技术发展的标志，也是测试技术发展的明显趋势。

**2. 测试方法的推进**

随着光电、超声波、射线、微波等技术的发展，使得非接触式测量技术得到发展。随着光纤、光放大器等光元件的发展，使信号的传输和处理不再局限于电信号，出现了采用光的测量方法。随着超低功耗电子器件的发展，电池供电的超低功耗仪表的出现，使得离线式测试系统得到了广泛的应用。

**3. 测试系统的智能化**

计算机技术的普及与发展使测试技术发生了根本变化。计算机技术在测试技术中的应用突出地表现在整个测试工作可在计算机的控制下，自动按照给定的试验程序进行，直接给出测试结果，构成了自动测试系统。其他诸如波形存储、数据采集、非线性校正和系统误差的消除、数字滤波、参数估计等方面也都是计算机技术在测试领域中应用的重要成果。测试技术已经成为自动控制系统中一个重要组成部分。宇宙空间站的建立，航天飞机的发射和返回，人造地球卫星的发射和回收，都是自动控制技术的重要成果。生产过程自动化已经成为当今工业生产实现高精度、高效率的重要手段。而一切自动控制过程都离不开测试技术，利用测试得到的信息，自动调整整个运行状态，使生产、控制过程在预定的理想状态下进行。实现"以信息流控制物质和能量流"的自动控制过程。

**4. 测试系统广泛应用**

随着科学技术的发展，测试技术应用的领域不断扩大。可以说，它涉及所有几何量和物理量，诸如力、位移、速度、硬度、流量、流速、时间、频率、温度、热量、电声、噪声、超声、光度、光谱、色度、激光、电学、磁学等。

## 1.2　测量方法及分类

### 1.2.1　测量

测量是以同性质的标准量与被测量比较，并确定被测量相对标准量的倍数（标准量应该是国际上或国家所公认和性能稳定的）。测量的定义也可用公式来表示：

$$L = \frac{X}{U} \tag{1-1}$$

式中　$X$——被测量；

　　　$U$——标准量（测量单位）；

　　　$L$——比值，又称测量值。

由式（1-1）可见，$L$ 的大小随选用的标准量的大小而定。为了正确反映测量结果，常需在测量值的后面标明标准量 $U$ 的单位。例如长度的被测量为 $X$，标准量 $U$ 的单位采用国际单位制——米，测量的读数为 $L$（m）。

测量过程中的关键在于被测量和标准量的比较。有些被测量与标准量是能直接进行比较而得到被测量的量值，例如用天平测量物体的重量。但被测量和标准量能直接比较的情况并不多。大多数被测量和标准量都需要变换到双方都便于比较的某一个中间量，才能进行比较，例如用水银温度计测量水温时，水温被变换成玻璃管内水银柱的高度，而温度的标准量被变换为玻璃管上刻度，两者的比较被变换成为玻璃管内水银柱高度的比较。这种变换并不是唯一的，例如用热电阻测量水温时，水温被变换成电阻值，而温度的标准量被变换为电阻的刻度值，温度的比较则变换成电阻值的比较。通过变换可以实现测量，变换也是实现测量的核心，一个新的变换对应着一个新的测量元件、一个新的测量方法的产生。

### 1.2.2 测量方法分类

一个物理量的测量，可以通过不同的方法实现。测量方法的选择正确与否，直接关系到测量结果的可信赖程度，也关系到测量工作的经济性和可行性。不当或错误的测量方法，除了得不到正确的测量结果外，甚至会损坏测量仪器和被测量设备。有了先进精密的测量仪器设备，并不等于一定能获得准确的测量结果。必须根据不同的测量对象、测量要求及测量条件，选择正确的测量方法、合适的测量仪器及构造测量系统，并进行正确操作，才能得到理想的测量结果。

从不同的角度出发，可以对测量方法进行不同的分类：

按测量的手段分类：直接测量法、间接测量法、组合测量法；

按测量方式分类：偏差式测量法、零位式测量法、微差式测量法；

按测量敏感元件是否与被测介质接触分类：接触式测量法、非接触式测量法；

按被测对象参数变化快慢分类：静态测量、动态测量；

按测量系统是否向被测对象施加能量分类：主动式测量法、被动式测量法；

按测量数据是否需要实时处理分类：在线测量、离线测量；

按测量时测量者对测量过程的干预程度分类：自动测量、非自动测量；

按被测量与测量结果获取地点的关系分类：本地（原位）测量、远地测量（遥测）；

按被测量的属性分类：电量测量和非电量测量。

### 1.2.3 测量方法

1. 测量手段不同的测量方法

（1）直接测量：它是指直接从测量仪表的读数获取被测量量值的方法，比如用压力表测量管道水压，用欧姆表测量电阻阻值等。直接测量的特点是不需要对被测量与其他实测的量进行函数关系的辅助运算，因此测量过程简单、迅速，是工程测量中广泛应用的测量法。

（2）间接测量：它是利用直接测量的量与被测量之间的函数关系（可以是公式、曲线或表格等）间接得到被测量的量值的方法。例如需要测量电阻 $R$ 上所消耗的直流功率 $P$，可以通过直接测量电压 $U$，电流 $I$，而后根据函数关系 $P=UI$，经过计算，间接获得功率 $P$。间接测量费时费事，常在下列情况下使用：直接测量不方便、间接测量的结果较直接测量更为准确或缺少直接测量仪器等。

（3）组合测量：当某项测量结果需用多个未知参数表达时，可通过改变测量条件进行多次测量，根据测量的量与未知参数间的函数关系列出方程组并求解，进而得到未知量，这种测量方法称为组合测量。

2. 测量方式不同的测量方法

（1）偏差式测量法：在测量过程中，用仪器仪表指针的位移（偏差）表示被测量大小的测量方法。例如使用万用表测量电压，使用水银温度计测量温度等。由于是从仪表刻度上直接读取被测量，包括大小和单位，因此这种方法也叫直读法。用这种方法测量时，作为计量标准的实物并不装在仪表内直接参与测量，而是事先用标准量具对仪表读数、刻度进行校准，实际测量时根据指针偏转大小确定被测量量值。这种方法的显著优点是简单方便，在工程测量中被广泛采用。

（2）零位式测量法：零位式测量法又称作零示法或平衡式测量法。测量时用被测量与标准相比较（因此也把这种方法叫作比较测量法），用指零仪表（零示器）指示被测量与标准量相等（平衡），从而获得被测量。利用惠斯登电桥测量电阻是这种方法的一个典型例子，如图1-1所示。当电桥平衡时，可以得到：

$$R_x = \frac{R_1}{R_2} \cdot R_4 \tag{1-2}$$

通常是先大致调整比率 $R_1/R_2$，再调整标准电阻 $R_4$，直至电桥平衡，充当零示器的检流计 PA 指示为零，此时即可根据式（1-2）由比率和 $R_4$ 得到被测电阻 $R_x$ 的值。

只要零示器的灵敏度足够高，零位式测量法的测量准确度几乎等于标准量的准确度，因而测量准确度很高，这是它的主要优点，常应用在实验室作为精密测量的一种方法。但由于测量过程中为了获得平衡状态，需要进行反复调节，即使采用一些自动平衡技术，测量速度仍然较慢，这是这种方法的一个不足。

（3）微差式测量法：偏差式测量法和零位式测量法相结合，构成微差式测量法。它通过测量待测量与标准量之差（通常该差值很小）来得到待测量量值，如图1-1所示。

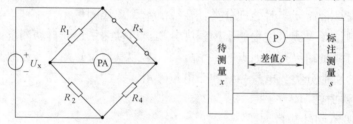

图1-1 惠斯登电桥测量电阻示意图与微差式测量法示意图

图中 P 为量程不大但灵敏度很高的偏差式仪表，它指示的是待测量 $x$ 与标准量 $s$ 之间的差值：$\delta = x - s$，即 $x = s + \delta$。可以证明，只要 $\delta$ 足够小，这种方法的测量准确度基本上取决于标准量的准确度。而和零位式测量法相比，它又可以省去反复调节标准量大小以求平衡的步骤。因此，它兼有偏差式测量法的测量速度快和零位式测量法测量准确度高的优点。微差式测量法除在实验室中用作精密测量外，还广泛应用在生产过程参数的测量上。

3. 在线式与离线式测量方法

测量系统状态数据的目的是为了应用。一类应用要求测量数据必须是实时的，即测量、数据存储、数据处理及数据应用在同一个采样周期内完成，例如：燃气锅炉的炉膛负压控制中的负压测量数据，空调房间温湿度控制系统中的温度、湿度测量数据，集中供热调度系统中的压力、压差、温度、流量等测量数据，这些数据如果失去实时性，将没有任何意义，因此应采用在线式测量方法。另一类应用则对测量数据没有实时应用的要求，一般情况下是在每一个采样周期内进行测量及存储数据，数据处理及数据应用在今后的某一时刻进行。

### 1.2.4 测量方法的选择原则

在选择测量方法时，要综合考虑下列主要因素：（1）被测量本身的特性；（2）所要求的测量准确度；（3）测量环境；（4）现有测量设备等。在此基础上，选择合适的测量仪器和正确的测量方法。正确可靠的测量结果的获得，要依据测量方法和测量仪器的正确选择、正确操作和测量数据的正确处理。否则，即便使用价值昂贵的精密仪器设备，也不一定能够得到准确的结果，甚至可能损坏测量仪器和被测设备。

不应认为只有使用精密的测量仪器才能获得准确的测量结果。实际上，有时选择一种好的、正确的测量方法，即便使用极为普通的设备，也同样可以得到令人满意的测量结果。在设计采用热电阻作为敏感元件的温度测量仪表中，对上述问题要特别加以注意。

# 1.3　测量仪表概述

测量仪表是将被测量转换成可供直接观察的指示值或等效信息的器具，包括各类指示仪器、比较仪器、记录仪器、传感器和变送器等。利用电子技术对各种待测量进行测量的设备，统称为电子测量仪表。为了正确地选择测量方法、测量仪表及评价测量结果，本节对测量仪表的概况，包括它的组成、主要功能、主要性能指标和分类作一些概括介绍。

## 1.3.1　测量仪表的类型

测量仪表有模拟式与数字式两大类。所谓模拟式测量仪表是对连续变化的被测物理量（模拟量）直接进行连续测量、显示或记录的仪表，例如玻璃水银温度计、电子式热电阻温度测量记录仪等，模拟式测量仪表仍在被广泛应用。数字式测量仪表是将被测的模拟量首先转换成数字量再对数字量进行测量的仪表。它将被测的、连续的物理量通过各种传感器和变送器变换成直流电压或频率信号后，再进行量化处理变成数字量，然后再进行对数字量的处理（编码、传输、显示、存储及打印）。相对于模拟式测量仪表，数字式测量仪表具有测量精度高、测量速度快、读数客观、易于实现自动化测量及与计算机连接等优点。由此可见，数字式测量仪表具有广泛的应用领域及发展前景。

## 1.3.2　测量仪表的功能

各类测量仪表一般具有物理量的变换、信号的传输和测量结果的显示三种最基本的功能。

### 1. 变换功能

对于电压、电流等电学量的测量，是通过测量各种电效应来达到目的的。比如作为模拟式仪表最基本构成单元的动圈式检流计（电流表），就是将流过线圈的电流强度，转化成与之成正比的扭矩而使仪表指针偏转初始位置一个角度，根据角度偏转大小（这可通过刻度盘上的刻度获得）得到被测电流的大小，这就是一种很基本的变换功能。对非电量测量，更需将各种非电物理量如压力、温度、湿度、物质成分等，通过各种对之敏感的敏感元件（通常称为传感器），转换成与之相关的电压、电流等，再通过对电压、电流的测量，得到被测物理量的大小。随着测量技术的发展和需要，现在往往将传感器、放大电路及其他有关部分构成独立的单元电路，将被测量转换成模拟的或数字的标准电信号，送往测量和处理装置，这样的单元电路常称为变送器，是现代测量系统中极为重要的组成部分。

### 2. 传输功能

在遥测遥控等系统中，现场测量结果经变送器处理后，需经过较长距离的传输才能送到测量中心控制室。不管采用有线的还是无线的方式，传输过程中造成的信号失真和外干扰等问题都会存在。因此，现代测量技术和测量仪表必须认真对待测量信息的传输问题。

3. 显示功能

测量结果必须以某种方式显示出来才有意义。因此，任何测量仪器都必须具备显示功能。比如模拟式仪表通过指针在仪表度盘上的位置显示测量结果，数字式仪表通过数码管、液晶或阴极射线管显示测量结果。除此以外，一些先进的仪表，如智能仪表等还具有数据记录、处理及自检、自校、报警提示等功能。

### 1.3.3　测量仪表的主要性能指标

从获得的测量结果角度评价测量仪表的性能，主要包括以下几个方面。

1. 精度

精度是指测量仪表的读数或测量结果与被测量真值相一致的程度。对精度目前还没有一个公认的定量的数学表达式，因此常作为一个笼统的概念来使用，其含义是：精度高，表明误差小；精度低，表明误差大。因此，精度不仅用来评价测量仪器的性能，也是评定测量结果最主要、最基本的指标。精度又可用精密度、正确度和准确度三个指标加以表征。

(1) 精密度 ($\delta$)：精密度说明仪表指示值的分散性，表示在同一测量条件下对同一被测量进行多次测量时，得到的测量结果的分散程度。它反映了随机误差的影响，精密度高，意味着随机误差小，测量结果的重复性好。比如某压力表的精密度为 0.001MPa，即表示用它对相同压力进行测量时，得到的各次测量值的分散程度不大于 0.001MPa。

(2) 正确度 ($\varepsilon$)：正确度说明仪表指示值与真值的接近程度。所谓真值是指待测量在特定状态下所具有的真实值的大小。正确度反映了系统误差（例如仪表中放大器的零点漂移等）的影响。正确度高则说明系统误差小，比如某温度表的正确度是 0.2℃，则表明用该温度表测量温度时的指示值与真值之差不大于 0.2℃。

(3) 准确度 ($\tau$)：准确度是精密度和正确度的综合反映。准确度高，说明精密度和正确度都高，也就意味着系统误差和随机误差都小，因而最终测量结果的可信赖度也高。

在具体的测量实践中，可能会有这样的情况：正确度较高而精密度较低，或者情况相反，相当精密但欠正确。当然理想的情况是既正确又精密，即测量结果准确度高。要获得理想的结果，应满足三个方面的条件：性能优良的测试仪表、正确的测量方法和正确细心的测量操作。为了加深对精密度、正确度和准确度三个概念的理解，可以以射击打靶为例加以比喻。图 1-2 中，以靶心比作被测量真值，以靶心上的弹着点表示测量结果。其中图 1-2 (a) 弹着点分散而偏斜，对应测量中既不精密也不正确，即准确度很低。图 1-2 (b) 弹着点虽然分散，但总体而言都围绕靶心，属于正确而欠精密。图 1-2 (c) 弹着点密集但明显偏向一方，属于精密度高而正确度差。图 1-2 (d) 弹着点相互很近而且都围绕靶心，属于既精密又正确，因而准确度很高。

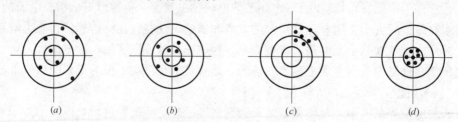

|  |  |  |  |
|:---:|:---:|:---:|:---:|
| (a) | (b) | (c) | (d) |

图 1-2　用射击比喻测量

## 2. 稳定度

稳定度也称稳定误差，是指在规定的时间区间，其他外界条件恒定不变的情况下，仪表示值变化的大小。造成这种示值变化的原因主要是仪器内部各元器件的特性、参数不稳定和老化等。稳定度可用示值绝对变化量与时间一起表示。

## 3. 输入电阻

前面曾提到测量仪表的输入电阻对测量结果的影响。像电压表等类仪表，测量时并联于待测电路两端。不难看出，测量仪表的接入改变了被测电路的阻抗特性，这种现象称为负载效应。为了减小测量仪表对待测电路的影响，提高测量精度，通常对这类测量仪表的输入阻抗都有一定要求。仪表的输入阻抗一般用输入电阻 $R_i$ 表示。例如用于测量温度（四线制热电阻法）的电压表输入阻抗为 $R_i=10\text{M}\Omega$。

## 4. 灵敏度

灵敏度表示测量仪表对被测量变化的敏感程度，一般定义为测量仪表指示值（指针的偏转角度、数码的变化等）增量 $\Delta y$ 与被测量增量 $\Delta x$ 之比。灵敏度的另一种表述方式叫作分辨力或分辨率，定义为测量仪表所能区分的被测量的最小变化量，在数字式仪表中经常使用。例如数字式温度表的分辨力为 0.1℃，表示该数字式温度表上最末位跳变 1 个字时，对应的温度变化量为 0.1℃，即这种数字式温度表能区分出最小为 0.1℃ 的温度变化。可见，分辨力的值越小，其灵敏度越高。由于各种干扰和人的感觉器官的分辨能力等因素，不必也不应该苛求仪器有过高的灵敏度。否则将导致测量仪器过高的成本以及实际测量操作的困难，通常规定分辨力为允许绝对误差的 1/3 即可。

## 5. 线性度

线性度是测量仪表输入输出特性之一，表示仪表的输出量（示值）随输入量（被测量）变化的规律。若仪表的输出为 $y$，输入为 $x$，两者关系用函数 $y=f(x)$ 表示，如果 $y=f(x)$ 为 $y-x$ 平面上过原点的直线，则称之为线性刻度特性，否则称为非线性刻度特性。

## 6. 动态特性

测量仪表的动态特性表示仪表的输出响应随输入变化的能力。例如模拟电压表由于动圈式表头指针惯性、轴承摩擦、空气阻尼等因素的作用，使得仪表的指针不能瞬间稳定在固定值上。

最后指出，上述测量仪表的几个特性是就一般而论，并非所有仪表都用上述特性加以考核。

# 1.4 计量的基本概念

计量是利用技术和法制手段实现单位统一和量值准确可靠的测量。在计量过程中，认为所使用的量具和仪器是标准的，用它们来校准、检定受检量具和仪器设备，以衡量和保证使用受检量具仪器进行测量时所获得测量结果的可靠性。计量涉及计量单位的定义和转换，量值的传递和保证量值统一所必须采取的措施、规程和法制等。

## 1.4.1 单位制

任何测量都要有一个统一的体现计量单位的量作为标准，这样的量称作计量标准。计量单位是有明确定义和名称并令其数值为 1 的固定的量，例如长度单位 1 米（m），时间单位 1 秒（s）。计量单位必须以严格的科学理论为依据进行定义。法定计量单位是国家以法令形式规定使用的计量单位，是统一计量单位制和单位量值的依据和基础，因而具有统一性、权威性和法制性。1984 年 2 月 27 日国务院发布的《关于在我国统一实行法定计量单位的命令》指出：我国的计量单位一律采用《中华人民共和国法定计量单位》。我国法定计量单位以国际单位制（SI）为基础，并包括 10 个我国选定的非国际单位制单位，如时间（分、时、天）、平面角（秒、分、度）、长度（海里）、质量（吨）和体积（升）等。在国际单位制中，分为基本单位、导出单位和辅助单位。基本单位是那些可以彼此独立地加以规定的物理量单位，共 7 个，分别是长度单位米（m）、时间单位秒（s）、质量单位千克（kg）、电流单位安培（A）、热力学温度单位开尔文（K）、发光强度单位坎德拉（cd）和物质的量单位摩尔（mol）。由基本单位通过定义、定律及其他函数关系派生出来的单位称为导出单位。

由基本单位、辅助单位和导出单位构成的完整体系，称为单位制。单位制随基本单位的选择而不同。国际单位制是由前面列举的 7 个基本单位、2 个辅助单位及 19 个具有专门名称的导出单位构成的一种单位制，国际上规定以拉丁字母 SI 作为国际单位制的简称。

### 1.4.2　计量基准

基准是指用当代最先进的科学技术和工艺水平，以最高的准确度和稳定性建立起来的专门用以规定、保持和复现物理量计量单位的特殊量具或仪器装置等。根据基准的地位、性质和用途，基准通常又分为主基准、副基准和工作基准，也分别称作一级、二级和三级基准。

1. 主基准

主基准也称作原始基准，是用来复现和保存计量单位，具有现代科学技术所能达到的最高准确度的计量器具，经国家鉴定批准，作为统一全国计量单位量值的最高依据。因此主基准也叫国家基准。

2. 副基准

通过直接或间接与国家基准比对，确定其量值并经国家鉴定批准的计量器具。它在全国作为复现计量单位的副基准，其地位仅次于国家基准，平时用来代替国家基准使用或验证国家基准的变化。

3. 工作基准

经与主基准或副基准校准或比对，并经国家鉴定批准，实际用以检定下属计量标准的计量器具。它在全国作为复现计量单位的地位仅在主基准和副基准之下。设置工作基准的目的是不使主基准或副基准因频繁使用而失去原有的准确度。

### 1.4.3　量值的传递与跟踪，检定与比对

1. 量值的传递与跟踪中涉及的几个相关的概念

（1）计量器具

复现量值或将被测量转换成可直接观测的指示值或等效信息的量具、仪器、装置。

（2）计量标准器具

准确度低于计量基准，用于检定计量标准或工作计量器具的计量器具。它可按其准确度等级分类，如 1 级、2 级、3 级、4 级、5 级标准砝码。标准器具按其法律地位可分为

三类：

1）社会公用计量标准：指县以上地方政府计量部门建立的，作为统一本地区量值的依据，并对社会实施计量监督具有公证作用的各项计量标准。

2）部门使用的计量标准：指省级以上政府有关主管部门组织建立的统一本部门量值依据的各项计量标准。

3）企事业单位使用的计量标准：指企业、事业单位组织建立的作为本单位量值依据的各项计量标准。

（3）工作计量器具

工作岗位上使用，不用于进行量值传递而是直接用来测量被测对象量值的计量器具。

（4）比对

在规定条件下，对相同准确度等级的同类基准、标准或工作计量器具之间的量值进行比较，其目的是考核量值的一致性。

（5）检定

用高一等级准确度的计量器具对低一等级的计量器具进行比较，以达到全面评定被检计量器具的计量性能是否合格的目的。一般要求计量标准的准确度为被检者的 $1/10 \sim 1/3$。

（6）校准

校准是指被校的计量器具与高一等级的计量标准相比较，以确定被校计量器具的示值误差（有时也包括确定被校器具的其他计量性能）的全部工作。一般而言，检定要比校准包括的内容更广泛。

2. 量值的传递与跟踪

量值的传递与跟踪是把一个物理量单位通过各级基准、标准及相应的辅助手段准确地传递到日常工作中所使用的测量仪器、量具，以保证量值统一的全过程。

如前所述，测量就是利用实验手段，借助各种测量仪器量具（它们作为和未知量比较的标准），获得未知量量值的过程。显然，为了保证测量结果的统一、准确、可靠，必须要求作为比较标准的准确、统一、可靠。因此，测量仪器量具在制造完毕时，必须按规定等级的标准（工作标准）进行校准，该标准又要定期地用更高等级的标准进行检定，一直到国家级工作基准，如此逐级进行。同样，测量仪器量具在使用过程中也要按法定规程（包括检定方法、检定设备、检定步骤，以及对受检仪器量具给出误差的方式等），定期由上级计量部门进行检定，并发给检定合格证书。没有合格证书或证书失效（比如超过有效期）者，该仪器的精度指标及测量结果只能作为参考。检定、比对和校准是各级计量部门的重要业务活动，主要是通过这些业务活动和国家有关法令、法规的执行，将全国各地区、各部门、各行业、各单位都纳入法律规定的完整计量体系中，从而保证现代社会中的生产、科研、贸易、日常生活等各个环节的顺利运行和健康发展。

# 第 2 章　测量误差和数据处理

人们进行测量的目的，通常是为了获得尽可能接近真值的测量结果，如果测量误差超出一定限度，测量工作及由测量结果所得出的结论就失去了意义。在科学研究及现代生产中，错误的测量结果有时还会使研究工作误入歧途甚至带来灾难性后果。因此，人们不得不认真对待测量误差，研究误差产生的原因，误差的性质，减小误差的方法以及对测量结果的处理方法。

本章主要介绍测量误差、数据处理及测量不确定度的基本内容。

## 2.1　测　量　误　差

在实际测量中，由于测量器具不准确、测量手段不完善、环境影响、测量操作不熟练及工作疏忽等因素，都会导致测量结果与被测量真值不同。测量仪器仪表的测得值与被测量真值之间的差异，称为测量误差。测量误差的存在具有必然性和普遍性，人们只能根据需要和可能，将其限制在一定范围内而不可能完全加以消除。

### 2.1.1　误差

1. 真值 $A_0$

一个物理量在一定条件下所呈现的客观大小或真实数值称作它的真值。要想得到真值，必须利用理想的量具或测量仪器进行无误差的测量。由此可推断，物理量的真值实际上是无法测得的。因为，首先"理想"量具或测量仪器即测量过程的参考比较标准（或叫计量标准）只是一个纯理论值；其次，在测量过程中由于各种主观、客观因素的影响，做到无误差的测量也是不可能的。

2. 指定值 $A_S$

由于绝对真值是不可知的，所以一般由国家设立各种尽可能维持不变的实物标准（或基准），以法令的形式指定其所体现的量值作为计量单位的指定值。例如指定国家计量局保存的铂铱合金圆柱体质量原器的质量为 1kg，指定国家天文台保存的铯钟组所产生的特定条件下铯-133 原子基态的两个超精细能级之间跃迁所对应的辐射的 9192631770 个周期的持续时间为 1s 等。国际上通过互相比对保持一定程度的一致。指定值也叫约定真值，一般用来代替真值。

3. 实际值 $A$

实际测量中，不可能都直接与国家基准相比对，所以国家通过一系列的各级实物计量标准构成量值传递网，把国家基准所体现的计量单位逐级比较传递到日常工作仪器或量具上去。在每一级的比较中，都以上一级标准所体现的值当作准确无误的值，通常称为实际值，也叫相对真值，比如如果更高一级测量器具的误差为本级测量器具误差的 $1/10 \sim 1/3$，就可以认为更高一级测量器具的测得值（示值）为真值。在后面的叙述中，不再对实际值和真值加以区别。

4. 标称值

测量器具上标定的数值称为标称值。如标准砝码上标出的 1kg，标准电阻上标出的 1Ω，标准电池上标出来的电动势 1.0186V 等。由于制造和测量精度不够以及环境等因素的影响，标称值并不一定等于它的真值或实际值。为此，在标出测量器具的标称值时，通常还要标出它的误差范围或准确度等级，例如某电阻标称值为 1kΩ，误差 ±1%，即意味着该电阻的实际值在 990～1010Ω 之间。

5. 示值

由测量器具指示的被测量量值称为测量器具的示值，也称测量器具的测得值或测量值，它包括数值和单位。一般地说，示值与测量仪表的读数有区别，读数是仪器刻度盘上直接读到的数字。例如以 100 分度表示 50mA 的电流表，当指针指在刻度盘上的 50 处时，读数是 50，而值是 25mA。为便于核查测量结果，在记录测量数据时，一般应记录仪表量程、读数和示值（当然还要记载测量方法、连接图、测量环境、测量用仪器及编号、测量者姓名及测量日期等），对于数字显示仪表，通常示值和读数是统一的。

6. 测量误差

在实际测量中，由于测量器具不准确、测量手段不完善、环境影响、测量操作不熟练及工作疏忽等因素，都会导致测量结果与被测量真值不同。测量仪器的测得值与被测量真值之间的差异，称为测量误差。测量误差的存在具有必然性和普遍性，人们只能根据需要和可能，将其限制在一定范围内，而不可能完全加以消除。人们进行测量的目的，通常是为了获得尽可能接近真值的测量结果，如果测量误差超出一定限度，由测量结果得出的结论将失去意义，错误的测量结果还会使研究工作误入歧途。因此，人们不得不认真对待测量误差，研究误差的产生原因、误差的性质、减小误差的方法及对测量结果的处理等。

7. 单次测量和多次测量

单次（一次）测量是用测量仪器对待测量进行一次测量的过程。显然，为了得知某一量的大小，必须至少进行一次测量。在测量精度要求不高的场合，可以只进行单次测量。单次测量不能反映测量结果的精密度，一般只能给出一个量的大致概念和规律。

多次测量是用测量仪器对同一被测量进行多次重复测量的过程。依靠多次测量可以观察测量结果一致性的好坏即精密度。通常要求较高的精密测量都须进行多次测量，如仪表的比对校准等。

8. 等精度测量和非等精度测量

在保持测量条件不变的情况下对同一被测量进行的多次测量过程称作等精度测量。这里所说的测量条件包括所有对测量结果产生影响的客观和主观因素，如测量中使用的仪器、方法、测量环境，操作者的操作步骤和细心程度等。等精度测量的测量结果具有同样的可靠性。

如果在同一被测量的多次重复测量中，不是所有测量条件都维持不变（比如，改变了测量方法，或更换了测量仪器，或改变了连接方式，或测量环境发生了变化，或前后不是一个操作者，或同一操作者按不同的过程进行操作，或操作过程中由于疲劳等原因而影响了细心程度等），这样的测量称为非等精度测量或不等精度测量。等精度测量和非等精度测量在测量实践中都存在，相比较而言，等精度测量意义更为普遍，有时为了验证某些结果或结论，研究新的测量方法、检定不同的测量仪器时也要进行非等精度测量。

### 2.1.2　误差的表示方法

1. 绝对误差

绝对误差定义为：

$$\Delta x = x - A_0 \tag{2-1}$$

式中　$\Delta x$——绝对误差；

$\quad\quad x$——测得值；

$\quad\quad A_0$——被测量真值。

前面已提到，真值 $A_0$ 一般无法得到，所以以用实际值 $A$ 代替 $A_0$。因而绝对误差更有实际意义的定义是：

$$\Delta x = x - A \tag{2-2}$$

对于绝对误差，应注意下面几个特点：

（1）绝对误差是有单位的量，其单位与测得值和实际值相同。

（2）绝对误差是有符号的量，其符号表示出测量值与实际值的大小关系，若测得值较实际值大，则绝对误差为正值，反之为负值。

（3）测得值与被测量实际值间的偏离程度和方向通过绝对误差来体现。但仅用绝对误差，通常不能说明测量的质量。例如，人体体温在 37℃ 左右，若测量绝对误差为 $\Delta x = \pm 2℃$，这样的测量精度是不会令人满意的，而如果测量 1400℃ 左右炉窑的炉温，绝对误差能保持 $\pm 2℃$，这样的测量精度就相当令人满意了。因此，为了表明测量结果的准确程度，一种方法是将测得值与绝对误差一起列出，如上面的例子可写成 37±2℃ 和 1400±2℃，另一种方法就是用相对误差来表示。

（4）对于信号源、稳压电源等供给量仪器，绝对误差定义为：

$$\Delta x = A - x \tag{2-3}$$

式中　$A$——实际值；

$\quad\quad x$——供给量的指示值（标称值）。

如果没有特殊说明，本书中涉及的绝对误差，按式（2-2）的定义计算。

与绝对误差的绝对值相等，但符号相反的值称为修正值，一般用符号 $c$ 表示：

$$c = -\Delta x = A - x \tag{2-4}$$

测量仪器的修正值，可通过检定，由上一级标准给出，它可以是表格、曲线或函数表达式等形式。利用修正值和仪器示值，可得到被测量的实际值：

$$A = x + c \tag{2-5}$$

例如由某温度表测得的温度示值为 120.1℃，查该温度表检定证书，得知该温度表在 120.18℃ 及其附近的修正值为 -0.1℃，那么被测温度的实际值为：

$$A = 120.1 + (-0.1) = 120.0℃$$

智能仪器的优点之一就是可利用内部的微处理器，存贮和处理修正值，直接给出经过修正的实际值。

2. 相对误差

相对误差用来说明测量精度的高低，又可分为：

实际相对误差：

$$\gamma_A = \frac{\Delta x}{A} \times 100\% \tag{2-6}$$

示值相对误差，也叫标称相对误差：

$$\gamma_x = \frac{\Delta x}{x} \times 100\% \tag{2-7}$$

如果测量误差不大，可用示值相对误差 $\gamma_x$ 代替实际误差 $\gamma_A$，但若 $\gamma_x$ 和 $\gamma_A$ 相差较大，两者应加以区别。

3. 满度（或引用）相对误差

满度相对误差定义为仪器量程内最大绝对误差 $\Delta x_m$ 与仪器满度值 $x_m$（量程上限值）的百分比值：

$$\gamma_m = \frac{\Delta x_m}{x_m} \times 100\% \tag{2-8}$$

满度相对误差也叫满度误差和引用误差。由式（2-8）可以看出，通过满度误差实际给出了仪表各量程内绝对误差的最大值：

$$\Delta x_m = \gamma_m \cdot x_m \tag{2-9}$$

我国大部分仪表的准确度 $S$ 就是按满度误差 $\gamma_m$ 分级的，按 $\gamma_m$ 大小依次划分成 0.1、0.2、0.5、1.0、1.5、2.5 及 5.0 等，比如某电压表 $S=0.5$，即表明它的准确度等级为 0.5 级，它的满度误差不超过 0.5 级，它的满度误差不超过 0.5%，即 $|\gamma_m| \leqslant 0.5\%$（习惯上也写成 $\gamma_m \leqslant \pm 0.5\%$）。

一般来讲，测量仪器在同一量程不同示值处的绝对误差实际上未必处处相等，但对使用者来讲，在没有修正值可利用的情况下，只能按最坏情况处理，即认为仪器在同一量程各处的绝对误差是个常数且等于 $\Delta x_m$，人们把这种处理称为误差的整量化。由式（2-7）和式（2-9）可以看出，为了减少测量中的示值误差，在进行量程选择时应尽可能使示值能接近满度值，一般以示值不小于满度值的 1/3 为宜。

在同一量程内，测得值越小，示值相对误差越大。测量中所用仪表的准确度并不是测量结果的准确度，只有在示值相同时，两者才相等（不考虑其他因素造成的误差，仅考虑仪器误差）。否则测得值的准确度数值低于仪表的准确度等级。

在实际测量操作时，一般先在大量程下测得被测量的大致数值，然后选择合适的量程进行测量，以尽可能减少相对误差。

## 2.2 测量误差的来源

为了减小测量误差，提高测量结果的准确度，须明确测量误差的主要来源，以便估算测量误差并采取相应措施减小测量误差。

### 2.2.1 仪器误差

仪器误差又称为设备误差，是由于设计、制造、装配、检定等工作环节的不完善以及仪器使用过程中元器件老化、机械部件磨损、疲劳等因素而使测量仪器设备带有的误差。仪器误差还可细分为：读数误差，包括出厂校准定度不准确产生的校准误差、刻度误差、读数分辨力有限而造成的读数误差及数字式仪表的量化误差（±1 个字误差）；仪器内部噪声引起的内部噪声误差；元器件疲劳、老化及周围环境变化造成的稳定误差；仪器响应的滞后现象造成的动态误差；探头等辅助设备带来的其他方面的误差。

　　减小仪器误差的主要途径是根据具体测量任务，正确地选择测量方法和使用测量仪器，包括要检查所使用的仪器是否具备出厂合格证及检定合格证，在额定工作条件下按使用要求进行操作等。量化误差是数字仪器特有的一种误差，减小由它带给测量结果准确度的影响的办法是设法使显示器显示尽可能多的有效数字。

### 2.2.2　人身误差

　　人身误差主要指由于测量者感官的分辨能力、视觉疲劳、固有习惯等对测量实验中的现象与结果判断不准确而造成的误差。比如温度计刻度值的读取等，都很容易产生误差。

　　减小人身误差的主要途径有：提高测量者的操作技能和工作责任心；采用更合适的测量方法；采用数字式显示的客观读数以避免指针式仪表的读数视差等。

### 2.2.3　影响误差

　　影响误差是指各种环境因素与要求条件不一致而造成的误差。最主要的影响因素是环境温度、电源电压和电磁干扰等。当环境条件符合要求时，影响误差通常可不予考虑。但在精密测量及计量中，需根据测量现场的温度、湿度、电源电压等影响数值求出各项影响误差，以便根据需要作进一步的数据处理。

### 2.2.4　方法误差

　　顾名思义，方法误差是所使用的测量方法不当，或对测量设备操作使用不当，或测量所依据的理论不严格，或对测量计算公式不适当简化等原因而造成的误差，方法误差也称作理论误差。方法误差通常以系统误差（主要是恒值系统误差）形式表现出来。因为产生的原因是由于方法、理论、公式不当或过于简化等造成，因而在掌握了具体原因及有关量值后，原则上都可以通过理论分析和计算或改变测量方法来加以消除或修正。对于内部带有微处理器的智能仪器，要做到这一点是不难的。

## 2.3　真值与平均值

　　当用测量仪表测量未知量时，由于仪表本身、测量方法、周围环境以及人的观察力等都不能做到完美无缺，所以得到的测量值并不完全等于未知量的真值，两者之间有一定误差。为了使测量值接近真值，可以增加测量次数，并取测量值的平均值。这样在没有系统误差的条件下，根据误差分布定律，即正负误差出现概率相等的原理，可以认为平均值接近真值。当测量次数增加到无限多时，此平均值可认为是真值。但是，实际上测量次数是有限的，故用有限次数测得的平均值只能是近似的真值。在测试工作中，常用的平均值有以下几种。

### 2.3.1　算术平均值

　　这是一种最常用的平均值。如果测量值的分布为正态分布，用最小二乘法原理可以证明，在一组等精度测量中，算术平均值最可信赖。设 $Y_1$、$Y_2$、$\cdots Y_n$ 代表各次测量值，$n$ 代表测量次数，则算术平均值为：

$$\overline{Y} = \frac{Y_1 + Y_2 + \cdots + Y_n}{n} = \frac{\sum_{i=1}^{n} Y_i}{n} \tag{2-10}$$

### 2.3.2 均方根平均值

在计算平均动能时，通常要用均方根平均值 $u$，其计算式为：

$$u = \sqrt{\frac{u_1{}^2 + u_2{}^2 + \cdots + u_n{}^2}{n}} = \sqrt{\frac{\sum\limits_{i=1}^{n} u_i^2}{n}} \tag{2-11}$$

### 2.3.3 加权平均值

用不同方法或不同条件去测量同一未知量时，应采用加权平均值。对于比较可靠的测量值以加重平均，故称为加权平均，加权平均值为：

$$Y = \frac{W_1 Y_1 + W_2 Y_2 + \cdots + W_n Y_n}{W_1 + W_2 + \cdots + W_n} = \frac{\sum\limits_{i=1}^{n} W_i Y_i}{\sum\limits_{i=1}^{n} W_i} \tag{2-12}$$

式中　　$W_1$、$W_2$、$\cdots W_n$——各测量值的对应权值。

各测量值的对应权值 $W_i$ 需要根据实际情况决定。

### 2.3.4 几何平均值

当对一组测量值取对数后，所得图形的分布曲线更为对称时，常用几何平均值 $Y_g$，其计算公式为：

$$Y_g = \sqrt[n]{Y_1 \cdot Y_2 \cdots Y_n} \tag{2-13}$$

用对数表示时，有：

$$\lg Y_g = \frac{\sum\limits_{i=1}^{n} \lg Y_i}{n} \tag{2-14}$$

以上都是想从一组测量值中找出最接近真值的那个值，要根据测量值的分布类型来选择确定采用四种平均值。本章讨论的都是正态分布类型，平均值也以算术平均值为主。

## 2.4　误差的分类

虽然产生误差的原因多种多样，但按其基本性质和特点，误差可分为三种：系统误差、随机误差和粗大误差。

### 2.4.1 系统误差

在多次等精度测量同一恒定量值时，误差的绝对值和符号保持不变，或当条件改变时按某种规律变化的误差，称为系统误差，简称系差。如果系差的大小、符号不变而保持恒定，则称为恒定系差，否则称为变值系差。变值系差又可分为累进性系差、周期性系差和按复杂规律变化的系差。图 2-1 描述了几种不同系差的变化规律：直线 a 表示恒定系差；直线 b 属于变值系差中的累进性系差，这里表示系差递增的情况，也有递减系差；曲线 c 表示周期性系差，在整个测量过程中，系差值成周期性变化；曲线 d 属于按复杂规律变化的系差。

系统误差的主要特点是，只要测量条件不变，误差即为确切的数值，用多次测量取平均值的办法不能改变或消除系差，而当条件改变时，误差也随之遵循某种确定的规律而变

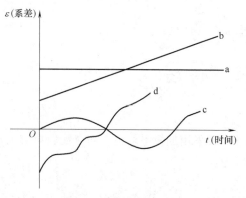

图 2-1　系统误差的特征

化，具有可重复性。归纳起来，产生系统误差的主要原因有：

（1）测量仪器设计原理及制作上的缺陷。例如刻度偏差、刻度盘或指针安装偏心、使用过程中零点漂移、安放位置不当等。

（2）测量时的环境条件，如温度、湿度及电源电压等与仪器使用要求不一致等。

（3）采用近似的测量方法或近似的计算公式等。

（4）测量人员估计读数时习惯偏于某一方向等原因所引起的误差。

系统误差体现了测量的正确度，系统误差小，表明测量的正确度高。

### 2.4.2　随机误差

随机误差又称偶然误差，是指对同一恒定量值进行多次等精度测量时，其绝对值和符号无规则变化的误差。

就单次测量而言，随机误差没有规律，其大小和方向完全不可预定，但当测量次数足够多时，其总体服从统计学规律，多数情况下接近正态分布。

随机误差的特点是，在多次测量中误差绝对值的波动有一定的界限，即具有有界性；当测量次数足够多时，正负误差出现的机会几乎相同，即具有对称性；同时，随机误差的算术平均值趋于零，即具有抵偿性。由于随机误差的上述特点，可以通过对多次测量取平均值的办法来减小随机误差对测量结果的影响，或者用其他数理统计的办法对随机误差加以处理。

表 2-1 是对某温度进行 15 次等精度测量的结果。表中 $T_i$ 为第 $i$ 次测得值，$\overline{T}$ 为算得的算术平均值，$v_i = T_i - \overline{T}$ 定义为残差，由于温度的真值 $T$ 无法测得，用 $\overline{T}$ 代替 $T$。为了更直观地考察测量值的分布规律，用图 2-2 表示测量结果的分布情况，图中小黑点代表各次测量值。

测量结果及数据处理

表 2-1

| $N_0$ | $T_i(℃)$ | $v_i = T_i - \overline{T}$ | $v_i^2$ |
|---|---|---|---|
| 1 | 85.30 | +0.09 | 0.0081 |
| 2 | 85.71 | +0.50 | 0.25 |
| 3 | 84.70 | −0.51 | 0.2601 |
| 4 | 84.94 | −0.27 | 0.0729 |
| 5 | 85.63 | +0.42 | 0.1764 |
| 6 | 85.24 | +0.03 | 0.009 |
| 7 | 85.63 | +0.15 | 0.0225 |
| 8 | 85.86 | −0.35 | 0.1225 |
| 9 | 85.21 | 0.00 | 0.00 |
| 10 | 84.97 | −0.24 | 0.0576 |
| 11 | 85.19 | −0.02 | 0.004 |
| 12 | 85.35 | +0.14 | 0.0196 |
| 13 | 85.21 | 0.00 | 0.00 |
| 14 | 85.16 | −0.05 | 0.0025 |
| 15 | 85.32 | +0.11 | 0.0121 |
| 计算值 | $\overline{T} = \sum T_i/15 = 85.21$ | $\sum v_i = 0$ | $\sum v_i^2 = 1.0163$ |

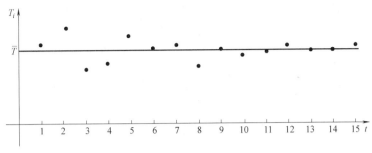

图 2-2　温度测量值的随机误差

由表 2-1 和图 2-2 可以看出：

（1）正误差出现了 7 次，负误差出现了 6 次，两者基本相等，正负误差出现的概率基本相等，反映了随机误差的对称性。

（2）误差的绝对值介于（0，0.1）、（0.1，0.2）、（0.2，0.3）、（0.3，0.4）、（0.4，0.5）区间，大于 0.5 的个数分别为 6 个、3 个、2 个、1 个、2 个和 1 个，反映了绝对值小的随机误差出现的概率大，绝对值大的随机误差出现的概率小。

（3）$\sum v_i = 0$，正负误差之和为零，反映了随机误差的抵偿性。

（4）所有随机误差的绝对值都没有超过某一界限，反映了随机误差的有界性。

这虽然仅是一个例子，但基本反映出随机误差的一般特性。

产生随机误差的主要原因包括：

（1）测量仪器元器件产生噪声，零部件配合的不稳定、摩擦、接触不良等。

（2）温度及电源电压的无规则波动，电磁干扰，地基振动等。

（3）测量人员感觉器官的无规则变化而造成的读数不稳定等。

随机误差体现了多次测量的精密度，随机误差小，则精密度高。

### 2.4.3　粗大误差

在一定的测量条件下，测得值明显地偏离实际值所形成的误差称为粗大误差，也称为疏忽误差，简称粗差。确认含有粗差的测得值称为坏值，应当剔除不用，因为坏值不能反映被测量的真实数值。

产生粗差的主要原因包括：

（1）测量方法不当或错误。

（2）测量操作疏忽和失误。

（3）测量条件的突然变化。例如电源电压突然增高或降低、雷电干扰、机械冲击等引起测量仪器示值的剧烈变化。这类变化虽然也带有随机性，但由于它造成的示值明显偏离实际值，因此将其列入粗差范畴。

上述对误差按其性质进行的划分，具有相对性，某些情况可互相转化。例如较大的系差或随机误差可视为粗差；当电磁干扰引起的误差数值较小时，可按随机误差取平均值的办法加以处理，而当其影响较大又有规律可循时，可按系统误差引入修正值的办法加以处理。

最后指出，除粗大误差较易判断和处理外，在任何一次测量中，系统误差和随机误差一般都是同时存在的，需根据各自对测量结果的影响程度，做不同的处理：

（1）当系统误差远大于随机误差的影响时，可基本上按纯粹系差处理，而忽略随机误差。

（2）当系差极小或已得到修正时，基本上可按纯粹随机误差处理。

（3）当系差和随机误差相差不大时，两者均不可忽略，此时应分别按不同的办法来处理，然后估计其最终的综合影响。

## 2.5　试验数据处理

### 2.5.1　试验数据的取舍

在测试工作中，经过不同次数、不同人员、不同实验室用同一种方法对同一被测参数进行测量，可得到大量的原始记录。首先要排除原始记录中异常大或异常小的数据。如果是几个组或几个实验室的测试数据，则需要舍去精度不符合要求的实测数组和置信概率低的数据，保留那些精度符合要求的数据，并进行分析，从而得到确切的测量结果。取舍应该严格地利用数理统计方法。

1. 可疑测量值的取舍

对同一被测参数进行测量时，得到一组数据，在这组数据中如发现有明显偏大或偏小的测量值时，必须首先从技术上弄清原因。如果发现是人为失误，则应舍去。如果查不到主观与客观原因，应用统计学上的检验方法决定取舍。检验方法有数种，应该根据具体情况选用。如果标准规定采用某种检验方法，则应严格执行。

（1）拉依达检验准则

当可疑值测量值 $Y_P$ 与平均值 $\overline{Y}$ 的差值大于 3 倍标准偏差 $S$，即 $|Y_P-\overline{Y}|>3S$ 时，$Y_P$ 可舍去。此法的依据是：当测量值足够多并服从正态分布时，偏差大于 3 倍标准偏差的概率只有 0.3%，即每 1000 次才出现 3 次。也就是说测 333 次才出现一次，这说明出现可疑值 $Y_P$ 的可能性极小，故可舍去。

（2）狄克逊检验准则

有一组测量值 $Y_1 \leqslant Y_2 \leqslant Y_3 \cdots \leqslant Y_n$，可能为可疑值必须出现在两端，即最小值 $Y_1$ 及最大值 $Y_n$。狄克逊检验第一步先按规定公式计算出统计量 $H_{cal}$。$H_{cal}$ 受测量次数 $n$ 的影响（见表 2-2）。按表 2-2 计算得 $H_{cal}$ 后。可根据《化工产品试验方法精密度室间试验重复性与再现性的确定》相关标准查出界外值 $H_{\alpha(n)}$。$H_{\alpha(n)}$ 由显著概率 $\alpha$ 和测量次数 $n$ 决定。显著概率 $\alpha$ 是指具有一定分布的统计量落在一个拒绝域中的概率，$\alpha=(100-P)\%$，其中 $P$ 为置信概率。

$Q_{cal}$ 计算公式表　　　　　　　　　　　　　　　　　表 2-2

| 测量次数 $n$ | 检验最小值 $Q_{cal}$ | 检验最大值 $Q_{cal}$ |
|---|---|---|
| 3～7 | $(Y_2-Y_1)/(Y_n-Y_1)$ | $(Y_n-Y_{n-1})/(Y_n-Y_1)$ |
| 8～12 | $(Y_2-Y_1)/(Y_{n-1}-Y_1)$ | $(Y_n-Y_{n-1})/(Y_n-Y_2)$ |
| 13 以上 | $(Y_3-Y_1)/(Y_{n-2}-Y_1)$ | $(Y_n-Y_{n-2})/(Y_n-Y_3)$ |

当 $H_{call}<H_{\alpha(n)}$ 时，表示能够接受；当 $H_{call}>H_{\alpha(n)}$ 时，表示不能够接受，应舍去。

当舍去一个最大值 $Y_n$ 或最小值 $Y_1$ 后，还需继续检验 $Y_{n-1}$ 及 $Y_2$，直到能够接受为止。

（3）格鲁布斯（Grubbs）检验准则

美国材料试验协会标准（ASTM）与日本工业标准（JIS）常用此法。当用狄克逊准则时，应考虑采用此法。

设有一组测量值 $Y_1$、$Y_2$、$\cdots$、$Y_n$，要检查其中的可疑值 $Y_P$ 时，可用统计量来鉴别。统计量 $G_{cal}$ 为：

$$G_{cal}=\frac{|Y_P-\overline{Y}|}{S} \tag{2-15}$$

当计算出的统计量 $G_{cal}$ 大于表 2-3 中的临界值 $G_0$ 时，则不能接受；当 $G_{cal}$ 小于 $G_0$ 时，可以接受。$G_0$ 由测量次数 $n$ 与显著概率 $\alpha$ 决定，可自表 2-3 中查得。

格鲁布斯（Grubbs）检验临界值 $G_0$                    表 2-3

| $n$ | $\alpha$ | |
| --- | --- | --- |
| | 0.01 | 0.05 |
| 3 | 1.15 | 1.15 |
| 4 | 1.46 | 1.49 |
| 5 | 1.67 | 1.75 |
| 6 | 1.82 | 1.94 |
| 7 | 1.94 | 2.10 |
| 8 | 2.03 | 2.22 |
| 9 | 2.11 | 2.32 |
| 10 | 2.18 | 2.41 |
| 11 | 2.24 | 2.48 |
| 12 | 2.29 | 2.55 |
| 13 | 2.33 | 2.61 |
| 14 | 2.37 | 2.66 |
| 15 | 2.41 | 2.70 |
| 16 | 2.44 | 2.74 |
| 17 | 2.47 | 2.78 |
| 18 | 2.50 | 2.82 |
| 19 | 2.53 | 2.85 |
| 20 | 2.56 | 2.88 |
| 21 | 2.58 | 2.91 |
| 22 | 2.60 | 2.94 |
| 23 | 2.62 | 2.96 |
| 24 | 2.64 | 2.99 |
| 25 | 2.66 | 3.01 |
| 30 | 2.74 | 3.10 |
| 35 | 2.81 | 3.18 |
| 40 | 2.87 | 3.24 |
| 50 | 2.96 | 3.34 |

（4）$T$ 检验准则

以上各法用于标准误差 $\sigma$ 未知的场合。当历史上测过多次，并有 $\sigma$ 值。这个 $\sigma$ 是指由不包括异常值在内的、用同样方法得到的标准误差，且至少是根据同一样品进行 10 次以上的测量值求得的标准误差，是用式（2-16）计算的 $\sigma$ 值。这样可用 $T$ 统计量检验异常值 $Y_P$，统计量 $T_{cal}$ 为：

$$T_{cal} = \frac{|Y_P - \overline{Y}|}{\sigma} \tag{2-16}$$

在 $\alpha$ 分别为 0.05 及 0.01 时，根据不同自由度 $f$ 与测量次数 $n$ 可从表 2-4 和表 2-5 查到 $T_{cal}$。此处 $f$ 是指求 $\sigma$ 时的自由度。若 $\sigma$ 是由过去多次测量结果得到的，$f$ 可取 $\infty$。表中 $n$ 值是需要检验异常值的一组测量值的数目。

**$T$ 检验的 $T_{cal}$ 值（$\alpha = 0.05$）** 表 2-4

| $f$ | 样品测定值的数目 $n$ | | | | | | | | |
|---|---|---|---|---|---|---|---|---|---|
| | 3 | 4 | 5 | 6 | 7 | 8 | 9 | 10 | 12 |
| 10 | 2.34 | 2.36 | 2.83 | 2.98 | 2.31 | 3.20 | 3.29 | 3.36 | 3.49 |
| 11 | 2.30 | 2.58 | 2.77 | 2.92 | 3.03 | 3.13 | 3.22 | 3.29 | 3.41 |
| 12 | 2.27 | 2.54 | 2.73 | 2.87 | 2.98 | 3.08 | 3.16 | 3.23 | 3.35 |
| 13 | 2.24 | 2.51 | 2.69 | 2.83 | 2.94 | 3.03 | 3.11 | 3.18 | 3.29 |
| 14 | 2.22 | 2.48 | 2.66 | 2.79 | 2.90 | 2.99 | 3.07 | 3.14 | 3.25 |
| 15 | 2.20 | 2.45 | 2.63 | 2.76 | 2.87 | 2.96 | 3.04 | 3.11 | 3.21 |
| 16 | 2.18 | 2.43 | 2.61 | 2.74 | 2.84 | 2.93 | 3.01 | 3.08 | 3.18 |
| 17 | 2.17 | 2.42 | 2.59 | 2.72 | 2.82 | 2.91 | 2.98 | 3.05 | 3.15 |
| 18 | 2.15 | 2.40 | 2.57 | 2.70 | 2.80 | 2.89 | 2.96 | 3.02 | 3.12 |
| 19 | 2.14 | 2.39 | 2.56 | 2.68 | 2.78 | 2.87 | 2.94 | 3.00 | 3.10 |
| 20 | 2.13 | 2.37 | 2.54 | 2.67 | 2.77 | 2.85 | 2.92 | 2.98 | 3.08 |
| 24 | 2.10 | 2.34 | 2.50 | 2.62 | 2.72 | 2.80 | 2.87 | 2.93 | 3.02 |
| 30 | 2.07 | 2.30 | 2.46 | 2.58 | 2.67 | 2.75 | 2.81 | 2.87 | 2.96 |
| 40 | 2.04 | 2.27 | 2.42 | 2.53 | 2.62 | 2.70 | 2.76 | 2.82 | 2.91 |
| 60 | 2.01 | 2.23 | 2.38 | 2.49 | 2.58 | 2.65 | 2.71 | 2.75 | 2.85 |
| 120 | 1.98 | 2.20 | 2.34 | 2.45 | 2.53 | 2.60 | 2.66 | 2.71 | 2.79 |
| $\infty$ | 1.95 | 2.16 | 2.30 | 2.41 | 2.49 | 2.56 | 2.61 | 2.66 | 2.74 |

**$T$ 检验的 $T_{cal}$ 值（$\alpha = 0.01$）** 表 2-5

| $f$ | 样品测定值的数目 $n$ | | | | | | | | |
|---|---|---|---|---|---|---|---|---|---|
| | 3 | 4 | 5 | 6 | 7 | 8 | 9 | 10 | 12 |
| 10 | 3.12 | 3.45 | 3.70 | 3.87 | 4.02 | 4.14 | 4.24 | 4.33 | 4.47 |
| 11 | 3.04 | 3.37 | 3.59 | 3.76 | 3.90 | 4.01 | 4.11 | 4.19 | 4.33 |
| 12 | 2.98 | 3.29 | 3.51 | 3.67 | 3.80 | 3.91 | 4.00 | 4.08 | 4.21 |
| 13 | 2.93 | 3.23 | 3.44 | 3.60 | 3.72 | 3.83 | 3.92 | 3.99 | 4.12 |
| 14 | 2.88 | 3.18 | 3.38 | 3.54 | 3.66 | 3.76 | 3.85 | 3.92 | 4.04 |
| 15 | 2.84 | 3.15 | 3.33 | 3.48 | 3.60 | 3.70 | 3.78 | 3.86 | 3.98 |

续表

| $f$ | 样品测定值的数目 $n$ | | | | | | | | |
|---|---|---|---|---|---|---|---|---|---|
| | 3 | 4 | 5 | 6 | 7 | 8 | 9 | 10 | 12 |
| 16 | 2.81 | 3.10 | 3.29 | 3.44 | 3.56 | 3.65 | 3.73 | 3.80 | 3.92 |
| 17 | 2.78 | 3.07 | 3.26 | 3.40 | 3.52 | 3.61 | 3.68 | 3.75 | 3.86 |
| 18 | 2.76 | 3.04 | 3.23 | 3.37 | 3.48 | 3.57 | 3.64 | 3.71 | 3.82 |
| 19 | 2.74 | 3.01 | 3.20 | 3.34 | 3.45 | 3.54 | 3.61 | 3.68 | 3.79 |
| 20 | 2.72 | 2.99 | 3.17 | 3.31 | 3.42 | 3.51 | 3.58 | 3.65 | 3.75 |
| 24 | 2.66 | 2.92 | 3.10 | 3.23 | 3.33 | 3.42 | 3.49 | 3.55 | 3.65 |
| 30 | 2.60 | 2.86 | 3.03 | 3.15 | 3.25 | 3.33 | 3.40 | 3.46 | 3.55 |
| 40 | 2.55 | 2.79 | 2.96 | 3.08 | 3.17 | 3.25 | 3.31 | 3.37 | 3.46 |
| 60 | 2.50 | 2.73 | 2.89 | 3.01 | 3.10 | 3.17 | 3.23 | 3.28 | 3.37 |
| 120 | 2.45 | 2.67 | 2.83 | 2.94 | 3.02 | 3.09 | 3.15 | 3.20 | 3.28 |
| $\infty$ | 2.40 | 2.62 | 2.76 | 2.87 | 2.95 | 3.02 | 3.07 | 3.12 | 3.20 |

2. 两组测量结果的对比

在燃气测试工作中，有时需要将一组测量结果与标准值或与另一组测量结果对比，以确定两者之间是否有显著差异。

（1）平均值与标准值的对比（$t$ 检验）

已知一组测量值，要对比此组测量值的平均值与被测参数的标准值有无明显差异。检验中所用的统计量服从 $t$ 分布，故称为 $t$ 检验。统计量 $t_{cal}$ 为：

$$t_{cal} = (\overline{Y} - \mu)/S_{\overline{Y}} \qquad (2\text{-}17)$$

式中　$\overline{Y}$ 及 $\mu$——分别为平均值与标准值；

　　　　$S_{\overline{Y}}$——平均值的标准偏差。

因为 $S_{\overline{Y}} = S/\sqrt{n}$，所以得出：

$$t_{cal} = (\overline{Y} - \mu)\sqrt{n}/S \qquad (2\text{-}18)$$

将计算得的统计量 $t_{cal}$ 与取决于置信概率 $P$ 与自由度 $f$ 的临界值 $t_p$ 进行对比，当 $t_{cal} \leqslant t_p$ 时，表示在置信概率条件下两者无明显差异；当 $t_{cal} > t_p$ 时，表示在置信概率条件下两者有明显差异。

（2）两组测量数据的对比

两个实验室（或组）同测一个被测参数，要求对比两组测量结果有无明显差异。首先要求对比两组测量结果的精度。只有在精度没有明显差异的条件下才能对比两者测量结果。

1）$F$ 检验准则（精度检验）

$F$ 检验的目的在于比较两组测量数据的精度是否有明显差异。首先分别计算两组测量数据的标准方差。设 $S_1^2$ 与 $S_2^2$ 分别代表两个组数据的方差，求其比值。将方差小的作为分母，则统计量 $F_{cal}$ 为：

$$F_{cal} = S_1^2/S_2^2 \qquad (2\text{-}19)$$

其次根据两个测量数据组的自由度 $f_1$ 及 $f_2$ 值（一般为 $f=n-1$）及显著概率。从表 2-6 和表 2-7 查出临界值 $F_0$。当 $F_{cal} \leqslant F_0$ 时，表示两组测量数据精度无明显差异；当 $F_{cal} > F_0$ 时，表示两组测量数据精度有明显差异。只有在精度无明显差异的条件下，才能对比两组结果是否一致。

**$F$ 分布表的临界值 $F_0$（$\alpha=0.05$）**　　　　　　　　　表 2-6

| $f_2$ | $f_1$ | | | | | | | | | | | | | | |
|---|---|---|---|---|---|---|---|---|---|---|---|---|---|---|---|
| | 1 | 2 | 3 | 4 | 5 | 6 | 7 | 8 | 9 | 10 | 12 | 15 | 20 | 60 | $\infty$ |
| 1 | 161.4 | 199.5 | 213.7 | 224.6 | 230.2 | 234.0 | 236.8 | 238.9 | 240.5 | 241.9 | 243.9 | 245.9 | 248.0 | 252.2 | 254.3 |
| 2 | 18.51 | 19.00 | 19.16 | 19.25 | 19.30 | 19.33 | 19.35 | 19.37 | 19.38 | 19.40 | 19.41 | 19.43 | 19.45 | 19.48 | 19.50 |
| 3 | 10.13 | 9.55 | 9.28 | 9.12 | 9.01 | 8.94 | 8.89 | 8.85 | 8.81 | 8.75 | 8.74 | 8.70 | 8.66 | 8.57 | 8.53 |
| 4 | 7.71 | 6.94 | 6.59 | 6.39 | 6.26 | 6.16 | 6.09 | 6.04 | 6.00 | 5.96 | 5.91 | 5.86 | 5.80 | 5.69 | 5.53 |
| 5 | 6.61 | 5.79 | 5.41 | 5.19 | 5.05 | 4.95 | 4.88 | 4.82 | 4.77 | 4.74 | 4.68 | 5.62 | 4.56 | 4.43 | 4.36 |
| 6 | 5.99 | 5.14 | 4.76 | 4.53 | 4.39 | 4.28 | 4.21 | 4.15 | 4.10 | 4.06 | 4.00 | 3.94 | 3.87 | 3.74 | 3.67 |
| 7 | 5.32 | 4.74 | 4.35 | 4.17 | 3.97 | 3.87 | 3.79 | 3.73 | 3.68 | 3.64 | 3.57 | 3.51 | 3.44 | 3.30 | 3.23 |
| 8 | 5.12 | 4.46 | 4.07 | 3.84 | 3.69 | 3.58 | 3.50 | 3.44 | 3.39 | 3.25 | 3.28 | 3.22 | 3.15 | 3.01 | 2.93 |
| 9 | 4.96 | 4.26 | 3.86 | 3.63 | 3.48 | 3.37 | 3.29 | 3.23 | 3.18 | 3.14 | 3.07 | 3.01 | 2.94 | 2.79 | 2.71 |
| 10 | 4.84 | 4.10 | 3.71 | 3.48 | 3.33 | 3.22 | 3.14 | 3.07 | 3.02 | 2.98 | 2.91 | 2.85 | 2.77 | 2.62 | 2.54 |
| 11 | 4.75 | 3.98 | 3.59 | 3.35 | 3.20 | 3.09 | 3.01 | 2.95 | 2.90 | 2.85 | 2.79 | 2.72 | 2.65 | 2.49 | 2.40 |
| 12 | 4.67 | 3.89 | 3.49 | 3.26 | 3.11 | 3.00 | 2.91 | 2.85 | 2.80 | 2.75 | 2.69 | 2.62 | 2.54 | 2.38 | 2.30 |
| 13 | 4.60 | 3.81 | 3.41 | 3.18 | 3.03 | 2.92 | 2.83 | 2.77 | 2.71 | 2.67 | 2.60 | 2.53 | 2.46 | 2.30 | 2.21 |
| 14 | 4.54 | 3.74 | 3.34 | 3.11 | 2.95 | 2.85 | 2.76 | 2.70 | 2.65 | 2.60 | 2.53 | 2.46 | 2.39 | 2.22 | 2.13 |
| 15 | 4.49 | 3.68 | 3.29 | 3.06 | 2.90 | 2.79 | 2.71 | 2.64 | 2.59 | 2.54 | 2.48 | 2.40 | 2.33 | 2.17 | 2.07 |
| 16 | 4.45 | 3.63 | 3.24 | 3.01 | 2.85 | 2.74 | 2.66 | 2.59 | 2.54 | 2.49 | 2.42 | 2.35 | 2.28 | 2.11 | 2.01 |
| 17 | 4.43 | 3.59 | 3.20 | 2.96 | 2.81 | 2.70 | 2.61 | 2.55 | 2.49 | 2.45 | 2.38 | 2.31 | 2.23 | 2.06 | 1.96 |
| 18 | 4.41 | 3.55 | 3.16 | 2.93 | 2.77 | 2.66 | 2.58 | 2.51 | 2.46 | 2.41 | 2.34 | 2.27 | 2.19 | 2.02 | 1.92 |
| 19 | 4.38 | 3.52 | 3.13 | 2.90 | 2.74 | 2.63 | 2.54 | 2.48 | 2.42 | 2.38 | 2.31 | 2.23 | 2.16 | 1.98 | 1.88 |
| 20 | 4.35 | 3.49 | 3.10 | 2.87 | 2.71 | 2.60 | 2.51 | 2.43 | 2.39 | 2.33 | 2.28 | 2.20 | 2.12 | 1.95 | 1.84 |
| 21 | 4.32 | 3.47 | 3.07 | 2.84 | 2.68 | 2.57 | 2.49 | 2.42 | 2.37 | 2.32 | 2.25 | 2.18 | 2.10 | 1.92 | 1.81 |
| 22 | 4.30 | 3.44 | 3.05 | 2.82 | 2.66 | 2.55 | 2.46 | 2.40 | 2.34 | 2.30 | 2.23 | 2.15 | 2.07 | 1.89 | 1.78 |
| 23 | 4.28 | 3.42 | 3.03 | 2.80 | 2.64 | 2.53 | 2.44 | 2.37 | 2.32 | 2.27 | 2.20 | 2.13 | 2.05 | 1.86 | 1.76 |
| 24 | 4.26 | 3.40 | 3.01 | 2.78 | 2.62 | 2.51 | 2.42 | 2.36 | 2.30 | 2.25 | 2.18 | 2.11 | 2.03 | 1.84 | 1.73 |
| 25 | 4.24 | 3.39 | 2.99 | 2.76 | 2.60 | 2.49 | 2.40 | 2.34 | 2.28 | 2.24 | 2.16 | 2.09 | 2.01 | 1.82 | 1.71 |
| 30 | 4.17 | 3.32 | 2.92 | 2.69 | 2.53 | 2.42 | 2.33 | 2.27 | 2.21 | 2.16 | 2.09 | 2.01 | 1.93 | 1.74 | 1.62 |
| 40 | 4.08 | 3.23 | 2.84 | 2.61 | 2.45 | 2.34 | 2.25 | 2.18 | 2.12 | 2.08 | 2.00 | 1.92 | 1.84 | 1.64 | 1.51 |
| 60 | 4.00 | 3.15 | 2.76 | 2.53 | 2.37 | 2.25 | 2.17 | 2.10 | 2.04 | 1.99 | 1.92 | 1.84 | 1.75 | 1.53 | 1.39 |
| 120 | 3.92 | 3.07 | 2.68 | 2.49 | 2.29 | 2.17 | 2.09 | 2.07 | 1.96 | 1.91 | 1.83 | 1.75 | 1.66 | 1.43 | 1.25 |
| $\infty$ | 3.84 | 3.00 | 2.60 | 2.37 | 2.21 | 2.10 | 2.01 | 1.94 | 1.88 | 1.83 | 1.75 | 1.67 | 1.57 | 1.32 | 1.00 |

**F 分布表的临界值 F₀ （α＝0.01）**　　　　　　　　　　　　表 2-7

| $f_2$ | $f_1$ | | | | | | | | | | | | | | |
|---|---|---|---|---|---|---|---|---|---|---|---|---|---|---|---|
| | 1 | 2 | 3 | 4 | 5 | 6 | 7 | 8 | 9 | 10 | 12 | 15 | 20 | 60 | ∞ |
| 1 | 4052 | 4998 | 5403 | 5625 | 5764 | 5859 | 5928 | 5982 | 6022 | 6056 | 6106 | 6157 | 6209 | 6313 | 6366 |
| 2 | 98.50 | 99.00 | 99.17 | 99.25 | 99.30 | 99.33 | 99.36 | 99.37 | 99.39 | 99.40 | 99.42 | 99.43 | 99.45 | 99.48 | 99.50 |
| 3 | 34.12 | 30.82 | 29.46 | 28.71 | 28.24 | 27.91 | 27.67 | 27.49 | 27.35 | 27.23 | 27.05 | 26.87 | 26.69 | 26.32 | 26.13 |
| 4 | 21.20 | 18.00 | 16.69 | 15.98 | 15.52 | 15.21 | 14.98 | 14.80 | 14.66 | 14.55 | 14.37 | 14.20 | 14.02 | 13.65 | 13.46 |
| 5 | 16.26 | 13.27 | 12.06 | 11.39 | 10.97 | 10.67 | 10.46 | 10.29 | 10.16 | 10.05 | 9.89 | 9.72 | 9.55 | 9.20 | 9.02 |
| 6 | 13.75 | 10.92 | 9.78 | 9.15 | 8.75 | 8.47 | 8.26 | 8.10 | 7.98 | 7.87 | 7.72 | 7.56 | 7.40 | 7.06 | 6.88 |
| 7 | 12.25 | 9.55 | 8.45 | 7.85 | 7.46 | 7.19 | 6.99 | 6.84 | 6.77 | 6.62 | 6.47 | 6.31 | 6.16 | 5.82 | 5.65 |
| 8 | 11.26 | 8.65 | 7.59 | 7.01 | 6.63 | 6.37 | 6.18 | 6.03 | 5.91 | 5.81 | 5.62 | 5.52 | 5.36 | 5.03 | 4.86 |
| 9 | 10.56 | 8.02 | 6.99 | 6.42 | 6.06 | 5.80 | 5.61 | 5.42 | 5.35 | 5.26 | 5.11 | 4.96 | 4.82 | 4.48 | 4.31 |
| 10 | 10.04 | 7.56 | 6.55 | 5.99 | 5.64 | 5.39 | 5.29 | 5.06 | 4.94 | 4.85 | 4.71 | 4.56 | 4.41 | 4.08 | 3.91 |
| 11 | 9.65 | 7.21 | 6.22 | 5.47 | 5.32 | 5.07 | 4.89 | 4.71 | 4.63 | 4.54 | 4.40 | 4.25 | 4.10 | 4.78 | 3.60 |
| 12 | 9.33 | 6.93 | 5.95 | 5.41 | 5.06 | 4.87 | 4.64 | 4.50 | 4.39 | 4.30 | 4.16 | 4.01 | 3.86 | 3.54 | 3.36 |
| 13 | 9.07 | 6.70 | 5.74 | 5.21 | 4.86 | 4.62 | 4.44 | 4.30 | 4.19 | 4.10 | 3.95 | 3.82 | 3.66 | 3.34 | 3.17 |
| 14 | 8.86 | 8.51 | 5.56 | 5.04 | 4.69 | 4.46 | 4.25 | 4.14 | 4.03 | 3.94 | 3.80 | 3.66 | 3.51 | 3.18 | 3.00 |
| 15 | 8.68 | 6.36 | 5.42 | 4.89 | 4.56 | 4.32 | 4.14 | 4.00 | 3.89 | 3.80 | 3.67 | 3.52 | 3.37 | 3.06 | 2.87 |
| 16 | 8.33 | 5.23 | 5.79 | 4.77 | 4.44 | 4.20 | 4.03 | 3.89 | 3.78 | 3.69 | 3.55 | 3.41 | 3.26 | 2.93 | 2.75 |
| 17 | 8.40 | 6.11 | 5.18 | 4.67 | 4.34 | 4.10 | 3.95 | 3.79 | 3.68 | 3.59 | 3.46 | 3.31 | 3.16 | 2.83 | 2.65 |
| 18 | 8.29 | 6.01 | 5.09 | 4.58 | 4.25 | 4.01 | 3.84 | 3.73 | 3.60 | 3.51 | 3.37 | 3.23 | 3.08 | 2.75 | 2.57 |
| 19 | 8.18 | 5.93 | 5.01 | 4.50 | 4.17 | 3.94 | 3.77 | 3.63 | 3.52 | 3.43 | 3.30 | 3.15 | 3.00 | 2.67 | 2.49 |
| 20 | 8.10 | 5.65 | 4.74 | 4.43 | 4.10 | 3.87 | 3.70 | 3.56 | 3.45 | 3.37 | 3.23 | 3.09 | 2.94 | 2.61 | 2.42 |
| 21 | 8.02 | 5.78 | 4.87 | 4.37 | 4.04 | 3.83 | 3.64 | 3.51 | 3.40 | 3.31 | 3.17 | 3.03 | 2.88 | 2.55 | 2.36 |
| 22 | 7.95 | 5.72 | 4.81 | 4.31 | 3.99 | 3.76 | 3.57 | 3.45 | 3.35 | 3.26 | 3.12 | 2.98 | 2.83 | 2.50 | 2.31 |
| 23 | 7.88 | 5.66 | 4.76 | 4.25 | 3.94 | 3.71 | 3.54 | 3.41 | 3.30 | 3.21 | 3.07 | 2.93 | 2.78 | 2.45 | 2.26 |
| 24 | 7.82 | 5.61 | 4.72 | 4.22 | 3.90 | 3.67 | 3.50 | 3.36 | 3.26 | 3.17 | 3.03 | 2.89 | 2.74 | 2.40 | 2.21 |
| 25 | 7.77 | 5.57 | 4.68 | 4.18 | 3.85 | 3.63 | 3.46 | 3.32 | 3.22 | 3.13 | 2.99 | 2.84 | 2.70 | 2.35 | 2.17 |
| 30 | 7.56 | 5.39 | 4.51 | 4.02 | 3.70 | 3.47 | 3.30 | 3.17 | 3.07 | 2.98 | 2.84 | 2.70 | 2.55 | 2.21 | 2.01 |
| 40 | 7.31 | 5.18 | 4.31 | 3.83 | 3.51 | 3.29 | 3.11 | 2.99 | 2.89 | 2.90 | 2.66 | 2.52 | 2.37 | 2.02 | 1.80 |
| 60 | 7.08 | 7.98 | 4.13 | 3.65 | 3.34 | 3.12 | 2.95 | 2.82 | 2.72 | 2.53 | 2.50 | 2.35 | 2.20 | 1.84 | 1.60 |
| 120 | 6.85 | 4.79 | 3.95 | 3.48 | 3.17 | 2.96 | 2.79 | 2.66 | 2.56 | 2.47 | 2.34 | 2.19 | 2.03 | 1.56 | 1.38 |
| ∞ | 6.63 | 4.51 | 3.78 | 3.32 | 3.02 | 2.80 | 2.61 | 2.51 | 2.41 | 2.32 | 2.18 | 2.04 | 1.88 | 1.47 | 1.00 |

2）两组测量结果检验。当两组数据的测量次数分别为 $n_1$ 与 $n_2$ 时。经过 $F$ 检验其精度没有明显差异。这时可以用 $t$ 检验，确定两组测量结果是否有明显差异。首先计算总体的标准偏差：

$$S=\sqrt{\frac{\sum(Y_{1i}-\overline{Y}_1)^2+\sum(Y_{2i}-\overline{Y}_2)^2}{(n_1-1)+(n_2-1)}} \tag{2-20}$$

式中　$Y_{1i}$、$\overline{Y}_1$ 及 $n_1$——分别为第 1 组的某测量值、平均值及次数；

　　　　$Y_{2i}$、$\overline{Y}_2$ 及 $n_2$——分别为第 2 组的某测量值、平均值及次数。

因为

$$S_1^2 = \frac{\sum(Y_{1i} - \overline{Y}_1)^2}{n_1 - 1} = \frac{\sum Y_{1i}^2 - 2\overline{Y}_1 \sum Y_{1i} + \sum \overline{Y}_1^2}{n_1 - 1} = \frac{\sum Y_{1i}^2 - 2n_1 \overline{Y}_1^2 + n_1 \overline{Y}_1^2}{n_1 - 1}$$

$$= \frac{\sum Y_{1i}^2 - \dfrac{(\sum \overline{Y}_{1i})^2}{n_1}}{n_1 - 1}$$

所以

$$(n_1 - 1)S_1^2 = \sum \overline{Y}_{1i}^2 - (\sum \overline{Y}_{1i})^2 / n_1$$

$$(n_2 - 1)S_2^2 = \sum \overline{Y}_{2i}^2 - (\sum \overline{Y}_{2i})^2 / n_2$$

$$\overline{S} = \sqrt{\frac{(n_1 - 1)S_1^2 + (n_2 - 1)S_2^2}{n_1 + n_2 - 2}} \tag{2-21}$$

再计算统计量：

$$t_{cal} = \frac{\overline{Y}_1 - \overline{Y}_2}{\overline{S}} \sqrt{\frac{n_1 n_2}{n_1 + n_2}} \tag{2-22}$$

根据要求的显著概率（或置信概率 $P$）及两组测量次数的自由度 $f$（一般为 $n_1 + n_2 - 2$），由表 2-8 查得 $t_p$。当 $t > t_p$ 时，表示意两组测量数据有显著差异；当 $t \leqslant t_p$ 时，表示两组数据无显著差异。

$t$ 分布的 $t_p$ 值表

表 2-8

| 自由度 | 置信度 | | | 自由度 | 置信度 | | |
|---|---|---|---|---|---|---|---|
| | 90% | 95% | 99% | | 90% | 95% | 99% |
| 1 | 6.314 | 12.706 | 63.657 | 18 | 1.734 | 2.101 | 2.879 |
| 2 | 2.920 | 4.303 | 9.925 | 19 | 1.729 | 2.093 | 2.861 |
| 3 | 2.353 | 3.182 | 5.841 | 20 | 1.725 | 2.085 | 2.845 |
| 4 | 2.132 | 2.776 | 4.504 | 21 | 1.721 | 2.080 | 2.831 |
| 5 | 2.015 | 2.571 | 4.032 | 22 | 1.717 | 2.074 | 2.819 |
| 6 | 1.943 | 2.447 | 3.707 | 23 | 1.714 | 2.069 | 2.807 |
| 7 | 1.895 | 2.365 | 3.499 | 24 | 1.711 | 2.064 | 2.797 |
| 8 | 1.860 | 2.306 | 3.355 | 25 | 1.708 | 2.060 | 2.787 |
| 9 | 1.833 | 2.262 | 3.250 | 26 | 1.706 | 2.056 | 2.779 |
| 10 | 1.812 | 2.228 | 3.169 | 27 | 1.703 | 2.052 | 2.771 |
| 11 | 1.796 | 2.201 | 3.106 | 28 | 1.701 | 2.048 | 2.763 |
| 12 | 1.782 | 2.179 | 3.055 | 29 | 1.699 | 2.045 | 2.756 |
| 13 | 1.771 | 2.150 | 3.012 | 30 | 1.697 | 2.042 | 2.750 |
| 14 | 1.751 | 2.145 | 2.977 | 40 | 1.684 | 2.021 | 2.704 |
| 15 | 1.753 | 2.131 | 2.947 | 60 | 1.671 | 2.000 | 2.660 |
| 16 | 1.746 | 2.120 | 2.921 | 120 | 1.658 | 1.980 | 2.617 |
| 17 | 1.740 | 2.110 | 2.898 | ∞ | 1.645 | 1.960 | 2.576 |

3. 多个实验室测量的结果检验

有多个实验室用同样方法测同一试样，要判断精度比较差的测量结果，以便将其舍去。为此目的，可用科克伦（Cochranc）检验准则。科克伦检验准则的统计量 $C_{cal}$ 为：

$$C_{cal} = \frac{S_{max}^2}{S_1^2 + S_2^2 + \cdots + S_n^2} \tag{2-23}$$

式中                $S_{max}^2$——受检验的一组测量结果的最大方差；

$S_1^2$、$S_2^2$、$\cdots S_n^2$——受检的一组测量结果中的各个方差；

$p$——受检验测量结果的方差个数（一般为实验室数）。

在检验时，先计算出各个（共 $p$ 个）$S_1^2$ 值，从最大的 $S_{max}^2$ 开始，计算 $C_{cal}$。再从相关标准中，查到显著概率 $\alpha$。方差个数为 $p$ 及测量次数为 $n$ 的 $C$ 值。当 $C_{cal} > C$ 时，应判为界外值，需舍去；$C_{cal} \leq C$ 时，应判为正常接受值。

### 2.5.2 有效数字与计算法则

在整理、计算测试数据过程中，决定用几位数字表示测量值和计算结果是一个很重要的问题。在确定位数时，经常有两个不正确的观点：一个为小数点后面的位数越多越准确；另一个为保留的位数越多精度越高。前者的错误在于没有弄清小数点位置的作用。小数点的设置只与单位大小有关，如 96.5mm 与 0.0965m 的精确度完全一样。后者的错误在于不了解所有的测量只能有一定程度的精确度。它取决于仪器刻度的精细度与测量方法。确定位数时一定要与采用仪器的精确度相适应，多于或少于精确度要求的位数都是错误的。正确确定位数的原则是：所有的位数除末位数字为可疑的不确切外，其他各位数字都是可信赖与确切的。通常认为末位数字可有一个单位的误差，或下一位的误差不超过 $\pm 5$。

1. 有效数字

在整理测试数据时会遇到两类数字：一类为无差数字，例如清点某物件的数目，除了因过失而数错以外，无论由谁来数，用什么方法数或在什么时间数，其结果都应该是同样的。除此以外，可以认为 $\pi$、$\sqrt{2}$ 等有效数字是没有限制的。一类为有差数字，测量结果通常均为有差数字。这类数的末一位或末二位，往往是估计得来的。例如用刻度为 0.1mL 的量筒测水量时，读数为 10.97mL，可以知道 10.9 这二位数是确切的，而 7 是根据液面的位置估计出来的。并且有的人可能读成 10.96，也有人可能读成 10.98。这就是末位数不是确切的表现，其上下可能有一个单位的出入。至于末位数不确切的程度有多大，是上下有一个还是几个单位的出入，则要看仪表的精细度。如果刻度线比较粗劣，就可能要有几个单位的出入了。另外还要考虑其他因素，这就要靠误差分析来确定。

还要指出，数字 0 可以是有效数字，也可以不是有效数字。例如，长度 90.7mm 与 0.0907m 的位数均为 3 位，而 0.0907 中 9 前面的 0 只与单位有关，与精确度无关，而 9 后面的 0 却是有效数字。

2. 数学修约规则

过去人们习惯用"四舍五入"的数字修约方法，其缺点为见五就进一，出现单向偏差。现在通用国家标准推荐的"四舍六入五单双"的数字修约规则，其优点是进舍项数和进舍误差具有平衡性（见表 2-9）。也就是说，进舍引起的误差可以自相抵消，取舍出现的偏差值接近于零。

进舍项数和进舍误差平衡表　　　　　　　　　表 2-9

| 原数 | 00 | 01 | 02 | 03 | 04 | 05 | 06 | 07 | 08 | 09 | 10 | 11 | 12 | 13 | 14 | 15 | 16 | 17 | 18 | 19 |
|---|---|---|---|---|---|---|---|---|---|---|---|---|---|---|---|---|---|---|---|---|
| 修约数 | 0 | 00 | 00 | 00 | 00 | 00 | 10 | 10 | 10 | 10 | 10 | 10 | 10 | 10 | 10 | 20 | 20 | 20 | 20 | 20 |
| 误差 | 0 | −1 | −2 | −3 | −4 | −5 | +4 | +3 | +2 | +1 | 0 | −1 | −2 | −3 | −4 | −5 | −6 | −7 | −8 | −9 |

具体的修约规则如下

1) 在拟舍去的数字中，若左边第 1 个数字小于 5（不包括 5）时，则舍去。如 14.2432 修约为 14.2。

2) 在拟舍去的数字中，若左边第 1 个数字大于 5（不包括 5）时，则进 1。如 14.2632 修约为 14.3。

3) 在拟舍去的数字中，若左边第 1 个数字等于 5 时，其右边的数字并非全是 0 时，则进 1。如 14.2511 修约为 14.3。

4) 在拟舍去的数字中，若左边第 1 个数字等于 5，其右边数字皆为 0 时，如拟保留的末位数字为奇数时则进 1，为偶数时（包括"0"）则舍去。如，1.7500 修约为 1.8。1.8500 修约为 1.8；1.0500 修约为 1.0。

**3. 计算法则**

计算测试数字时，应按一定法则运算，可免去因计算的繁琐带来的错误，下面介绍一些常用的法则：

1) 在记录有效数字时，只保留一位可疑数字。

2) 当有效位数确定后，其余数字一概按修约规则舍去。

3) 首位数超过 8 时，有效数字多加一位。在计算有效数字位数时，若第一位字等于或超过 8 时，有效数字的位数可多于一位。例如：8.34 表面上是三位有效数字，但计算时可作为四位考虑。

4) 加减法时，以小数点位数少者为准。在做加减的数学运算时，应以小数点位数最少的为准，例如 8.7＋1.03，应以 8.7 为主，一律取小数点后一位数，即 8.7＋1.0＝9.7。

5) 乘法中应以位数最少的为准。在做乘法运算中，各数值保留的位数应以位数最少的为准。所得的积的精度不能大于精度最小的那个因子。例如，$0.0121 \times 25.64 \times 1.05782$ 的乘法运算，如果以最末位数正负 1 个单位为误差时，0.121 的相对误差为：$\frac{1}{121} \times 100\%$ ＝0.8%；25.64 的相对误差为：$\frac{1}{2564} \times 100\%$ ＝0.04%；1.05782 的相对误差为：$\frac{1}{105782} \times 100\%$ ＝0.00009%。0.0121 的位数最少，并且相对误差最大，以它为准确定其他两数采用的有效数字位数 $0.0121 \times 25.6 \times 1.06$ ＝0.328。

6) 对数时，对数与真数位数相等。在对数运算中，所取对数的有效数字位数应与真数的有效数字位数相等。

7) 4 个值以上的平均值加一位。计算 4 个或 4 个以上数值的平均值时，则平均值有效位数字位数可以增加一位。

8）常数（π、1/2、1/$\sqrt{2}$等）位数不限。在计算时，对 π、1/2、1/$\sqrt{2}$、e 等常数，数字位数没有限制，需要几位就写几位。

9）误差值有效数字只有一位。计算误差值时，一般只保留一位有效数，其数量级与最末一位有效数字相一致。

当遇到重要而又非常精确的测量、所得误差数值尚需进一步计算、所取得的两位有效数字的字面上小于 30 等情况时，误差也可以保留两位或三位有效数字。在误差计算中最多取三位有效数字。算术平均值要根据误差的大小来调整其位数，一位有效数字的数量级与误差最末一位的数量级相等。例如：164.6±3.28 调整后得 164.6±3.3；1.23±0.026 调整后得 1.230±0.026；97654±378 调整后得（9765±38）×10。

### 2.5.3 测试数据表示方法

1. 图形表示方法

用几何图形表示测试数据是一种重要的表示方法。这种方法的优点在于简明直观，便于比较，能显示出数据的最高点、最低点、转折点、周期性以及其他奇异点等。如果图形作得足够准确，可以直接在图上求微分与积分。为了使图形能准确地反映实验数据，掌握正确的作图法很关键。下面介绍作图步骤与原则。

（1）坐标分度确定

通常以 $x$ 轴（水平轴）代表自变数，$y$ 轴（垂直轴）代表参变数。所谓分度就是指沿 $x$ 轴及 $y$ 轴规定每条坐标线代表数值的大小。选择分度的原则是在坐标纸上能很快地找到。通常采用主线间十等份的直角坐标纸。各线间距分为 1、2 或 5 为最方便，应该避免把间距分成 3、6、7 或 9。坐标分度值不一定由 0 开始。可以用一个低于测试数据系列中的最低值的某一整数作起点，高于最高值的某一整数作终点。

分度时，最小分度不要超过测试数据的精度，也就是说测试数据中的最后一位有效数字最多不超过两格（也可以用一格）。在确定分度时，还要考虑使测试曲线的斜率尽可能趋近 1，这与 $x$ 轴与 $y$ 轴的大小分度有关。图 2-3（$a$）所示的曲线太陡，图 2-3（$b$）所示的曲线的斜率趋近于 1，说明其分度大小比较合适。

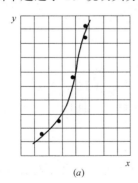
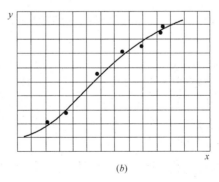

图 2-3　坐标分度与曲线斜率的关系

（$a$）曲线过陡；（$b$）曲线斜率合适

（2）根据数据描点

把测试数据点在图上称为描点。当测试数据有一定误差时，在图上就不是一个点了。而是一个矩形的小面积，如图 2-4（$a$）所示。当矩形 $x$ 边为 $2\sigma_x$（2 倍标准误差），$y$ 边

为 $2\sigma_y$ 时，根据以前阐述的理论可以断定，数据落在此矩形面积范围内的概率是 $95\%$。矩形的中心点代表数据的平均值。整个数据列在两条虚线中间范围内的概率亦为 $95\%$。

当 $x$、$y$ 轴的误差相等时，习惯以圆圈（"O"）代表数据范围，圆圈中心代表算术平均值，半径表示误差。如果 $x$ 轴的数据的误差小到可以忽略时（或者没有误差时），则其数据范围是一条短线，如图 2-4（$b$）所示。

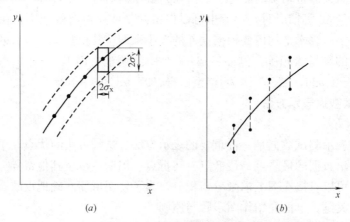

图 2-4　图中表示数据的范围

（$a$）$x$ 轴与 $y$ 轴均有误差情况；（$b$）$y$ 轴有误差而 $y$ 轴没有误差情况

（3）根据测试点作曲线

如果测试点比较多，根据图上各点完全可以画出一条光滑曲线。在作此曲线时，注意曲线要光滑匀整，只具有少数转折点，曲线尽量靠近各测试点。但不一定使各点都在曲线上，并希望位于曲线两边的点数接近相等。

（4）曲线直线化

如果能把曲线化为直线，不仅作图方便，而且更能表示曲线变化性质，易于写出经验公式。具体采取的办法是将 $x$、$y$ 轴作如下几种变换，以达到曲线直线化的目的，如以 $\lg x$ 与 $y$、$\lg x$ 与 $\lg y$、$x^n$（或 $x^{1/n}$）和 $y$、以 $x$ 与 $1/y$ 作图、$1/x$ 与 $y$（或 $1/y$）等作图。首先在普通的 $x$ 和 $y$ 坐标上画图，然后根据图形的性质，决定采用以上某种 $x$、$y$ 轴的方法。

2. 方程式表示法

当一组测试数据用图形方法示出来后，如果进一步整理成经验公式，则更有利于对数据结果的推广和使用。在确定经验公式时，要求形式简单，而且具有一定的精确度，然后根据图形确定公式。

（1）曲线与公式

1）直线方程。根据解析几何原理，用图 2-5 表示出几种直线图形与方程式的关系。

2）双曲线方程。双曲线方程为 $y=\dfrac{x}{a+bx}$。此式是具有渐近线 $x=-a/b$ 和 $y=1/b$ 的双曲线方程，并且可以化为以下两种形式：$\dfrac{x}{y}=a+bx$ 和 $\dfrac{1}{y}=a\left(\dfrac{1}{x}\right)+b$。如果以 $\dfrac{x}{y}$ 与 $x$ 作图，或者以 $\dfrac{1}{y}$ 与 $\dfrac{1}{x}$ 作图可得到直线形式。

对于方程 $y = \dfrac{x}{a+bx} + C$，当 $x = x_1$ 与

$y = y_1$ 时，则 $y_1 = \dfrac{x_1}{a+bx_1} + C$，于是得：

$$y - y_1 = \frac{x}{a+bx} - \frac{x_1}{a+bx_1} = \frac{a(x-x_1)}{(a+bx)(a+bx_1)}$$
$$(2\text{-}24)$$

$$\frac{x-x_1}{y-y_1} = (a+bx_1) + x\left(b + \frac{b^2 x_1}{a}\right)$$
$$(2\text{-}25)$$

因为 $(a+bx_1)$ 和 $\left(b + \dfrac{b^2 x_1}{a}\right)$ 都是常数，将

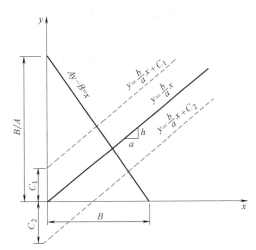

图 2-5　直线方程式的关系

$\dfrac{x-x_1}{y-y_1}$ 与 $x$ 作图，也可以得到一条直线。

3）指数曲线。将 $y = a(10)^{bx}$ 两边取对数得到，$\lg y = \lg a + bx$。可见，当以 $\lg y$ 与 $x$ 作图时，可得一条直线。将指数曲线 $y = a(10)^{bx+cx^2}$ 取对数后，得 $\lg y = \lg a + bx + cx^2$，再取微分后，得 $\dfrac{\mathrm{d}(\lg y)}{\mathrm{d}x} = b + 2cx$，如果将 $\dfrac{\lg y - \lg y_1}{x - x_1}$ 与 $x$ 作图，也可以得到一条直线。

4）抛物线曲线。对于简单的抛物线方程 $y = ax^b$，当 $b$ 为正值并为 2 的倍数时，曲线近似抛物线；当 $b$ 为负值时，曲线为以轴为渐近线的双曲线。将方程式两边取对数后，得 $\lg y = \lg a + b\lg x$。这样取 $\lg y$ 与 $\lg x$ 作图时，即得直线关系。

对于方程 $y = a + bx + cx^2$，当 $x = x_1$，$y = y_1$ 时，$y_1 = a + bx_1 + cx_1^2$，相减后得到 $y - y_1 = b(x-x_1) + c(x^2 - x_1^2)$，然后再以 $x - x_1$ 除之，可得

$$\frac{y-y_1}{x-x_1} = b + c(x+x_1) = b + cx_1 + cx \tag{2-26}$$

因为 $b+cx_1$ 是常数，故将 $\dfrac{y-y_1}{x-x_1}$ 与 $x$ 作图仍可得到一直线。

（2）方程中常数项的确定

当把曲线直线化以后，并且测试数据基本都在直线上时，即可决定曲线的方程形式。下面的问题就是如何求方程中的常数项。通常有以下几种方法：

1）选点法。在测量数据中选出几个接近曲线的点，确定 $x$ 与 $y$ 相对应的值，代入方程式中解联立方程的方法求出各常数项。这种方法简单易行，但是比较粗糙。

2）平均法。将几个测量值分成数目相同的 $k$ 个组，而 $k$ 应等于方程中常数项的数目。每个组的测量值都带入方程中，即可综合成 $k$ 个方程式。解联立方程式，即可得到 $k$ 个常数项。

3）图解法。首先把曲线直线化，然后利用解析几何的知识，从图上求得直线化后的斜率与常数项。

4）最小二乘法。采用这种方法需要假定所有自变数的给定数值没有误差，而参变数带有测试误差和当测试点与曲线的偏差的平方和为最小时，此曲线为最佳曲线，即回归曲线。

### 2.5.4　数值拟合与相关系数

1. 线性回归

在很多直线中，回归直线是最接近测量点的直线。也可以说，该直线与实测数据的总差值最小。因此回归直线是代表 $g$ 与 $f$ 两个变量之间线性关系的较为合理的直线。回归直线可用下式表示：

$$y=a+bx \tag{2-27}$$

当实测 $x$ 的测量值分别为 $X_1$、$X_2$……、$X_n$ 时，根据式 (2-27) 得：

$$Y_1=a+bX_1;Y_2=a+bX_2;\quad\cdots\cdots Y_n=a+bX_n$$

在实测中，相应于 $X_1$，$X_2$，$\cdots$，$X_n$ 的实测有 $y$ 值分别为 $Y_1$，$Y_2$，$\cdots$，$Y_n$，它们与计算得到的 $y_1$，$y_2$，$\cdots$，$y_n$ 不等，这说明实测点 $(X_1, Y_1)$、$(X_2, Y_2)$，$\cdots$，$(X_n, Y_n)$ 并不完全落在 $y=a+bx$ 回归的直线上。各点偏离直线（见图 2-6）的距离为 $d_i=Y_i-y_i=Y_i-(a+bX_i)$，则有：

$$Q_{\mathrm{E}}=\sum_{i=1}^{n}\left[Y_i-(a+bX_i)\right]^2 \tag{2-28}$$

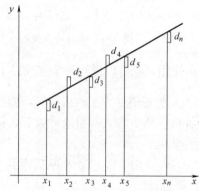

图 2-6　某测点与方程式的偏差

$Q_{\mathrm{E}}$ 亦称几个测点与回归直线的密合度。它随不同的 $a$ 与 $b$ 值的变化而变化，为了找出回归直线的 $a$ 与 $b$ 值，可用最小二乘法，使 $Q_{\mathrm{E}}$ 达到最小的目标。

因 $\dfrac{\partial Q_{\mathrm{E}}}{\partial a}=-2\sum\limits_{i=1}^{n}\left[Y_i-(a+bX_i)\right]=0$，得：

$$\sum Y_i-b\sum X_i-na=0 \tag{2-29}$$

因 $\dfrac{\partial Q_{\mathrm{E}}}{\partial b}=-2\sum\limits_{i=1}^{n}\left[Y_i-(a+bX_i)\right]X_i=0$，得：

$$\sum X_iY_i-a\sum X_i-b\sum X_i^2=0 \tag{2-30}$$

由式 (2-29) 得：

$$na=\sum_{i=1}^{n}Y_i-b\sum_{i=1}^{n}X_i$$

$$a=\frac{1}{n}\sum_{i=1}^{n}Y_i-\frac{1}{n}b\sum_{i=1}^{n}X_i$$

将 $a$ 代入式 (2-30) 得：

$$b=\frac{\displaystyle\sum_{i=1}^{n}X_iY_i-\frac{1}{n}\left(\sum_{i=1}^{n}X_i\right)\left(\sum_{i=1}^{n}Y_i\right)}{\displaystyle\sum_{i=1}^{n}X_i^2-\frac{1}{n}\left(\sum_{i=1}^{n}X_i\right)^2} \tag{2-31}$$

2. 相关系数

$$\rho=\frac{\displaystyle\sum_{i=1}^{n}(X_i-\overline{X})(Y_i-\overline{Y})}{\sqrt{\displaystyle\sum_{i=1}^{n}(X_i-\overline{X})\sum_{i=1}^{n}(Y_i-\overline{Y})^2}} \tag{2-32}$$

$$m_\rho = \frac{1-\rho^2}{\sqrt{n-1}} \tag{2-33}$$

关系密切指数：

$$\eta = |\rho|\sqrt{n-1} \tag{2-34}$$

根据以上推导，相关系数 $\rho$ 的特性如下：

(1) 当 $\rho = \pm 1$ 时，$Y_i$ 与 $X_i$ 全部落在回归线上，说明 $y$ 与 $x$ 存在严格的函数关系。

(2) 当 $\rho = 0.9 \sim 1.0$ 及 $\eta \geqslant 3$ 时，$y$ 与 $x$ 呈线性关系。

(3) 当 $\rho = 0.7 \sim 0.9$ 及 $\eta \geqslant 3$ 时，$y$ 与 $x$ 关系密切，可用直线表示其变化关系。

(4) 当 $\rho = 0.5 \sim 0.7$ 及 $\eta \geqslant 3$ 时，$y$ 与 $x$ 两因素间的关系切实存在。

(5) 表 2-10 给出了不同显著概率 $\alpha$ 及测量次数 $n$ 条件下的界限 $\rho_0$ 值，当计算的 $\rho$ 大于 $\rho_0$ 时，表示 $y$ 与 $x$ 两因素的关系切实存在。

相关系数检验表　　　　　　　　　　　　表 2-10

| $n-2$ | $\alpha$ | | $n-2$ | $\alpha$ | |
|---|---|---|---|---|---|
| | 0.05 | 0.01 | | 0.05 | 0.01 |
| 1 | 0.997 | 1.000 | 21 | 0.413 | 0.520 |
| 2 | 0.950 | 0.990 | 22 | 0.404 | 0.515 |
| 3 | 0.878 | 0.959 | 23 | 0.396 | 0.505 |
| 4 | 0.811 | 0.917 | 24 | 0.388 | 0.496 |
| 5 | 0.754 | 0.871 | 25 | 0.381 | 0.487 |
| 6 | 0.707 | 0.834 | 26 | 0.374 | 0.478 |
| 7 | 0.666 | 0.798 | 27 | 0.367 | 0.470 |
| 8 | 0.632 | 0.765 | 28 | 0.361 | 0.463 |
| 9 | 0.602 | 0.735 | 29 | 0.355 | 0.456 |
| 10 | 0.576 | 0.708 | 30 | 0.439 | 0.440 |
| 11 | 0.553 | 0.684 | 35 | 0.325 | 0.418 |
| 12 | 0.532 | 0.661 | 40 | 0.304 | 0.393 |
| 13 | 0.514 | 0.641 | 45 | 0.288 | 0.372 |
| 14 | 0.497 | 0.623 | 50 | 0.273 | 0.354 |
| 15 | 0.482 | 0.606 | 60 | 0.250 | 0.325 |
| 16 | 0.468 | 0.590 | 70 | 0.232 | 0.302 |
| 17 | 0.456 | 0.575 | 80 | 0.217 | 0.283 |
| 18 | 0.444 | 0.561 | 90 | 0.205 | 0.267 |
| 19 | 0.433 | 0.549 | 100 | 0.195 | 0.254 |
| 20 | 0.423 | 0.537 | 200 | 0.138 | 0.181 |

(6) 当 $\rho$ 为正值时，$y$ 与 $x$ 为正相关。$y$ 随 $x$ 的增大而增大，反之为负相关。

(7) 当 $\rho$ 很小或为零时，$y$ 与 $x$ 不存在任何关系。

3. 回归线的精度

回归线的精度是指实测点对回归直线的离散程度，可用方差（偏差的平方和）表示。在不考虑回归直线本身稳定性时，回归方程的精度为：

$$S_E = \sqrt{\frac{Q_E}{cn-2}} = \sqrt{\frac{\sum\limits_{i=1}^{n}\sum\limits_{j=1}^{c}(Y_i-y_i)}{cn-2}} = \sqrt{\frac{\sum\limits_{i=1}^{n}\sum\limits_{j=1}^{c}(Y_{ij}-\overline{Y})^2 - cb^2\sum\limits_{i=1}^{n}(X_i-\overline{X})^2}{cn-2}}$$

(2-35)

式中　$c$——重复次数；

　　　$n$——实测次数。

当 $c=1$ 时，可简化为：

$$S_E = \sqrt{\frac{\sum\limits_{i=1}^{n}(Y_i-\overline{Y})^2 - b^2\sum\limits_{i=1}^{n}(X_i-\overline{X})^2}{n-2}}$$

(2-36)

由式 (2-31) 可知：$\sum\limits_{i=1}^{n}(Y_i-y_i)^2 = \sum\limits_{i=1}^{n}(Y_i-\overline{Y})(1-\rho^2)$，则：

$$S_E = \sqrt{\frac{\sum\limits_{i=1}^{n}(Y_i-\overline{Y})(1-\rho)}{n-2}}$$

(2-37)

4. 置信概率与置信区间

当测点足够多时，可以认为各测点落在 $y=a+bx\pm1.96S_E$，置信区间的置信概率为 95%，作两条平行于回归线的直线：

$$y_1 = a+bx+1.96S_E$$
$$y_2 = a+bx-1.96S_E$$

实测点落在该区间的范围的概率是 95%。

### 2.5.5　最小二乘法

最小二乘法是对测量数进行处理的一种方法，它给出了数据处理的一条准则，即在最小二乘法意义下获得的结果（或最佳值）应使残差平方和最小。基于这一准则所建立的一套理论和方法为测量数据的处理提供了一种有力的工具。现代矩阵理论的发展及电子计算机的广泛应用，为这一方法提供了新的理论工具和得力的数据处理手段，成为回归分析、数据统计等方面的理论基础之一。作为数据处理手段，最小二乘法在测量曲线的拟合、方差分析与回归分析及其他科学实验的数据处理等方面均获得了广泛的应用。

1. 最小二乘法原理

最小二乘法是指测量结果的最佳值（用 $x_0$ 表示），应使测量值（用 $x_i$）与最佳值之差平方和为最小，即：

$$\sum_{i=1}^{n}p_i(x_i-x_0)^2 = \sum_{i=1}^{n}p_iv_i^2 = \min$$

(2-38)

这就是最小二乘法的基本原理。

对于等精度测量，最佳值是使所有测量值的误差的平方和最小的值。因此，对于等精度测量的一系列测量值来说，它们的算术平均值就是最佳值，各测量值与算术平均值之差的平方和最小。

对于不等精度独立计量，测量结果的最佳值是各测量值与算术平均值之差的加权平均值，这与最小二乘法的原理一致。

2. 线性经验公式的最小二乘法拟合

在科学研究中经常遇到寻求表征两个量的拟合问题，最小二乘法是求线性经验公式中常用的方法，由于两个量在一个小范围中可以认为是线性的，因而求线性经验公式的方法有着广泛的应用。

若两个量 $x$、$y$ 间有线性关系：

$$y = ax + b$$

当对它们进行独立等精度测得 $n(n \geq 2)$ 对数据 $(x_1, y_1)$，$(x_2, y_2)$，…，$(x_n, y_n)$ 时，由于测量误差的存在，不可能使所求直线穿过所有数据点，由于各偏差的平方均为正数，若平方和为最小，即这些偏差均最小，最佳直线便是尽可能靠近这些点的直线。因此利用最小二乘法原理，使各测量点到直线纵坐标的差的平方和最小，从而解出 $a$ 和 $b$。

由误差方程

$$\begin{cases} y_1 - (ax_1 + b) = v_1 \\ y_2 - (ax_2 + b) = v_2 \\ \qquad \vdots \\ y_n - (ax_n + b) = v_n \end{cases}$$

各等式两边平方，得：

$$\begin{cases} v_1^2 = y_1^2 + a^2 x_1^2 + b^2 + 2abx_1 - 2by_1 - 2ax_1y_1 \\ v_2^2 = y_2^2 + a^2 x_2^2 + b^2 + 2abx_2 - 2by_2 - 2ax_2y_2 \\ \qquad \vdots \\ v_n^2 = y_n^2 + a^2 x_n^2 + b^2 + 2abx_n - 2by_n - 2ax_ny_n \end{cases}$$

将以上 $n$ 个式子左边和右边相加，得：

$$\sum_{i=1}^n v_i^2 = \sum_{i=1}^n y_i^2 + a^2 \sum_{i=1}^n x_i^2 + nb^2 + 2ab \sum_{i=1}^n x_1 - 2b \sum_{i=1}^n y_i - 2a \sum_{i=1}^n x_i y_i$$

令 $V = \sum_{i=1}^n v_i^2$，根据最小二乘法原理，要使 $V = \min$，则 $a$ 和 $b$ 必须满足

$$\begin{cases} \dfrac{\partial V}{\partial a} = 2a \sum_{i=1}^n x_i^2 + 2b \sum_{i=1}^n x_i - 2 \sum_{i=1}^n x_i y_i = 0 \\ \dfrac{\partial V}{\partial b} = 2nb + 2a \sum_{i=1}^n x_i - 2 \sum_{i=1}^n y_i = 0 \end{cases}$$

化简后得到方程组

$$\begin{cases} a \sum_{i=1}^n x_i^2 + b \sum_{i=1}^n x_i = \sum_{i=1}^n x_i y_i \\ nb + a \sum_{i=1}^n x_i = \sum_{i=1}^n y_i \end{cases}$$

解方程组得：

$$b = \frac{1}{n}\left(\sum_{i=1}^{n} y_i - a\sum_{i=1}^{n} x_i\right) = \overline{y} - a\overline{x} \tag{2-39}$$

$$a = \frac{n\sum_{i=1}^{n} x_i y_i - \sum_{i=1}^{n} x_i \sum_{i=1}^{n} y_i}{n\sum_{i=1}^{n} x_i^2 - \left(\sum_{i=1}^{n} x_i\right)^2} = \frac{\sum_{i=1}^{n} x_i y_i - n(\overline{x}\,\overline{y})}{\sum_{i=1}^{n} x_i^2 - n(\overline{x})^2} \tag{2-40}$$

其中 $\overline{x} = \frac{1}{n}\sum_{i=1}^{n} x_i$，$\overline{y} = \frac{1}{n}\sum_{i=1}^{n} y_i$ 是全部测点的点系中心（或平均点）。

从上面的分析结果可以看出，用最小二乘法求出的直线一定通过全部测点的点系中心 $(\overline{x}, \overline{y})$ 这一点。

3. 幂级数多项式的最小二乘法拟合

前面讨论了用最小二乘法拟合直线，在这里将讨论更一般的情形。如果用直线不能很好地拟合数据，可以构思一个更复杂的函数，改变函数的系数使之能够更好地拟合测量数据。对于这种数据的拟合，最有用的函数是幂级数多项式。

设已知一组数据 $(x_1, y_1)$，$(x_2, y_2)$，…，$(x_n, y_n)$，要用通常的 $n(n < m-1)$ 次多项式

$$p_n(x) = a_0 + a_1 x + a_2 x^2 + \cdots + a_n x^n \tag{2-41}$$

去近似它。下面要解决的问题就是应该如何选择 $a_1$，$a_2$，…，$a_n$，使 $p_n(x)$ 能较好地拟合已知测量数据。按最小二乘法，应该选择 $a_1$，$a_2$，…，$a_n$，使得

$$Q(a_0, a_1, \cdots, a_n) = \sum_{i=1}^{m}\left[y_i - p_n(x)\right]^2 \tag{2-42}$$

取最小。求 $Q$ 对 $a_1$，$a_2$，…，$a_n$ 的偏导数，并令其等于零，得到：

$$\frac{\partial Q}{\partial a_k} = -2\sum_{i=1}^{m}\left[y_i - (a_0 + a_1 x_i + a_2 x^2 + \cdots + a_n x_i^m)\right]x_i^k = 0 \quad k = 0, 1, \cdots, n$$

引入记号 $s_k = \sum_{i=1}^{m} x_i^k$ 和 $u_k = \sum_{i=1}^{m} y_i x_i^k$

则上述方程组可以写为

$$\begin{cases} s_0 a_0 + s_1 a_1 + \cdots + s_n a_n = u_0 \\ s_1 a_0 + s_2 a_1 + \cdots + s_{n+1} a_n = u_1 \\ \vdots \\ s_n a_0 + s_{n+1} a_1 + \cdots + s_{2n} a_n = u_n \end{cases}$$

令

$$\boldsymbol{S} = \begin{bmatrix} s_0 & s_1 & \cdots & s_n \\ s_1 & s_2 & \cdots & s_{n+1} \\ \vdots & \vdots & & \vdots \\ s_n & s_{n+1} & \cdots & s_{2n} \end{bmatrix} \quad \boldsymbol{A} = \begin{bmatrix} a_0 \\ a_1 \\ \vdots \\ a_n \end{bmatrix} \quad \boldsymbol{U} = \begin{bmatrix} u_0 \\ u_1 \\ \vdots \\ u_n \end{bmatrix}$$

则方程组可以写成矩阵形式：

$$\boldsymbol{SA} = \boldsymbol{U} \tag{2-43}$$

它的系数行列式为：

$$\det(\boldsymbol{s})=\begin{vmatrix} s_0 & s_1 & \cdots & s_n \\ s_1 & s_2 & \cdots & s_{n+1} \\ \vdots & \vdots & & \vdots \\ s_n & s_{n+1} & \cdots & s_{2n} \end{vmatrix}$$

由 $s_i$ $(i=0,1,\cdots,2n)$ 的定义及行列式的性质可知,当 $x_1,x_2,\cdots,x_m$ 互异时,det $(\boldsymbol{S})\neq0$,式(2-43)有唯一解,$a_1,a_2,\cdots,a_n$ 满足

$$\boldsymbol{A}=\boldsymbol{S}^{-1}\boldsymbol{U} \tag{2-44}$$

且它们使 $Q(a_1,a_2,\cdots,a_n)$ 取极小值。

对于不等精度测量,要用加权和

$$\sum_{i=1}^{m} p_i[y_i-p_n(x_i)]^2 \tag{2-45}$$

代替式(2-42)取最小值。其中 $p_i$ $(p_i>0)$ 为不等精度测量所得数据的权值。

4. 两种常用非线性模型的最小二乘法拟合

利用观测值或测量数据去确定一个经验公式 $p_n(x)=a_0+a_1x+a_2x^2+\cdots+a_nx^n$ 时,需要测定的参数是 $a_0,a_1,\cdots,a_n$,且 $p_n(x)$ 是 $a_0,a_1,\cdots,a_n$ 的线性函数。但是有时在利用观测值或测量数据去确定一个经验公式时,要确定的函数往往和待定函数之间不具有线性关系,这样求解函数的问题就变得很复杂。然而,常常可以通过变量替换使其线性化。下面介绍两种常用非线性模型的线性化方法。

(1)函数类型1

$$s=pt^q \tag{2-46}$$

用 $s=pt^q$ 去近似一个由一组观测数据所描绘的曲线,其中 $p$ 和 $q$ 是两个待定的参数。显然 $s$ 已经不是 $p$ 和 $q$ 的线性函数,若将式(2-46)两端取自然对数,可得:

$$\ln s=\ln p+q\ln t \tag{2-47}$$

记 $\ln s=y$,$\ln t=x$,$\ln p=a_0$,$q=a_1$

则式(2-47)变为:

$$y=a_0+a_1x \tag{2-48}$$

其系数 $a_0$ 和 $a_1$ 可以用最小二乘法求得,然后根据

$$\begin{cases} p=\mathrm{e}^{a_0} \\ q=a_1 \end{cases} \tag{2-49}$$

即可得到 $p$ 和 $q$ 这两个参数。

(2)函数类型2

$$s=A\mathrm{e}^{Ct} \tag{2-50}$$

用 $s=A\mathrm{e}^{Ct}$ 去近似一组给定测量试验数据时,其中 $A$ 和 $C$ 是两个待定的参数。对于这种非线性函数,可以在式(2-49)两端取自然对数,得:

$$\ln s=\ln A+Ct \tag{2-51}$$

记 $\ln s=y$,$t=x$,$\ln A=a_0$,$C=a_1$,则式(2-51)变为:

$$y=a_0+a_1x \tag{2-52}$$

再用最小二乘法求出 $a_0$ 和 $a_1$，从而求出 $A$ 和 $C$。

5. 一般线性参数最小二乘法

在实际测量数据的曲线拟合过程中，遇到的大量问题，往往不只是单一自变量和两个待定参数的曲线拟合（线性经验公式），要拟合的函数中常常有多个自变量和多个待定的参数。最小二乘法可以用于线性参数处理，也可用于非线性参数的处理。由于实际测量中大量的测量问题属于线性的，而非线性参数借助于级数展开的方法可以在某一区域近似地化成线性的形式。因此，线性参数的最小二乘问题是最小二乘法所研究的基本内容。下面将讨论应用最小二乘法求解具有多个自变量的一般线性模型的参数。

假设被测量 $y$ 和 $n$ 个参数 $a_1$，$a_2$，$\cdots$，$a_n$ 之间呈如下的线性关系：

$$y = a_1 x_1 + a_2 x_2 + \cdots + a_n x_n = \sum_{i=1}^{n} a_i x_i \tag{2-53}$$

一般情况下，可以令 $x_1 \equiv 1$。因此，一般线性模型实际有 $n-1$ 个自变量和 $n$ 个要求解的参数。

假定进行了 $m$（$m > n$）次等精度测量，则有：

$$\begin{cases} y_1 = x_{11} a_1 + x_{12} a_2 + \cdots + x_{1n} a_n = \sum_{i=1}^{n} x_{1i} a_i \\ y_2 = x_{21} a_1 + x_{22} a_2 + \cdots + x_{2n} a_n = \sum_{i=1}^{n} x_{2i} a_i \\ \vdots \\ y_m = x_{m1} a_1 + x_{m2} a_2 + \cdots + x_{mn} a_n = \sum_{i=1}^{n} x_{mi} a_i \end{cases} \tag{2-54}$$

用 $l$ 表示 $y$ 的实际测量值，则相应的误差方程组为：

$$\begin{cases} l_1 - y_1 = l_1 - (x_{11} a_1 + x_{12} a_2 + \cdots + x_{1n} a_n) = v_1 \\ l_2 - y_2 = l_2 - (x_{21} a_1 + x_{22} a_2 + \cdots + x_{2n} a_n) = v_2 \\ \vdots \\ l_m - y_m = l_m - (x_{m1} a_1 + x_{m2} a_2 + \cdots + x_{mn} a_n) = v_m \end{cases} \tag{2-55}$$

误差方程组的矩阵形式为：

$$\begin{bmatrix} l_1 \\ l_2 \\ \vdots \\ l_m \end{bmatrix} - \begin{bmatrix} x_{11} & x_{12} & \cdots & x_{1n} \\ x_{21} & x_{22} & \cdots & x_{2n} \\ \vdots & \vdots & & \vdots \\ x_{m1} & x_{m2} & \cdots & x_{mn} \end{bmatrix} \begin{bmatrix} a_1 \\ a_2 \\ \vdots \\ a_n \end{bmatrix} = \begin{bmatrix} v_1 \\ v_2 \\ \vdots \\ v_m \end{bmatrix} \tag{2-56}$$

即 $$\boldsymbol{L} - \boldsymbol{X}\boldsymbol{A} = \boldsymbol{V} \tag{2-57}$$

其中 $\boldsymbol{X} = \begin{bmatrix} x_{11} & x_{12} & \cdots & x_{1n} \\ x_{21} & x_{22} & \cdots & x_{2n} \\ \vdots & \vdots & & \vdots \\ x_{m1} & x_{m2} & \cdots & x_{mn} \end{bmatrix}$ 为系数矩阵，$\boldsymbol{A} = \begin{bmatrix} a_1 \\ a_2 \\ \vdots \\ a_n \end{bmatrix}$ 为待求矩阵，$\boldsymbol{L} = \begin{bmatrix} l_1 \\ l_2 \\ \vdots \\ l_m \end{bmatrix}$ 为实测值矩

阵，$V=\begin{pmatrix} v_1 \\ v_2 \\ \vdots \\ v_m \end{pmatrix}$ 为残余误差矩阵。

为了获得更可靠的结果，测量次数 $m$ 总要多于未知参数的个数 $n$，即所得误差方程的数目总是要多于未知数的数目。因而直接用一般解代数方程的方法是无法求解这些未知参数的。最小二乘法可将误差方程转化为有确定解的代数方程组，使其方程式数目正好等于未知参数的个数，从而可求解出这些未知参数。这个有确定解的代数方程组称为最小二乘法的正规方程。

根据最小二乘法原理，残余误差平方和最小，即：

$$\sum_{i=1}^{m} v_i^2 = \min \tag{2-58}$$

由于

$$(v_1 \quad v_2 \quad \cdots \quad v_m)\begin{pmatrix} v_1 \\ v_2 \\ \vdots \\ v_m \end{pmatrix} = \sum_{i=1}^{m} v_i^2$$

式（2-58）的矩阵形式为

$$V^{\mathrm{T}}V = \min$$

或

$$(L-AX)^{\mathrm{T}}(L-AX) = \min$$

令 $Q = \sum_{j=1}^{m} v_j^2 = \sum_{j=1}^{m}(l_j - \sum_{i=1}^{n} x_{ji}a_i)^2$，要求使 $Q$ 达到最小值时的 $a_1$，$a_2$，$\cdots$，$a_n$，只需令 $\dfrac{\partial Q}{\partial a_i}=0$（$i=1, 2, \cdots, n$），可得出 $m$ 个方程：

$$\begin{cases} \dfrac{\partial Q}{\partial a_1} = 2\sum_{j=1}^{m}(l_j - \sum_{i=1}^{n} x_{ji}a_i)(-x_{j1}) = 0 \\[2mm] \dfrac{\partial Q}{\partial a_2} = 2\sum_{j=1}^{m}(l_j - \sum_{i=1}^{n} x_{ji}a_i)(-x_{j2}) = 0 \\[1mm] \vdots \\[1mm] \dfrac{\partial Q}{\partial a_n} = 2\sum_{j=1}^{m}(l_j - \sum_{i=1}^{n} x_{ji}a_i)(-x_{jn}) = 0 \end{cases}$$

化简得

$$\begin{cases} \sum_{j=1}^{m}\left(\sum_{i=1}^{n}x_{ji}a_i\right)x_{j1}=\sum_{j=1}^{m}l_jx_{j1} \\ \sum_{j=1}^{m}\left(\sum_{i=1}^{n}x_{ji}a_i\right)x_{j2}=\sum_{j=1}^{m}l_jx_{j2} \\ \vdots \\ \sum_{j=1}^{m}\left(\sum_{i=1}^{n}x_{ji}a_i\right)x_{jn}=\sum_{j=1}^{m}l_jx_{jn} \end{cases} \tag{2-59}$$

令

$$\boldsymbol{X}=\begin{bmatrix} x_{11} & x_{12} & \cdots & x_{1n} \\ x_{21} & x_{22} & \cdots & x_{2n} \\ \vdots & \vdots & & \vdots \\ x_{m1} & x_{m2} & \cdots & x_{mn} \end{bmatrix}=(\boldsymbol{X}_1\boldsymbol{X}_2\cdots\boldsymbol{X}_n)$$

则式（2-59）写成矩阵形式为

$$\begin{cases} \boldsymbol{X}_1^{\mathrm{T}}\boldsymbol{X}\boldsymbol{A}=\boldsymbol{X}_1^{\mathrm{T}}\boldsymbol{L} \\ \boldsymbol{X}_2^{\mathrm{T}}\boldsymbol{X}\boldsymbol{A}=\boldsymbol{X}_2^{\mathrm{T}}\boldsymbol{L} \\ \vdots \\ \boldsymbol{X}_n^{\mathrm{T}}\boldsymbol{X}\boldsymbol{A}=\boldsymbol{X}_n^{\mathrm{T}}\boldsymbol{L} \end{cases}$$

即

$$\boldsymbol{X}^{\mathrm{T}}\boldsymbol{X}\boldsymbol{A}=\boldsymbol{X}^{\mathrm{T}}\boldsymbol{L} \tag{2-60}$$

这就是等精度测量时，以矩阵形式表示的正规方程。

若 $\boldsymbol{X}$ 的秩等于 $n$，则矩阵 $\boldsymbol{X}^{\mathrm{T}}\boldsymbol{X}$ 是满秩的，其行列式 $\det(\boldsymbol{X}^{\mathrm{T}}\boldsymbol{X})\neq0$，那么 $\boldsymbol{A}$ 的解必定存在，而且是唯一的。此时用 $(\boldsymbol{X}^{\mathrm{T}}\boldsymbol{X})^{-1}$ 左乘正规方程的两边，就得到正规方程解的矩阵表达式：

$$\boldsymbol{A}=(\boldsymbol{X}^{\mathrm{T}}\boldsymbol{X})^{-1}\boldsymbol{X}^{\mathrm{T}}\boldsymbol{L} \tag{2-61}$$

线性参数的最小二乘法处理程序可以归结为：首先根据最小二乘法原理，利用求极值的方法将误差方程转化为正规方程；然后求解正规方程，得到要求解的参数。其中的关键步骤就是建立正规方程。

对于非线性参数函数，无法由误差方程组直接建立正规方程，一般采取线性化的方法，对非线性函数进行级数展开，从而将非线性函数化为线性函数，再按线性参数的情形进行处理。

最小二乘法原理是在测量误差无偏、正态分布和相互独立的条件下应用的，但在多种微小作用下，不严格服从正态分布的情形下也常被使用。

## 2.6　直接测量误差分析与间接测量误差传递

误差分析理论要解决误差存在的规律性，找出减少误差影响测量的方法，尽可能得到逼近真值的结果，并对结果给出正确的评价。此外，间接测量时还要考虑误差传递的影响。

### 2.6.1 随机误差的正态分布

任何测量都有随机误差。例如，对同等静态物理量进行等精度重复测量，每次测量值都不相同，其误差有大有小，有正有负，没有明显规律。但是，作为一个整体，它们又遵守一定的统计规律。在对大量的测量值进行统计分析并建立频率分布直方图后，可看出随机误差分布有以下几个特点：

1. 有界性

在一定测量条件下，随机误差在一定的、相当窄的范围内波动，绝对值越大的误差出现的概率越小。

2. 单峰性

绝对值越小的误差出现的概率越大。这说明随机误差不但有界而且在分布上具有单峰性。

3. 对称性

绝对值相等、符号相反的随机误差出现的概率是相同的。这就是随机误差分布的对称性。

4. 抵偿性

在等精度测量条件下，当测量次数不断增加而趋向无穷时，全部随机误差的算术平均值趋近于零。

以上 4 个特点是通过大量观察统计出来的。有时也称为随机误差分布的四条公理，以推导出随机误差服从正态分布。

服从正态分布的随机误差分布密度函数：

$$\hat{y} = \frac{1}{\sqrt{2\pi}\sigma} e^{-d_i^2/2\sigma^2} \tag{2-62}$$

$$d_i = y_i - \mu$$

式中　$d_i$——某次测量的误差；

　　　$\sigma$——一组测量值的均方根误差；

　　　$\mu$——被测参数的真值。

式中 $\sigma$ 和 $\mu$ 是决定正态分布的两个特征参数。在数理统计中，$\mu$ 是随机变量的数学期望，$\sigma^2$ 是随机变量的方差。$\mu$ 代表被测参数的真值，完全由被测参数本身决定。当测量次数 $n$ 趋向无穷多时，有：

$$\mu = \lim_{n \to \infty} \frac{1}{n} \sum_{i=1}^{n} Y_i \tag{2-63}$$

$\sigma$ 代表测量值在真值周围的散布程度。它是由测量条件决定的。$\sigma$ 被称为均方根误差，其定义为：

$$\sigma = \lim_{n \to \infty} \sqrt{\frac{1}{n} \sum_{i=1}^{n} d_i^2} = \lim_{n \to \infty} \sqrt{\frac{1}{n} \sum_{i=1}^{n} (Y_i - \mu)^2} \tag{2-64}$$

$\sigma$ 与 $\mu$ 确定后，正态分布就确定了。正态分布密度函数的曲线如图 2-7 所示。从图上可清楚地反映出随机误差分布规律符合前述四条公理。

事实上并非所有随机误差都服从正态分布。例如仪器仪表度盘或其他传动机构偏差所产生的误差属均匀分布；圆形度盘由于偏心产生的读数误差属反正弦分布等。尽管如此，由于大多

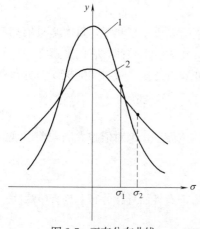

图 2-7　正态分布曲线

1—$\sigma$ 值小的曲线；2—$\sigma$ 大的曲线

数误差服从正态分布，或者可由正态分布来代替，而且以正态分布为基础可使随机误差的分析大大简化，所以还是要着重讨论以正态分布为基础的测量误差的分析与处理。

由图 2-7 可见，某一 $d_i$ 范围内误差出现的概率 $\hat{y}$ 就是曲线下的面积

$$P = \hat{y} \mathrm{d}d_i \tag{2-65}$$

式中，$P$ 为测量误差值落在 $d_i$ 到 $d_i + \mathrm{d}d_i$ 区间内的概率。同时还可以看出：值小（即离散度小）的测量值组的曲线陡，表示出现小误差值的概率高。也就是说，在同样的 $\pm d_i$ 的区间内，$\sigma$ 小的曲线下面的面积大，即出现的概率高，说明该组测量值精度高。

由数学证明可知，正态分布曲线的转折点在 $d_i = \pm \sigma$ 处。同时还可以证明：在一组精度相同的测量值中，其算术平均值的误差平方和为最小，是最可信赖值。

### 2.6.2　误差出现概率

式（2-65）可写成：

$$\hat{y} = \frac{P}{\mathrm{d}d_i} = \frac{1}{\sigma \sqrt{2\pi}} \mathrm{e}^{-d_i^2/2\sigma^2}$$

$$P = \frac{1}{\sigma \sqrt{2\pi}} \mathrm{e}^{-d_i^2/2\sigma^2} \mathrm{d}d_i$$

误差值出现在 $-\sigma$ 与 $+\sigma$ 之间的概率为：

$$P(-\sigma, +\sigma) = \frac{1}{\sigma \sqrt{2\pi}} \int_{-\sigma}^{+\sigma} \mathrm{e}^{-d_i^2/2\sigma^2 \frac{-d_i^2}{2\sigma^2}} \mathrm{d}d_i = \frac{1}{\sigma \sqrt{2\pi}} \int_{-1}^{+1} \mathrm{e}^{-d_i^2/2\sigma^2} \mathrm{d}\left(\frac{d_i}{\sigma}\right) \tag{2-66}$$

式中 $P(-\sigma, +\sigma)$ 代表误差落在 $-\sigma$ 与 $+\sigma$ 之间的概率。

式（2-66）是概率积分的一个特解。根据概率积分表可查得 $P(-\sigma, +\sigma) \approx 0.683 = 68.3\%$。这说明，当等精度测量次数足够多时，约有 $68.3\%$ 的次数出现在 $\pm \sigma$ 范围内。也可以说有 $31.7\%$ 的次数出现在 $\pm \sigma$ 范围以外。同理，还可以算出任意组等精度测量值的误差出现在 $\pm k\sigma$ 之间的概率。如果令

$$b = \frac{d_i}{\sqrt{2}\sigma} \tag{2-67}$$

将 $d_i = k\sigma$ 代入，得：

$$b = \frac{k\sigma}{\sqrt{2}\sigma} = \frac{k}{\sqrt{2}} \tag{2-68}$$

这样概率为：

$$P = \frac{1}{\sqrt{\pi}} \int_{-t}^{t} \mathrm{e}^{-b^2} \mathrm{d}t = \frac{1}{\sqrt{\pi}} \left| b - \frac{b^3}{1!\ 3} + \frac{b^5}{2!\ 5} - \cdots \right|_{-t}^{t} \tag{2-69}$$

将不同的 $k$ 值代入式（2-68）及式（2-69）中，就可以算出 $k$ 与 $P$ 的关系。根据有关资料

介绍，其结果如表 2-11。

**$k$ 与 $P$ 的关系** 表 2-11

| $k=d_i/\sigma$ | 0.00 | 0.32 | 0.67 | 1.00 | 1.15 | 1.96 | 2.00 | 2.50 | 2.58 | 3.00 | $\infty$ |
|---|---|---|---|---|---|---|---|---|---|---|---|
| $P(-d_i,+d_i)$ | 0.000 | 0.250 | 0.500 | 0.683 | 0.750 | 0.950 | 0.955 | 0.987 | 0.990 | 0.997 | 1.000 |
| $n_i=1/(1-P)$ | 0.001 | 1.1 | 2.0 | 3.2 | 4.0 | 20 | 22 | 78 | 100 | 370 | $\infty$ |

注：表中 $n_i$ 表示当测量次数 $n_i$ 次时，误差在 $-d_i$ 与 $+d_i$ 之外可能出现一次。

### 2.6.3 算术平均值的随机误差

上面讨论的均方根误差 $\sigma$ 是指任意一次测量值的误差，称之为单值测量误差。多次测量值的算术平均值是真值 $\mu$ 的最可信赖值。所以算术平均值的误差要小于单值测量误差。当测量次数足够多时，算术平均值接近真值 $\mu$，这时 $\overline{Y}$ 及单值测量方差 $\sigma^2$ 为：

$$\overline{Y} = \frac{1}{n} \sum_{i=1}^{n} Y_i \approx \mu$$

$$\sigma^2 = \frac{1}{2} \sum_{i=1}^{n} (Y_i - \overline{Y})^2 \tag{2-70}$$

这样平均值 $\overline{Y}$ 的方差 $\sigma_{\overline{Y}}^2$ 及均方差 $\sigma_{\overline{Y}}$ 为：

$$\sigma_{\overline{Y}}^2 = \frac{\dfrac{1}{n} \displaystyle\sum_{i=1}^{n} (Y_i - \overline{Y})^2}{n}$$

$$\sigma_{\overline{Y}} = \sqrt{\frac{\dfrac{1}{n} \displaystyle\sum_{i=1}^{n} (Y_i - \overline{Y})^2}{n}} = \frac{\sigma}{\sqrt{n}} \tag{2-71}$$

大多数测量值及其误差都服从正态分布。正态分布的特征参数 $\sigma$ 与 $\mu$，是当测量次数 $n$ 为无穷大时的理论值。但是，实际测量的次数是有限的，并且不可能很多。如果认为研究对象全体称为母体，则实际测量是母体的一部分，被称为子样。当 $n$ 值有限时，子样的平均值为 $\overline{Y}$，而反映离散度的参数用 $S^2$ 代表，称为样本方差。其计算式为：

$$S^2 = \frac{1}{n-1} \sum_{i=1}^{n} (Y_i - \overline{Y})^2 \tag{2-72}$$

唯当 $n \to \infty$ 时，$\overline{Y} \to \mu$，$S^2 \to \sigma^2$。这时子样的均方根偏差（亦称样本的标准差）为：

$$S = \sqrt{\frac{1}{n-1} \sum_{i=1}^{n} (Y_i - \overline{Y})^2} \tag{2-73}$$

对算术平均值 $\overline{Y}$ 的均方根偏差为：

$$S_{\overline{Y}} = \sqrt{\frac{1}{n(n-1)} \sum_{i=1}^{n} (Y_i - \overline{Y})^2} = \frac{S}{\sqrt{n}} \tag{2-74}$$

同理当 $n \to \infty$ 时，$S_{\overline{Y}} \to \sigma_{\overline{Y}}$。

### 2.6.4　测量结果的置信度

任何估计都有一定偏差,不附以某种偏差说明就失去科学的严格性。为此需用数理统计中的参数区间估计,即用确切的数字表示某未知母体参数落在一定区间之内的肯定程度。可以定义区间 $[\overline{Y}-k\sigma,\ \overline{Y}+k\sigma]$ 为测量结果的置信区间。概率 $P(-\sigma,\ +\sigma)$ 为测量结果在置信区间 $[\overline{Y}-k\sigma,\ \overline{Y}+k\sigma]$ 的置信概率。显然不同置信区间的置信概率是不相同的,由表 2-11 也可看出,置信区间越窄,置信概率越小。

如前所述,误差落在 $[-\sigma,\ +\sigma]$ 之间的概率为 68.3%,这就表示被测参数真值落在 $\overline{Y}\pm\sigma$ 区间的置信概率为 68.3%。如果将置信概率提高到 95%,$k=1.96$,即置信区间为 $\overline{Y}\pm1.96\sigma$。

同理,利用子样平均值估计母体参数时,其置信区间为 $\overline{Y}\pm kS_{\overline{Y}}$ 置信概率也可自表 2-11 查出。

### 2.6.5　测量结果误差评价方法

不同的资料提出不同种类的误差评价方法,这主要是由于置信概率的不同以及其他意义上的不同,使测量结果的误差有不同的表示方法。

1. 标准误差

将均方根误差定义为标准误差。它把单值测量的置信区间限制在 $Y_i\pm\sigma$ 之间。当用子样(或样本)测量值的平均值表示测量结果时,标准偏差要求的置信区间为 $\overline{Y}\pm S_{\overline{Y}}$。相应的,置信概率亦为 68.3%。由于 $\sigma$ 值正好是在正态分布密度曲线的拐点的横坐标,当随机误差超过 $\sigma$ 之后,正态分布密度曲线变化变小。可以说落在 $\pm\sigma$ 区间的误差经常遇到,此范围以外的误差不常遇到。这也是把均方根误差定为标准误差的界限的理由之一。

2. 平均误差

平均误差是全部测量值随机误差绝对值的算术平均值,即:

$$\delta=\frac{\sum\limits_{i=1}^{n}|Y_i-\mu|}{n} \tag{2-75}$$

平均误差与标准差的关系为:

$$\delta=\sqrt{\frac{2}{\pi}}\sigma\approx\frac{4}{5}\sigma \tag{2-76}$$

如果利用平均误差,其单值测量区间为 $Y_i\pm\dfrac{4}{5}\sigma$,置信概率为 57.5%。

若测量结果用于子样测量值平均值表示时,其置信区间为 $\overline{Y}\pm\dfrac{4}{5}S_{\overline{Y}}$,置信概率亦为 57.5%。

3. 或然误差

当把置信概率规定为 50% 时,误差称为或然误差,即:

$$r=0.67\sigma$$

同理可得,采用或然误差的置信范围为:单值测量时,$Y_i\pm0.67\sigma$,用于子样测量值平均值表示测量结果时,$\overline{Y}\pm0.67S_{\overline{Y}}$。置信概率均为 50%。

4. 极限误差

将标准误差的三倍定义为极限误差,用符号 $\Delta$ 表示,即 $\Delta=3\sigma$。对于服从正态分布的系列测量值，当置信范围为 $Y_i \pm 3\sigma$ 时，其置信概率由表 2-11 查得为 99.7%。也就是说落在置信范围以外的只有 0.3%的概率，可以认为是不存在的。这也是规定极限误差的理由。

5. 规定置信概率求出误差范围

目前也有规定置信概率为 95%（或 99%），求在此条件下的允许的误差，从而决定置信区间。

# 第3章　燃气用具质量监督检验方法与检验机构

## 3.1　概　　述

随着科学技术的发展，生产水平与人们生活水平不断提高，产品质量越来越受到重视。为了保证质量，要求制定一系列严格而科学的质量管理与质量保证措施。自从国际标准化组织、质量管理和质量保证标准化技术委员会（ISO/TC 176）成立以来，发布了以ISO 9000系列为基础的12项质量管理与质量保证国际标准，受到大多数国家的重视，并等同或等效地采用，很快推动了质量管理与质量保证的全球化。同时，不少国家将其作为贸易条件之一，这进一步促进了质量管理与质量保证国际标准的实施。以后随着工作生产发展的需要，还将不断地改进与发展质量管理与质量保证标准。

质量监督检验方法是质量管理与质量保证措施中非常重要的一环。另外，质量监督离不开检验，而检验是靠各种检验机构（检测中心、监测站、检测室等）来贯彻执行的。检测机构包括各个单位的检测室（实验室）、地方检测站以及国家质量监督检验中心。事实证明，只掌握各种具体的试验方法是不够的，还应对产品质量科学的监督及检验方法、检验规则给予足够的重视，才能对产品质量有足够的保证。燃气用具直接服务于广大用户，其安全性与可靠性直接影响燃气事业的社会效益与经济效益，关系到燃气事业健康有序发展。因此，燃气工作者更应重视燃气用具的质量监督与检验。

## 3.2　产品质量检验形式分类

产品检验的形式多种多样，各国也不尽相同。在我国没有一个统一的标准，在不同行业、不同领域、不同产品标准中表述方法也不一样，根据检验工作的经验，对产品的检验形式作如下归纳。

### 3.2.1　产品质量检验分类

1. 按照检验数量分类

（1）全检：对于某些涉及人身健康和生命财产安全的重要产品或重要的项目，为了确保其合格，要进行逐台检验，也叫全检。但检验的成本较高。

（2）抽样检验：由于全检工作量大、成本高，有的产品不能实施全检，产品质量相对较稳定，抽样检验是一种较好的检验方法。

（3）免检：产品的质量问题不会造成安全等的非重要产品，产品生产时间较长，并一直经检验质量稳定，在一定条件下可以免检，这种方法不提倡采用。

2. 按照生产过程的顺序分类

（1）进货检验：生产工厂为了控制产品质量，对原材料及采购用于生产的零部件的检验。

（2）过程检验：生产过程中，对一些重要的工序进行检验，通过以下三种检验，以达到对生产全过程的质量监督控制：

1）首件检验：对每批产品的第一件样品进行的检验，如果第一件样品合格则证明该产品的工艺正常，按此工艺生产的产品是合格的。

2）巡回检验：在正常的生产过程中由专门人员在流水线上进行检验，监督生产工艺是否有异常情况，确保生产过程运行正常。

3）末件检验：对最后一件样品进行检验，验证之前的产品是否有系统性的不合格产品，如果有问题可及时发现，降低不合格产品的风险。

（3）最终检验：所谓最终检验，不同情况有不同的含义，现叙述如下：

1）通过流水线完成了产品的加工组装，在最后一道工序的检验，保证产品下线属于合格品。

2）在产品入库之前对产品进行的检验，可能是全检，也可能是抽检。

3. 按检验目的分类

（1）接收检验：产品的接收方为了保证所购买的产品属于合格品，对要接收的产品进行的检验。

（2）控制检验：一般是产品的生产者为了保证自己的产品合格，在生产过程中的不同环节进行的检验活动。

（3）监督检验：由产品的接收方或第三方对生产方的产品的检验。接收方的监督检验是由接收方派人员在生产方的生产过程中进行监督或对最终产品的监督检验；而第三方监督检验的情况很复杂，有政府指令性的监督，有企业或社会团体的委托的监督检验。在企业内部，由企业的检验部门对生产车间的产品监督检验也属于监督检验的范畴。

（4）验证性检验：对产品原来的检验结果进行核实验证的检验。

（5）仲裁检验：对产品的供需双方在产品质量发生纠纷需要仲裁时所进行的检验。仲裁检验一定是第三方检验，而且要求第三方的检验机构要具有相应的合法资格。

4. 按人员划分

（1）自检：生产过程中由各工序的生产操作人员在完成自己的工序后，对自己工序的结果进行检验。

（2）互检：一般是指工厂流水线上，下一道工序操作之前对上一道工序的结果进行检验。

（3）专检：工厂质检部门的专职检验人员对产品的检验，包括对生产过程的巡回检验、零部件的检验、产品的成品检验。

5. 按检验周期分类

（1）逐批检验：对于每一批产品根据批量大小抽取一定数量的样品进行检验，确定该批产品的合格程度，对于产品的批有一定的组批方式要求。

（2）周期检验：产品在正常生产过程中按一定的时间间隔周期性地进行抽样检验，其主要目的是要考核生产工艺是否稳定、是否正常运转。

6. 按检验单位的地位分

（1）第一方检验：产品供货方的检验，也称生产检验；

（2）第二方检验：产品接收方的检验，也成验收检验；

（3）第三方检验：除第一方检验和第二方检验之外的检验，一般是指政府检验机构、政府授权的检验机构、社会上的（民间的）检验机构等的检验。

### 3.2.2　检验的要求及注意事项

为了描述的系统性，方便大家理解，以上述第五种分类方法为主线进行描述。

1. 第一方检验（生产检验）

（1）生产检验的职能

检验的质量职能概括起来讲就是严格把关、反馈数据，并监督和保证出厂产品的质量，促进产品质量的提高，具体来说，有以下三项职能：

1）保证的职能。通过对受检产品的检验、鉴别、分选，剔除不合格产品。保证不合格的原料不投产，不合格的零部件不转入下道工序，不合格的产品不出厂。

2）预防的职能。通过分析检验获得的信息和数据，及早发现质量问题，找出原因并加以解决，防止或减少不合格产品的产生。

3）报告的职能。对检验所得的质量信息和数据进行分析、评价，向上级部门提出报告。

4）承诺的职能。产品通过检验合格，并有检验数据，出具的报告可使购买者对产品树立信任感，同时也是供方对需方的质量承诺。

（2）生产检验的过程及要求

第一方检验指企业内部为了保证产品质量合格所进行的生产检验，包括自检、互检及专检等。按检验的顺序和检验人员的划分做以下介绍：

1）自检是生产过程中由各工序的生产操作人员在完成自己的工序后，对自己工序的结果进行检验，或按照技术标准的要求对自己生产的产品进行检验；自检根据工艺要求的内容选择不同的检验方法，一般在工厂的生产工艺文件中有规定，采用目测、器具测量或仪器测量等。

2）互检是按技术标准由下工序对上工序生产的产品进行检验，以保证进入下一道工序的制品是合格的，也包括工厂对进厂的外协加工件、配套件所进行的检验。一般当检验的项目比较简单时，用目测的方法可以完成；如果检验项目比较复杂，就按专检来处理，这样的情况也应属于第二方检验（验收检验）。

3）专检是由工厂内专业的检验机构完成的，按照技术标准的要求，对原材料、半成品、成品进行的质量检验。工厂对专检的设置要根据生产产品的复杂程度、产品的安全性、可靠性要求的程度来确定，产品复杂、产品的安全性、可靠性要求的程度高，检验要求就严格，专检的控制点设置就较多，一般情况可设以下几个环节：

① 原材料、外购和外协加工的零配件的检验：要求有专门人员、专门的仪器设备、固定的地点，按照有关标准和工艺文件进行检验，并有完整的检验纪录、检验报告。

② 过程检验：根据产品的不同，检验的设置也不同。对于机加工件、冲压件、压铸件等可有首件检验、巡回检验和末件检验，以保证加工过程的稳定性；对于组装型流水线生产的产品可设工序检验。工序检验包含了生产过程中间和产品包装前的检验。

③ 最终检验：一是通过流水线完成了产品的加工组装，在最后一道工序的检验，属于全检，保证产品下线属于合格品；二是在产品入库之前或产品出厂之前对产品进行的检

验，一般采用抽检。检验的项目及检验方法在产品标准中都有规定。

第一方检验（生产检验）有时称为卖方检验，它是整个社会生产活动中保证产品质量的最基础环节。

（3）生产检验的抽样检验

1）抽样与全检

对批量生产的产品进行检验有两种方法，即全检与抽检，二者区别如下：

① 全检是检验每一个产品，区分合格与不合格。抽检是从一批产品中随机抽一部分来检验，据此检验结果来判断该批产品是否合格。因此全检的对象是单件产品，而抽检的对象是产品批。

② 抽检因其随机抽样，故有可能错判。全检在检验本身不出错的条件下，可从全数产品中挑出不合格品，使接受的产品均为合格。但是对批量非常大、要求又急的检验，出错的机会是很多的。

③ 抽检的工作量小，可节省人力物力。但错判的责任重大，为此在工作量不大，并加强责任心的情况下，有利于减少检验及综合判定的差错。全检测情况相反，并且对破坏性试验及耐用性试验也不可能全检。

④ 全检拒收的是少量不合格品，而抽检拒收是整批产品，所以后者对生产者压力大，并促使其注意产品质量。

2）抽样检验的主要类型

在实践中，人们根据生产实际需要，设计出适用的抽样方案。设计抽查方案既要花费大量时间，又要有较深的数理统计基础。为此，一些统计学者和生产技术人员根据比较广泛的需要设计出了许多种常用的抽样方案，汇编出各种图表以供选择使用，同时许多国家和团体把它们纳入了相应的标准。比较完善的抽样方案有以下几种：

① 计数标准型抽样标准。在买卖双方初次交易、买方不太了解生产者的质量水平时，多采用此标准。双方决定的抽样方法造成的误判是双方都能接受的。

② 计数调整型抽样检验标准。计数标准型抽样标准维护了双方的利益。但是比较死板，抽样量比较大。当生产稳定、质量很好时，没有必要仍然按照互不了解的情况抽样。现行国家标准《计数抽样检验程序》GB/T 2828 即体现了调整型的特点。在生产稳定时放宽检查，反之严加检查。

③ 计数周期抽样检查标准。这是一种与上一标准配套的检验标准，现行国家标准《周期检验计数抽样程序及表》GB/T 2829 就是与 GB/T 2828 配套的标准。

④ 计数分选型抽样标准。这种标准的特点是规定抽查不合格的批要进行全检（挑拣）后才能接受。它适用于按批验收入库产品的验收、工序间半成品的交接验收；较长期连续供货的验收。

⑤ 计数连续生产型抽样检验标准。连续生产型抽样方案是为适应传动线及自动化生产方式的产品设计的，其特点是产品不必组成批的形式，可一边生产、一边抽查验收。现行国家标准《单水平和多水平计数连续抽样检验程序及表》GB/T 8052 体现了此种标准。

3）产品质量抽样检验的必要性

检验主要采用抽检的方法，这不仅由于抽检的优势，也是检验本身所需要的，原因如下：

① 质量检验还不完全与生产线质量控制相同。它是一种事后监督，不太可能监督所涉及的全部产品，所以不可能全检。

② 质量检验主要对生产的产品质量及管理效果起核查作用，重查找质量是否存在重大问题。抽检是一种统计假设检验，其否定判决比较有力，可信度高，正好适合质量抽检的要求。

③ 质量检验在某种意义上是一种重复性劳动，应尽可能减少其工作量，以减少企业负担，节约资源。

④ 产品质量检验有专门的抽检标准。

⑤ 有的检验项目通过检验对产品本身有影响，甚至有一些属于破坏性项目不可能全检，只能采用抽检。

2. 第二方检验（验收检验）

第二方检验，是买方为了保证买到的产品符合要求而进行的检验。它可以弥补生产检验的不足，及时发现质量问题，分清质量责任，维护用户的利益。第二方检验有以下两种情况：一是产品的最终用户对所购买产品的检验，这种检验往往由于最终用户不具备检验的能力，而无法检验；二是产品的经销部门的检验。这些部门往往也不具备检验手段，但为了保证产品质量，减少自己的经销风险，可委托有检验能力的检验机构或其他有检验能力的单位进行检验。我国这种情况并不多见，但在发达国家这种检验方式是很普遍的。三是生产企业对采购的零部件进行的检验，也可属于第二方检验，但从生产检验的角度看也属于第一方检验。

第二方检验一般都采用抽样检验方式检验，抽样检验的规则可以按上文所介绍的方法，也可以由供需双方协商。

3. 第三方检验

（1）第三方检验的概念

前面已经介绍过，除第一方检验和第二方检验之外的检验，都属于第三方检验。除了仲裁检验以外，认证检验、生产许可证检验、国家产品质量监督检验等也属于第三方检验的范畴。

第三方检验较第一方检验和第二方检验具有局外的公正性，所检验的结果能使第一方和第二方信服，以便协调第一方和第二方的矛盾，同时也具有一定的权威性，使公众信服。

（2）第三方检验应具有的条件

1）应是独立的检验机构，能够独立承担相应的法律责任，公正的立场，不以营利为目的。一般是指政府的检验机构、政府授权的检验机构、社会上的（民间的）检验机构等。

2）应有精良的设备，并应按规定进行计量检定。

3）应有可靠的技术支撑。

4）有高素质、固定的检验人员和管理人员。

5）有严格的管理制度。

（3）典型第三方检验介绍

1）仲裁检验

仲裁检验有以下几种情况：

① 供需双方在业务活动中对产品质量的争议；

② 产品出现人身伤害、财产损失事故后，要求划分责任。

可以由供需双方协商委托检验机构进行仲裁检验，也可以由处理该事件的机构委托检验机构检验，例如法院、工商管理部门、技术监督部门等。

2）产品质量监督检验

依据《产品质量国家监督抽查管理办法》及相关规定，由代表国家的权威机构或其指定的测试机构，对企业的质量保证体系进行审查，对产品质量进行抽样检验、检查和评定，以保证最终产品质量符合国家规定的标准和要求，防止不合格产品流入市场，以维护广大消费者的利益。它是国家产品质量管理体系的重要组成部分，是保证各级标准认真贯彻实施的有效措施，也是国家通过行政干预来提高企业产品质量、保护用户和消费者利益的必要手段。产品质量监督检验又称监督检验，属于强制性检验，也是第三方检验。

3）生产许可证检验

根据《中华人民共和国工业产品生产许可证管理条例》及《中华人民共和国工业产品生产许可证管理条例实施办法》的规定，在对企业进行许可证的认证过程中要对产品进行抽样检验，验证企业的生产条件能否生产符合规定标准的产品。燃气用具产品实行的是生产许可证制度，所以要进行许可证检验，属于强制性检验。

4）认证检验

与生产许可证检验相类似，依照产品认证的有关规定对产品进行检验。由于认证分强制性认证和自愿性认证，如"CCC认证"就属于强制认证。对于强制性认证规定的检验属于强制性检验，而对于自愿性认证的就属于非强制性的检验，这里不作介绍。

5）型式检验

① 型式检验的目的。型式检验是依据产品标准，对产品各项指标进行的全面检验。检验项目为技术要求中规定的所有项目，其的目的是：

a. 用于新产品开发，验证设计是否合理，并为设计改进提供实验数据，以便使新产品的设计开发不断完善。

b. 新产品的鉴定。我国目前比较流行的还是对于新开发的产品通过鉴定会的形式进行鉴定，对其产品是否符合相关标准的规定、是否满足设计要求、产品的先进程度等进行评价，评价最基本的依据就是产品的检验报告、检验数据，而这个检验称鉴定检验，也属于型式检验。

c. 产品生产许可证要求。在进行生产许可证的认证过程中要求有型式检验，用于验证该工厂在产品设计、加工、组装、检验等重要环节具有生产合格品的能力。

d. 产品认证。对于强制性认证的是国家相关法规规定进行型式检验，对于自愿性认证的由认证机构要求进行型式检验，目的是降低认证的风险。

e. 企业为了保证连续稳定地生产出合格的产品，按照一定的规则进行型式检验，有的将其称为例行检验，这种检验属于第一方检验。

② 型式检验的要求。在我国燃气行业的产品标准中对型式检验均有规定，有下列情况之一时应进行型式检验：

a. 新产品或者产品转厂生产的试制定型鉴定；

b. 正式生产后，如结构、材料、工艺有较大改变，可能影响产品性能时；

c. 长期停产后恢复生产时；

d. 正常生产，按周期进行型式检验；

e. 出厂检验结果与上次型式检验有较大差异时；

f. 国家质量监督机构提出进行型式检验要求时；

g. 用户提出进行型式检验的要求时。

③ 型式检验的抽样。型式检验的抽样要求与其检验目的有关。用于新产品研发时，只有样品，不会有批量产品，所以只对样品检验。而对于许可证检验、认证检验以及国家强制的型式检验，一般都是按一定批量进行抽样检验，抽样的规则也按相关的要求执行。对于工厂的例行检验可以按现行国家标准《周期检验计数抽样程序及表》GB/T 2829 执行，也可以自己规定，只要能够达到控制产品质量的目的即可。抽样的具体方法各个行业、各类产品都有所不同，但基本的原则是一致的，就是要使抽取的样品充分具有代表性。

## 3.3　生产企业实验室

随着燃气用具产品生产水平的不断提高，各个生产企业也对自身的检验水平越来越重视，一些好的企业不惜投入相当可观的资金建立自己的实验室，以保证企业的产品质量万无一失，这是一种非常好的现象。其实发达国家的生产企业对检验设备都是非常重视的，很多大型企业的实验室的检验手段比一些专职检验机构的水平还要高，他们除了具备国家标准规定的试验设备以外，还有用于开发新产品的各种设备。这一点其实也不难理解，企业标准就是远远高于国家标准。

然而，还有很多企业只注重生产设施、设备，认为检验仪器可有可无，还有的企业不知道怎样配置检测仪器，购买的仪器用途、规格型号、精度等都无法满足燃气用具的检测要求，既浪费了资金，又耽误了使用，所以有必要在此进行介绍。

虽然在各个燃气用具产品标准中都有对检验仪器设备的规定，对于企业的实验室，以前没有具体的要求，只是企业根据自己的质量意识、生产水平、经济实力、人员素质等因素来决定，所以差距也相当悬殊。自从燃气用具实行生产许可证制度以来，对生产企业的检验设备有了一定的要求，逐步形成了企业实验室的基本条件。目前实行许可证的产品有家用燃气灶具、商用燃气灶具、燃气热水器、燃气采暖热水炉、城镇燃气调压器、家用瓶装液化石油气调压器等。在以上产品生产许可证实施细则中对生产该产品的企业强制要有建立实验室，并对具体的检验设备做出了明确的规定（见表 3-1～表 3-5）。

企业生产家用燃气灶具产品必备的成品检测设备　　　　　　　　　　表 3-1

| 序号 | 检测用途 | 检测设备名称 | 检测设备种类 | 测量范围 | 精确度/最小刻度 |
|---|---|---|---|---|---|
| 1 | 室　温 | 温度计 | — | 0～50℃ | 最小刻度:1℃ |
| 2 | 燃气温度 | 温度计 | 玻璃温度计 | 0～50℃ | 最小刻度:0.5℃ |
| 3 | 水　温 | 玻璃温度计 | — | 0～100℃ | 最小刻度:0.2℃ |

续表

| 序号 | 检测用途 | 检测设备名称 | 检测设备种类 | 测量范围 | 精确度/最小刻度 |
|---|---|---|---|---|---|
| 4 | 相对湿度 | 湿度计 | — | 10%~98% | ±5% |
| 5 | 大气压力测定 | 大气压计 | 动、定槽式水银气压计,或空盒式气压计 | 81kPa~107kPa | 最小刻度:0.1kPa |
| 6 | 时间 | 秒表 | — | — | 最小刻度:0.1s |
| 7 | 燃气参数 | 气相色谱仪,或热量计和燃气相对密度仪 | 气相色谱仪 | — | — |
| | | | — | — | ±2% |
| 8 | 烟气中一氧化碳浓度 | $O_2$和CO浓度测定仪 | | $O_2$:0~21%;<br>CO:0~2000ppm | 最小刻度:0.01%;<br>最小刻度:10ppm<br>(0.001%) |
| | | 也可采用$O_2$、CO和$CO_2$浓度测定仪 | | $O_2$:0~21%;<br>CO:0~2000ppm;<br>$CO_2$:0~15% | 最小刻度:0.01%;<br>最小刻度:10ppm<br>(0.001%);<br>最小刻度:0.01% |
| 9 | 气密性试验 | 气体检漏仪(至少2台) | 气密检漏仪 | — | — |
| 10 | 成品抽样检验所需要使用的燃气供应装置 | 三组分配气装置,沼气灶还应具有沼气池 | 液化石油气可由当地提供的瓶装液化石油气供应;天然气和人工燃气必须由配气装置进行配气;沼气可使用沼气池供气(必须具有该设备)或使用配制气。<br>检验用气必须保证一定的精度(配制燃气与标准燃气的华白数偏差≤±5%),并且必须能够满足检验能力的要求;企业应具有界限气的配制能力 | | |
| 11 | 玻璃面板耐热、耐重力冲击试验 | 金属锡 | 232℃熔化 | 500g | — |
| | | 圆钢饼 | 质量1800g,直径120mm,底部圆角R10,表面光滑 | | |
| 12 | 基本设备 | 试验锅具 | 铝制标准试验锅具(包括试验锅、搅拌器和环形烟气取样器),试验锅直径规格为22~36mm | | |
| | | 嵌入式灶具检测台 | — | | |
| 13 | 质量 | 衡器 | — | 0~15kg | 最小刻度:10g |
| 14 | 燃气压力 | U形压力计或压力表 | — | 0~5000Pa | 最小刻度:10Pa |
| 15 | 燃气流量 | 气体流量计 | 湿式或罗茨、旋进旋涡、膜式等干式流量计 | 0~0.5m³/h(液化石油气)<br>0~1.0m³/h(天然气)<br>0~2.0m³/h<br>(人工燃气、沼气) | 最小刻度:0.1L;<br>精确度:湿式表±1%,<br>干式表±1.5% |
| 16<br>(市电灶必备) | 电压测定 | 交流电压表、直流电压表 | — | — | 精度1.0级 |
| | 接地电阻测定 | 接地电阻测试仪 | — | — | — |
| | 泄漏电流测定 | 电流计、电压计、泄漏电流测试仪 | — | — | — |
| | 功率消耗测定 | 功率表 | — | — | — |

企业生产商用燃气灶具产品必备的成品检测设备　　　表 3-2

| 序号 | 检测用途 | 检测设备名称 | 检测设备种类 | 测量范围 | 精确度/最小刻度 |
|---|---|---|---|---|---|
| 1 | 室温 | 温度计 | — | 0～50℃ | 最小刻度:0.5℃ |
| 2 | 燃气温度 | 温度计 | 玻璃温度计 | 0～50℃ | 最小刻度:0.5℃ |
| 3 | 大气压力测定 | 大气压计 | 动、定槽式水银气压计或空盒式气压计 | 81～107kPa | 最小刻度:0.1kPa |
| 4 | 时间 | 秒表 | — | — | 最小刻度:0.1s |
| 5 | 成分 | 气相色谱仪 | — | — | — |
| | 热值 | 热量计 | 水流式热量计 | — | — |
| | 相对密度 | 燃气相对密度仪 | — | — | — |
| 6 | 噪声 | 声级计 | — | 40～120dB | 最小刻度:1dB |
| 7 | 烟气中一氧化碳浓度 | CO浓度测定仪 | — | CO:0～2000ppm | 最小刻度:10ppm(0.001%) |
| 8 | 阀门气密性试验 | 气体检漏仪 | 气密检漏仪 | — | — |
| 9 | 整机气密性试验 | 气体检漏仪或U形压力计或压力表、空压机 | — | — | — |
| 10 | 成品抽样检验所需要使用的燃气供应装置 | 三组分配气装置 | 液化石油气可由当地提供的瓶装液化石油气供应;天然气和人工煤气必须由配气装置进行配气。<br>检验用气必须保证一定的精度(配制燃气与标准燃气的华白数偏差≤±5%),并且必须能够满足检验能力的要求;企业应具有界限气的配制能力。<br>应能满足最大热负荷时燃烧至少半小时以上的、一般约 20m³/h 的供气量。 | | |
| 11 | 燃气流量 | 气体流量计 | 湿式或罗茨、旋进旋涡、膜式等干式流量计 | 0～3m³/h(液化石油气)<br>0～10m³/h(天然气)<br>0～20m³/h(人工燃气) | 精确度:湿式表±1%,干式表±1.5% |
| 12 | 表面温度 | 表面温度计 | — | 0～250℃ | 2.0℃ |
| 13 | 燃气压力 | U形压力计或压力表 | | 0～10000Pa | 10Pa |
| 14 | 电气强度和绝缘电阻 | 电性能检测设备 | | | |

企业生产燃气热水器产品必备的整机检测设备　　　表 3-3

| 序号 | 检测用途 | 检测设备名称 | 检测设备种类 | 测量范围 | 精确度/最小刻度 |
|---|---|---|---|---|---|
| 1 | 室温和燃气温度 | 温度计 | — | 0～50℃ | 最小刻度:0.5℃ |
| | 水温 | | | 0～100℃ | 最小刻度:0.2℃ |
| 2 | 湿度 | 湿度计 | | 10%RH～95%RH | 精确度:±5%RH |

续表

| 序号 | 检测用途 | 检测设备名称 | 检测设备种类 | 测量范围 | 精确度/最小刻度 |
|---|---|---|---|---|---|
| 3 | 大气压力 | 大气压计 | 动、定槽式水银气压计或空盒式气压计 | 81～107kPa | 最小刻度:0.1kPa |
| 4 | 燃气压力 | U形压力计或压力表 | — | 0～5000Pa | 最小刻度:10Pa |
| 5 | 时 间 | 秒 表 | — | — | 最小刻度:0.1s |
| 6 | 质 量 | 衡 器 | — | 0～15kg | 最小刻度:10g |
| 7 | 燃气流量 | 气体流量计 | 湿式或罗茨、旋进旋涡、膜式等干式流量计 | 0～2.0m³/h (液化石油气) | 精确度:湿式表±1%,干式表±1.5% |
| | | | | 0～3.0m³/h (天然气) | 精确度:湿式表±1%,干式表±1.5% |
| | | | | 0～6.0m³/h (人工燃气) | 精确度:湿式表±1%,干式表±1.5% |
| 8 | 燃气参数 | 气相色谱仪 | 气相色谱仪 | — | — |
| | | 热量计和燃气相对密度仪 | — | — | 精确度:±2% |
| 9 | 噪 声 | 声级计 | — | 40～120dB | 最小刻度:1dB |
| 10 | 一氧化碳浓度 | CO($CO_2$、$O_2$)浓度测定仪 | 红外仪或吸收式气体分析仪 | 0～2000ppm | 最小刻度:10ppm |
| 11 | 气密性试验 | 气体检漏仪 | 气体检漏仪 | — | — |
| 12 | 表面温度烟气温度 | 表面温度计或热电偶 | | 0～300℃ | 最小刻度:1℃ |
| 13 | 气体流速 | 风速仪 | 热球式风速仪 | 0～15m/s | 最小刻度:0.1m/s |
| 14 | 微 压 | 微压计 | | 0～200Pa | 最小刻度:1Pa |
| 15 | 电性能检验 | 兆欧表 绝缘电阻仪 接地电阻仪 泄漏电流仪 电气强度仪 | — | 兆欧表 500V 绝缘电阻仪 0.05～100MΩ | — |
| 16 | 水路系统耐压性能检测 | 水压泵和压力表 | — | — | 压力表精确度为0.4级 |
| 17 | 成品抽样检验所需要使用的燃气供应装置 | 三组分配气装置 | 液化石油气可使用瓶装液化石油气;天然气和人工燃气必须由配气装置进行配气。 检验用气必须保证一定的精度(所用燃气与标准燃气的华白数偏差≤±5%),并且必须能够满足检验能力的要求;企业应具有界限气的配制能力 | | |

续表

| 序号 | 检测用途 | 检测设备名称 | 检测设备种类 | 测量范围 | 精确度/最小刻度 |
|---|---|---|---|---|---|
| 18 | 供暖性能检测（适用于燃气供暖热水炉单元） | 供暖性能和热效率检测系统 | 环境温度计 | 0～50℃ | ±1℃ |
| | | | 燃气温度计 | 0～50℃ | ±0.5℃ |
| | | | 水温度计 | 0～200℃ | 精度：±0.5%　响应时间：≤5s |
| | | | 燃气流量表 | 满足要求 | ±1% |
| | | | 供暖系统水流量计 | ≥2000L/h | ±1% |
| | | | 冷却水流量计 | ≥3000L/h | ±1% |
| | | | 水系统精密压力计（表） | 0～0.6MPa | 0.4 级 |
| | | | 循环系统换热装置 | 换热量≥70kW | — |
| | | | 燃气压力稳定装置 | — | 波动≤±1% |

注：企业配备的生产设备和检测设备，可与上述设备名称不同，但应满足上述设备的功能要求。

**企业生产瓶装液化石油气调压器产品必备的检测设备**　　　　表 3-4

| 序号 | 检测项目 | | 检测设备名称 | 检测设备种类 | 测量范围 | 精确度/最小刻度 |
|---|---|---|---|---|---|---|
| 1 | 大气压力 | | 大气压力计 | 动、定槽式水银气压计或空盒式气压计 | 81～107kPa | 最小刻度：0.1kPa |
| 2 | 时　间 | | 秒　表 | — | — | 最小刻度：0.1s |
| 3 | 温　度 | 室　温 | 温度计 | | 0～50℃ | 最小刻度：0.1℃ |
| | | 介质温度 | | | | |
| 4 | 气密性 | 进口侧 | 气密试验台 | 压力表和气密性检漏仪 | 0～2.5MPa | 精度：0.4 级 |
| | | 出口侧 | | | 20kPa | 最小刻度：10Pa |
| 5 | 强度试验 | | 膜片强度装置 | 压力表 | 0～0.6MPa | 精度：1.6 级 |
| | | | 整体强度装置 | 压力表 | 0～2.5MPa | 精度：1.6 级 |
| | | | 进口侧强度装置 | 压力表 | 0～10MPa | 精度：1.6 级 |
| | | | 手轮扭矩装置 | 扭力扳手 | 0～100N·m | 5% |
| | | | 坠落试验装置 | 钢板尺 | 0～1m | 1mm |
| | | | 出气口冲击装置 | 冲击试验装置 | 0～8N·m | — |
| 6 | 关闭压力、出口压力及调压静特性 | 进口压力 | 全自动调压静特性测试装置 | 压力表 | 0～1.6MPa　0～0.1MPa | 精度：0.4 级 |
| | | 出口压力 | | 压力计 | 0～10kPa | 10Pa |
| | | 流量 | | 流量计 | 0.025～0.25m³/h、0.12～1.2m³/h、0.5～5.0m³/h | 1.5% |
| 7 | 耐用性 | | 耐用试验装置 | 压力表 | 0～1.0MPa | 精度：1.6 级 |
| | | | | 计数器 | — | — |

续表

| 序号 | 检测项目 | 检测设备名称 | 检测设备种类 | 测量范围 | 精确度/最小刻度 |
|---|---|---|---|---|---|
| 8 | 进气口螺纹 | 环规 | — | M22×1.5LH | 精度:6g |
| | 出气口螺纹 | 塞规 | — | 根据产品确定 | 符合《普通螺纹量规 技术条件》GB/T 3934 |
| 9 | 橡胶件耐液化气性能 | 浸泡装置 | — | 满足实际需要 | — |
| | | 天平 | | 0～100g | 最小刻度:1mg |
| 10 | 橡塑料件耐液化气性能 | 放大镜 | — | 10倍 | — |
| 11 | 几何尺寸 | 卡尺 | — | 0～150mm | 最小刻度:0.02mm |

**企业生产城镇燃气调压器和城镇燃气调压箱产品必备的检测设备**　表3-5

| 序号 | 检测项目 | 检测设备名称 | 检测设备种类 | 测量范围 | 精确度/最小刻度 |
|---|---|---|---|---|---|
| 1 | 大气压力 | 大气压力计 | 动、定槽式水银气压计或空盒式气压计 | 81～107kPa | 最小刻度: 0.1kPa |
| 2 | 时间 | 秒表 | — | — | 最小刻度:0.1s |
| 3 | 温度 | 室温 | 温度计 | 0～50℃ | 最小刻度: 0.1℃ |
| | | 介质温度 | | | |
| 4 | 外密封 | 气密试验台 | 压力表或检漏仪 | 根据产品确定量程 | 精度:0.4级 |
| 5 | 膜片耐压试验 | | | | |
| 6 | 承压件液压强度试验 | 强度试验装置 | 压力表 | 根据产品确定量程 | 精度:1.6级 |
| | | | 试压泵 | 根据产品确定量程 | — |
| | | | 卡尺 | 根据产品长度确定 | 0.02mm |
| 7 | 静特性 | 稳压精度等级 | 静特性测试装置 | 压力表 | 根据产品确定量程 | 精度:0.4级 |
| | | 压力回差 | | 压力计、压力传感器 | 根据产品确定量程 | 10Pa、0.1级 |
| | | 静态 | | | | |
| | | 关闭性能 | | | | |
| | | 内密封 | | 流量计(带修正仪) | 根据产品确定量程 | 精度:1.5级 |
| 8 | 流量系数 | | | | |
| 9 | 耐久性 | 耐久试验装置 | 压力表 | 根据产品确定量程 | 精度:0.4级 |
| | | | 计数器 | | |
| 10 | 极限温度下的适应性 | 高、低温试验装置 | 高、低温箱 | +60℃、−20℃ | ±2℃ |
| 11 | 膜片成品耐低温 | | | | |
| 12 | 膜片耐城镇气性能 | 浸泡装置 | — | 满足实际需要 | — |
| | | 天平 | | 0～100g | 最小刻度:1mg |
| 13 | 绝缘性能 | 兆欧表 | — | 500MΩ | — |

注:1. 第10、11项检测设备为生产燃气调压器企业必备,生产燃气调压箱对企业不要求。

　　2. 企业配备的生产设备和检测设备,可与上述设备名称不同,但应满足上述设备的功能要求。

以上规定是一个最基本的要求,除了以上必备的设备以外,企业还要根据自己的实际情况，考虑到企业的发展及产品开发的需要，应不断增加检验设备，提高检验水平，完善产品的质量体系。

对于企业的实验室，除了仪器设备非常重要以外，在管理方面也要逐步规范，尽量参照检验机构的规定去做。在机构的设置上也要尽量相对独立。实验室一定要独立于生产部，以保证试验结果的可信度。

## 3.4 检测工作的管理与安全

### 3.4.1 检测工作管理基础知识

做检测工作需要测量仪表、化学试剂、图书资料等，下面介绍一些基本管理知识。

1. 危险药品种类及储存

（1）危险药品（化学试剂）

危险药品（化学试剂）要按公安部门规定分库或分橱保管，并由单位的保卫部门负责监督执行。危险药品要按性质进行分类。

第一类为爆炸剂。这类物质有强烈爆炸性，受到撞击、摩擦、振动和高温时，可能引起爆炸，例如，苦味酸、硝基化合物等。

第二类为易燃剂。这类物质属于自燃或易燃物质，在低温下也可能气化挥发，遇火种后可能爆炸、燃烧。易燃剂不能与爆炸剂、氧化剂混合储存。易燃剂根据其易燃程度，液体分为三级，固体分为二级（见表 3-6）。

**易燃物质级别举例** 表 3-6

| 易燃级别 | | 闪点（℃） | 物质 |
|---|---|---|---|
| 液体 | 一级 | ≤-4 | 汽油、环氧丙烷、环氧乙烷、丙酮、乙醚等 |
| | 二级 | -4～21 | 酒精、甲醇、吡啶、甲苯、二甲苯、正丙醇、异丙醇、二氯乙烯、二氯乙烷、丙酸乙酯、乙酸戊脂等 |
| | 三级 | 21～45(或至 93) | 柴油、煤油、松节油 |
| 固体 | 一级 | — | 常温遇水能自燃，如钾、钠、黄磷等 |
| | 二级 | — | 不自燃、但遇火能燃烧，如硫磺、樟脑、赤磷、硝化纤维、胶卷等 |

第三类为氧化剂。它也称为助燃剂，本身不能燃烧，但受到高温和酸类作用时，能产生大量氧气，促使燃烧加剧。强氧化剂与有机物作用时，可发生爆炸，如硝酸钾、硫磺与木炭混合就是炸药，受到碰撞就可以爆炸。氧化剂根据本身性能可分为三级（见表 3-7）。

**氧化剂级别举例** 表 3-7

| 级 别 | 性 质 | 物 质 |
|---|---|---|
| 一级 | 有强烈氧化性能，与有机物质或水作用时，会引起爆炸 | 氯酸钾、过氧化钠 |
| 二级 | 遇热或日晒后，产生氧气，促使燃烧与爆炸 | 高锰酸钾、过氧化氢 |
| 三级 | 遇高温或酸作用时，产生氧气，促使燃烧与爆炸 | 重铬酸钾、硝酸铅 |

第四类为剧毒物质。这类物质具有强烈毒性（如氰化钾、氰化钠、砒霜等），或者能产生毒性（如水银、氯气等），侵入人体或皮肤，会产生极大危害。

第五类为强腐蚀剂。它本身有强烈腐蚀性，或能挥发出强腐蚀性蒸气，使人体或其他物质受到严重破坏，如硫酸、盐酸、硝酸等。

第四、五类物质虽然不会引起燃烧爆炸，但是为了防止意外，公安部门也规定必须纳入危险品库保存，而且要严格控制使用。

危险品库要严加管理。门窗要坚固，并要包铁皮和加大型锁。窗外加铁栅栏，最好是独立建筑，至少应与普通房间隔开。室内要求干燥、通风良好、避免日光直射，室内外放置各种类型的灭火器材。应根据燃烧物质选用合适的灭火剂（见表3-8）。

灭火剂的选用　　　　　　　　　　　　　　　　　　　　　　　　表 3-8

| 燃 烧 物 质 | 灭 火 剂 |
|---|---|
| 苯胺、乙氯乙烷、醚类(低沸点 175℃以下)、醇类(低沸点 175℃以下)、二硫化碳 | 泡沫灭火剂、二氧化碳 |
| 丙酮、苯、煤油 | 泡沫灭火剂、二氧化碳、四氧化碳 |
| 硝基化合物、漆、蜡 | 泡沫灭火剂 |
| 重油、润滑油、植物油、石油、松节油、松香 | 喷射水、泡沫灭火剂 |
| 醚类及醇类(高沸点 175℃以上) | 水、泡沫灭火剂、二氧化碳、砂 |
| 赛路路、纤维素、橡胶、火漆 | 水 |
| 钾、钠、钙、镁 | 砂 |

注：1. 消防中一般不用四氯化碳灭火剂，因其有毒性。
　　2. 砂可以扑灭任何燃烧的物质，表中是除砂以外的效果好的灭火剂。
　　3. 干粉灭火剂对扑灭液化石油气比较有效。

危险品库应建立使用登记卡，取用或消耗时必须严格登记。

（2）一般试剂储存与管理

一般试剂应存放专门房间，最好选用不向阳的屋子，室内应干燥、通风良好。如不能单设一库，也应设立专门的药品柜。

各种试剂要分门别类地存放。如盐类、酸类、碱类、有机类等分别存在专门的柜橱中，以便取用。每瓶试剂开盖后，如不经常使用就应加蜡封好，防止受潮变质。试剂存放处的温度应控制在 10～25℃，柜橱门要严密防尘。使用时最好设立登记手续。对于防光的试剂要做好避光措施。有条件时，按照测试项目将成套试剂按组排列，这样有利于检测工作。

2. 仪器仪表的管理

每种仪器仪表都有本身的使用、维护管理要求，检测人员必须严格遵守。仪器仪表最好分类安放。

（1）热工仪表类

这一类包括温度计、压力计、流量计及其检测设备。如有条件时，可以设立专门的流量计校验室。

1）热值、密度测量仪表。将这两种仪表划为一类，是因为二者结合起来可测定燃气华白数。有条件时，可专设热量计室，在该室中应有专用水箱及热量计校正设备。

2）气体分析仪表。燃气、烟气及空气成分分析的仪表大部分可能互相通用，可将其分为化学分析与色谱分析两类。最好分两室安放，色谱分析室还要考虑有专门存放高压气瓶的地方。

3）其他仪表。激光测试仪、施利尔摄影装置等，最好安放在光学分析室中。精密天平应安置在专门的操作台上。此外，还要考虑一些普通仪表。例如，辐射计、噪声计、风速仪等的安放位置。

（2）其他测试装置的增设

鉴定燃气调压器应具有相应的测试装置，以及必需的压缩空气气源。为了测试各种燃气的燃烧设备，需配制不同成分的燃气，应备有相应的单一气体和适当的贮气罐。另外，实验室还应备有各种燃气设备，例如调压器、灶具等，以利于新旧设备性能对比试验。如果要研究新型工业燃烧器，应该具备典型的工业窑炉。

总之，应根据工作需要不断地增添或更新仪器设备，不断发展，逐步完善。

3. 其他管理事项

（1）图书资料管理

应随时积累专业资料（书籍、期刊、杂志、交流资料及各种工具书等）和检测档案。要分类编号、建立卡片，有便于查阅。图书资料应设专室（或专橱）保管，禁止与化学试剂放在同一个橱中。

（2）维修工具管理

应该设置专用工具柜备常用的小型维修工具，如小虎台钳、锤子、各种钳子、手锯、各种锉、手摇钻、成套胶塞打孔器、各号扳手及螺丝刀、电烙铁、电弧焊、试电笔、剪刀、卡尺、米尺、万能表等。

（3）卫生要求

要注意检测环境的卫生，设有必要的卫生设备，并建立卫生和值班制度。实验人员工作前、后必须洗手，既防止污染仪器与器皿，又防止有毒物质带入人体。

**3.4.2　安全急救**

燃气为可燃易爆气体，有的含有毒成分。如不小心，检测使用的化学试剂或检测过程中产生的物质就可能引发事故。现介绍一些安全与急救的基本知识。

1. 事故的种类及起因

（1）爆炸事故

当燃气管道、阀门与设备漏气时，或操作不当，或自动灭火安全装置失灵时，就可能发生火灾与爆炸事故。如果危险品管理不善，也可能发生火灾与爆炸事故。高压气瓶管理不善，温度骤然上升也会引起爆炸事故。

（2）中毒

1）气体毒物。一氧化碳（CO）、硫化氢（$H_2S$）、氯气（$Cl_2$）、氮氧化物（$NO_x$）等气体均有不同程度的毒性。除 CO 外，其他有毒气体皆有较强的臭味，易于发现，能及时处理。CO 比空气轻，本身无色无臭无味，不易被人察觉。吸入人体后，它会取代血液中氧血红素中的氧，使之成为碳氧血红素，导致人体缺氧，尤其是中枢神经系统缺氧而造成死亡。CO 轻度中毒时，表现为头疼、眩晕、耳鸣或呕吐恶心，呼吸困难，全身无力；中度中毒时，发生意识障碍，嗜睡，痉挛；重度中毒时，呼吸微弱，昏迷，如不急救即制造死亡。由于 CO 不易察觉，故危害很大。

检测工作中 CO 的来源有：某些人工燃气中 CO 含量较高，燃气管道、设备漏气时使大量 CO 进入室内；另外，燃烧不完全、CO 气瓶漏气、某些化学反应等均会产生 CO。

2）酸类毒物。硫酸、盐酸及硝酸等酸类蒸气能侵害呼吸道，液体接触皮肤会造成红肿，甚至烧成水泡。如果误服以上酸类，会引起全身中毒。口腔、咽喉、食道及胃等将被烧伤，时间较长会使食道、胃壁黏膜脱落，呕吐咖啡色或混有鲜红血液伴有黏膜的组织物，重者并有腹泻，大便呈黏液或带血，更严重者，发生胃穿孔、声带水肿、心力衰竭，发生休克甚至死亡。

3）碱性毒物。苛性钾与苛性钠液体具有强烈腐蚀性，皮肤接触后，局部变白，周围红肿，有刺痛感并起水泡，皮肤轻者龟裂、重者糜烂。如果误服，会使口腔、食道、胃黏膜糜烂，引起穿孔出血。氨水会挥发大量氨气，刺激消化道、呼吸道及眼鼻黏膜。大量吸入会发生剧烈咳嗽、声带嘶哑、昏迷、虚脱，甚至心力衰竭、窒息死亡。误服氨水，也会引起口腔、食道及胃糜烂、穿孔等症状。

4）水银类毒物。水银能挥发出微量蒸气，它可以通过呼吸道中毒，也可以经皮肤直接吸收中毒。汞盐多通过消化道中毒。水银中毒慢性较多。它对消化道、神经系统、皮肤黏膜、泌尿生殖系统都能产生侵害。急性中毒表现为恶心、腹疼、尿量减少或尿闭，很快就会死亡。

5）氢氰酸和氰化物类毒物。这类剧毒物若有微量侵入人体，稍一迟缓即无法挽救。其蒸气、粉尘侵入呼吸道也能中毒，甚至通过皮肤也可以渗入。中毒症状为唇舌麻木、头疼眩晕、下肢无力、恶心、心慌、血压上升、瞳孔放大，严重危及生命。

6）其他毒物。磷、砷、苯及其化合物都具有一定毒性，使用时均应十分小心。

（3）触电

实验室有各种电器设备，必须维护好，使用好，防止发生事故。

2. 急救

发生事故时，不可慌乱。先切断气源和电源，如关闭燃气总阀门，拉开总电闸等，并及时抢救受伤人员和国家财产。

（1）炸伤急救

被炸伤人员可能要大量出血，应及时扎紧血管止血。如有虚脱、昏迷或休克，可以给些氧气或进行人工呼吸，并且立即送医院治疗。

（2）烧、烫伤急救

烧、烫伤皆称灼伤，根据程度不同可分三级。一级灼伤，皮肤红肿，可用药棉浸浓酒精（90％～95％）轻涂，或者用冷水疗法止痛，也可敷烫伤药。二级灼伤，皮肤起泡，可用酒精在伤口处消毒，切不要把水泡弄破，以防感染，应及时请医务人员治疗。三级灼伤，皮肤组织被破坏，呈棕色或黑色，有时呈白色，应用干燥无菌纱布轻轻包扎伤口，严防感染，及时送医院治疗。如果衣服粘着伤口，千万不要脱剥衣服，以防撕下皮肤。应用剪刀剪下未与伤处粘接的衣服，再轻轻包扎伤口。

（3）中毒急救

1）呼吸系统中毒。应迅速将中毒者转移到通风良好的地方，解开衣领、皮带，头不要后仰，肚子不宜弯曲，以靠背式坐下，垫好衣、褥，使中毒者保暖、血液流通。同时清除其口腔黏液及呕吐物。如有条件，给氧气，或给中毒者喝些浓茶、咖啡等兴奋剂，并及时请医务人员治疗。

2) 口服中毒。应立即给中毒者洗胃，使其呕吐，排除胃中毒物。例如酸性物中毒时，可以 2%小苏打洗胃；碱性物中毒时，可服稀醋酸、酸果汁、柠檬汁中和，再服蛋白或牛奶保护黏膜组织。对于某些特殊毒物要采取更有效的药物解毒，并使之呕吐。例如磷中毒时服硫酸铜；钡中毒时服硫酸钠；锑或砷中毒时服 25%硫酸铁和 0.6%氧化镁混合液（剧烈搅拌混合均匀，每隔 10min 喂一汤匙，直到呕吐时为止）；氰化物中毒时服 1%硫代硫酸钠等。解毒呕吐后，喝些温开水，立即送医院治疗。

3) 皮肤、黏膜中毒。皮肤、眼、鼻及咽喉等部位受毒侵害时，要立即用大量自来水彻底冲洗，如能涂些中和剂更好，然后请医生治疗。

3. 安全措施

检测工作需制订一整套安全工作条例，有些内容在以前章节已经论述，下面再综述一些原则性要求。

（1）建筑物及管道设备

1) 对建筑的要求。一般要求能够防震、防火及隔热；对可能发生爆炸的房间，应有足够的泄压面积（如向外开的门窗、轻质屋顶等）；危险品库、高压瓶间、贮气罐、压气机间等应单独布置，并与一般房间保持一定的安全距离（参考有关标准规范）。此外，应备有灭火设备。

2) 对管道设备的要求。对可燃、有毒气体的管道、阀门及设备，必须经过强度与气密性试验合格后方可使用，并应定期检查、维修，防止漏气；对有燃气、水、电的房间，应安装燃气、水总阀门及总电闸。此外，要定期检查所有安全装置。

3) 对使用燃气的房间及实验室应设有燃气报警器、烟雾报警器等。

（2）管理条件及安全操作规程

明确各种试剂、高压气瓶等的管理条例，制定各项测试工作及重要的仪器设备的安全操作规程。必要时建立安全员值班制度，经常督促检查。

# 第4章 燃气成分分析

## 4.1 气相色谱分析原理

### 4.1.1 气相色谱分析原理

1. 气相色谱仪工作流程

气相色谱法是一种高效物理分离技术，将它用于化学分析并配合适当的检测手段，是一种物理化学分离分析方法。气相色谱法是采用气体作为流动相的一种色谱法。在此法中，载气（与被测物作用，用来载送试样的惰性气体，如氢、氮等）由高压气瓶流出，由减压阀和调节阀控制压力与流量，再经净化干燥管净化脱水，由压力表指示压力、流量计指示流量，经分配器分为两路：一路载气不经过色谱柱直接进入检测器的参考臂；另一路载气流经进样口时，将由进样口进入的样气一起携带进入色谱柱。燃气样品在色谱柱内被分离，此后随载气进入热导检测器的测量臂。

2. 气相色谱中的固定相和流动相

在气相色谱中有两相，一相是固定相，另一相是流动相（气相）。固定相指填充在色谱柱中的固体吸附剂，或在惰性固体颗粒（载体）表面涂有一层高沸点有机化合物（固定液）。流动相是不与被测成分和固定液起化学反应，也不能被固定相吸附或溶解的气体（载气），它在色谱柱中与固定相做相对运动。

3. 气相色谱中的分离原理

气-固色谱分析中的固定相是一种具有多孔性及较大表面积的吸附剂颗粒。试样由载气携带进入色谱柱时，立即被吸附剂所吸附。载气不断流过吸附剂时，吸附的组分又被洗脱下来。这种洗脱下来的现象称为脱附。脱附的组分随着载气继续前进时，又可被前面的吸附剂所吸附。随着载气的流动，被测组分在吸附剂表面进行反复的物理吸附、脱附过程。当燃气通过色谱柱时，色谱柱中的固定相对气体中不同成分有不同的吸附和溶解能力，也称为气样中各成分在固定相和流动相中有不同的分配系数。当气样被载气带入色谱柱中并不断向前移动时，分配系数较小的成分移动速度快，而分配系数较大的成分移动速度慢。这样分配系数较小的成分先流出色谱柱，分配系数较大的成分后流出色谱柱，从而达到分离目的。

4. 燃气成分气相色谱法分析原理

用气相色谱仪，使用氦气、氮气以及氢气作载气，通过气相色谱柱来分离试样中的主要常量成分，并在色谱工作站上记录各成分的色谱峰峰面积数值。

在同样操作条件下，采用外标法分析已知成分含量的标准气体，把测得的试样色谱峰峰面积数值与标准气色谱峰峰面积数值相比较来计算各成分的含量。

如果试样中全部成分都显示出色谱峰时，也可采用校正面积归一法计算各成分的含量，但应验证其结果的准确性。

### 4.1.2　色谱柱的固定相和制备

色谱填充柱是填充了色谱填料的内部抛光不锈钢柱管或聚四氟柱管，是实现分离的核心部件，其内径通常在 2～4mm，柱长通常在 0.5～10m。色谱毛细管柱的内径一般小于 1mm，通常用于高灵敏的微量成分分离。

1. 固体吸附剂固定相

因为气相色谱的载气种类少，分离选择性主要依靠选择固定相。燃气成分能否分离，首先取决于固定相，迄今已有成百上千种气相色谱固定相，常用的不过十几种，主要有非极性的活性炭、弱极性的氧化铝、极性的分子筛和氢键型硅胶等。

气-固色谱适合于永久气体和低沸点烃类的分析，热稳定性好，柱温上限高；但一般情况下，吸附等温线不成线性，峰不对称；由于固定相表面结构不均匀，所以重现性不好。

虽然固定相的种类很多，但是在气-固色谱中作为固定相的却不多，一般仅限于活性炭、石墨化炭黑、碳多孔小球、硅胶、氧化铝、分子筛等。由于固定相的性能与制备、活化条件等有很大关系，所以，不同来源的同种固定相，甚至同一来源的非同批产品，其色谱分离效能均不重复。

（1）活性炭

非极性，有较大的比表面积，吸附性较强。可用于惰性气体、永久气体、气态烃等的分析。由于活性炭表面活性大而不均匀，会造成色谱峰拖尾，现在已很少使用。

（2）石墨化炭黑（Cabopack 系列）

非极性，表面均匀，活性点大为减少。所以大大改善了色谱峰形，提高了分析重现性。

（3）碳分子筛（碳多孔小球；TDX 系列）

非极性，是用偏聚氯乙烯小球进行热裂解而得到的固体多孔状的炭。碳多孔小球的国外商品名为 Carbosieve，国内叫 TDX，具体牌号有 TDX-01、TDX-02。碳多孔小球的特点是非极性很强，表面活性点少，疏水性强，可使水峰在甲烷前或后洗脱出。柱效高、耐腐蚀、耐辐射、寿命长。TDX 可用于 $H_2$、$O_2$、$N_2$、CO、$CO_2$、$CH_4$、$C_2H_2$、$C_2H_4$、$C_2H_6$ 以及 $C_3$ 的烃类和 $SO_2$ 等气体的分析以及氮肥厂的半水煤气分析、金属热处理气氛的分析和低碳烃中水分的分析等。

（4）活性氧化铝

有较大的极性，热稳定性好，机械强度高，适用于常温下 $O_2$、$N_2$、CO、$CH_4$、$C_2H_6$、$C_2H_4$ 等气体的分离。$CO_2$ 能被活性氧化铝强烈吸附，因此不能用这种固定相进行分析。

（5）硅胶（Porasil 系列等）

强极性，分离能力取决于孔径大小及含水量，一般用来分离 $C_2$～$C_4$ 烃类及某些含硫气体：$H_2S$、$CO_2$、$N_2O$、NO、$NO_2$、$N_2O$、$SO_2$，其有与活性氧化铝大致相同的分离性能，且能够分离臭氧。

（6）分子筛

有特殊吸附活性，是碱及碱土金属的硅铝酸盐（沸石），多孔性。人工合成的泡沸石加热时，结构水就从空隙中逸出，留下一定大小均匀的孔穴。当样品分子经过分子筛时，比孔径小的分子被吸进去，比孔径大的分子通过分子筛出来，故分子筛实际是个反筛子。分子筛的种类很多，分析用的有 4A、5A、13X 等，其中前面的数字代表孔径，A、X 表示类型，A、X 化学组成不同。用于分析气样中 $N_2$ 和 $O_2$ 有特效。分子筛可用来分离永久气体、$H_2$、$H_2S$、$O_2$、$CH_4$、CO、气态烃分析等。特点是能在高温下使用，但重复性好的很难制备，往往使峰拖尾。

分子筛遇到硫化合物、二氧化碳时，因这些成分被吸附后很难再析出而使色谱柱失去活性，故在分析含有这些成分的样品时必须在进样阀后、色谱柱前加一段碱石棉管来吸收，除去样品中的这些成分。水分是影响分子筛柱寿命的主要因素。测量含水分高的气样时，可在进样阀前加脱水装置。常用脱水剂有硅胶、五氧化二磷、无水高氯酸镁等。在色谱柱前使用碱石棉管或脱水剂时，要注意其不能吸收样品中的成分。

当分子筛柱失效时，一般表现为色谱图上氧、氮色谱峰分不开，一氧化碳保留时间缩短甚至在甲烷峰前出峰等现象。此时应对分子筛柱作活化处理。可把分子筛从柱内倒出，将其在 500~550℃ 高温下灼烧 2h 以使其活化，或在 350℃ 下真空活化 2h 后立即装柱。

（7）高分子多孔微球（Porapak，Chropmosorb 等）

高分子多孔微球是新型的有机合成固定相，是用苯乙烯与二乙烯苯共聚所得到的交联多孔共聚物。美国研究的 Porapak 高分子多孔微球是一种色谱分离性能很好的气-固色谱固定相。

高分子多孔微球的特点是：表面积大，机械强度好；疏水性很强，可快速测定有机物中的微量水分；耐腐性好，可分析 HCl、$NH_3$、HCN、$Cl_2$、$SO_2$ 等活性气体，有机溶剂和氯化氢中的微量水分可用 GDX-104 色谱柱测定；不存在固定液流失问题。

2. 固定液-载体固定相

这种固定相是固定液均匀地涂在载体上，载体是化学惰性的固体微粒，用来支持固定液的，色谱毛细管柱的载体就是其柱体内壁。固定液大多数是高沸点的有机化合物，在气相色谱工作条件下呈液态，所以叫固定液。在色谱柱内，被测物质中各成分的分离是基于各成分在固定液中溶解度的不同。当载气携带被测物质进入色谱柱和固定液接触时，气相中的被测成分就溶解到固定液中去。载气连续进入色谱柱，溶解在固定液中的被测成分会从固定液中挥发到气相中去。随着载气的流动，挥发到气相中的被测成分分子又会溶解到固定液中。这样反复多次溶解、挥发、再溶解、再挥发。由于各成分在固定液中溶解能力不同。溶解度大的成分就较难挥发，停留在柱中的时间长些，往前移动得就慢些；而溶解度小的成分，往前移动得快些，停留在柱中的时间就短些。经过一定时间后，各成分就彼此分离。

固定液配比指固定液在固定相中所占重量，色谱柱起分离决定作用的是固定液。载体的作用是提供一个大的惰性表面，以便涂上固定液。

（1）载体

载体（担体）是一种化学惰性、多孔性的颗粒，它的作用是提供一个大的惰性表面，用以承担固定液，使固定液以薄膜状态分布在其表面上。

1）对载体的要求

① 载体表面应是化学惰性的，即表面没有吸附性或吸附性很弱，更不能与被测物质

起化学反应。

② 足够大的表面积。多孔性，即表面积较大，使固定液与试样的接触面较大。

③ 热稳定性好，有一定的机械强度，不易破碎。

④ 形状规则、大小均匀。对粒度的要求，一般希望均匀、细小，这样有利于提高柱效。

2）载体的分类

① 硅藻土类载体

由天然硅藻土煅烧而成，主要成分为无机盐。根据制造工艺和助剂不同，又可分为红色载体和白色载体两种。

红色载体：孔径较小，表面孔穴密集，比表面积较大，机械强度好。适宜分离非极性或弱极性化合物。其缺点是表面存有活性吸附中心点。常见的有 201、202 系列、6201 系列等。

白色载体：白色载体是在煅烧时加 $Na_2CO_3$ 之类的助熔剂，使氧化铁转化为白色的铁硅酸钠。白色载体颗粒疏松，孔径较大，表面积较小，机械强度较差。但吸附性显著减小，适宜分离极性化合物。常见的有 101、102 系列。

② 非硅藻土载体

玻璃微球：是小玻璃珠，颗粒规则，涂渍困难。

聚四氟乙烯：吸附性小，耐腐蚀，分析 $SO_2$、$Cl_2$、$HCl$ 等气体。

高分子多孔微球 GDX 既可作固定相，又可作载体。

③ 硅藻土类载体的表面处理

普通硅藻土类载体表面并非惰性，含有 $\equiv Si—OH$，$Si—O—Si$，$=Al—O—$，$=Fe—O—$ 等基团，故既有吸附活性又有催化活性。若涂渍上极性固定液，会造成固定液分布不均匀；分析极性试样时，由于活性中心的存在，会造成色谱峰拖尾，甚至发生化学反应。因此，载体使用前应进行钝化处理。钝化处理方法如下：

酸洗、碱洗（除去酸性基团）：用浓 $HCl$、$KOH$ 的甲醇溶液分别浸泡，以除去铁等金属氧化物及表面的氧化铝等酸性作用点。

硅烷化：（消除氢键结合力）用硅烷化试剂（二甲基二氯硅烷等）与载体表面的硅醇、硅醚基团反应，以消除担体表面的氢键结合力。处理后，性能好，但试剂昂贵。

釉化（表面玻璃化、堵微孔）：以碳酸钠、碳酸钾等处理后，在担体表面形成一层玻璃化釉质。

3）载体的选择

① 红色硅藻土载体用于烷烃、芳烃等非极性、弱极性物的分析。

② 白色硅藻土载体用于醇、胺、酮等极性物的分析。

③ 固定液含量大于 5%，一般选用红色、白色载体。

④ 固定液含量小于 5%，一般选用处理过的载体。

⑤ 高沸点化合物的分析要选玻璃微球；强腐蚀的物质的分析选氟载体。

（2）固定液

气液色谱固定液的特点是可得较对称的色谱峰；可供选择的固定液很多；谱图重现性好；可在一定范围内调节液膜厚度。

1）对固定液的要求

① 选择性好；

② 化学稳定性和热稳定性好（每种固定液都有一个"最高使用温度"），固定液的蒸汽压要低，固定液流失要少；

③ 对成分要有一定的溶解度，即对成分有一定的滞留性；

④ 凝固点低，黏度适当（因为凝固点以下，固定液凝固，只起吸附作用，所以凝固点就是固定液的"最低使用温度"）。

2）固定液的分类

① 烃类极性最弱，有角鲨烷、液状石蜡、聚乙烯等，适用于非极性物分析，基本上按沸点顺序出峰。

② 聚硅氧烷类应用最广，使用温度范围宽（50～300℃），并引入不同的取代基以使极性不同，如甲基聚硅氧烷、苯基聚硅氧烷等。

③ 醇、醚类易形成氢键，选择性取决于氢键作用力。聚乙二醇固定液应用最多。种类有 PEG-200、300、400、1000、1500、6000、20M。PEG-后面的数字代表平均分子量。

④ 酯类为中等极性，含有极性和非极性基团。例如邻苯二甲酸二壬酯（DNP）、丁二酸二乙二醇聚酯（DEGS）。

3）固定液的选择

固定液的分离特征是选择固定液的基础。固定液的选择，一般根据"相似相溶"原则进行。在气相色谱中，常用"极性"来说明固定液和被测成分的性质。如果成分与固定液分子性质（极性）相似，固定液和被测成分两种分子间的作用力就强，被测成分在固定液中的溶解度就大，分配系数就大。也就是说，被测成分在固定液中溶解度或分配系数的大小与被测成分和固定液两种分子之间相互作用的大小有关。

① 分离非极性物质，一般选用非极性固定液，这时试样中各成分按沸点次序先后流出色谱柱，沸点低的成分先出峰，沸点高的成分后出峰。

② 分离极性物质，选用极性固定液，这时试样中各成分主要按极性顺序分离，极性小的先流出色谱柱，极性大的后流出色谱柱。

③ 分离非极性和极性混合物时，一般选用极性固定液，这时非极性成分先出峰，极性成分（或易被极化的成分）后出峰。

④ 对于能形成氢键的试样，如醇、酚、胺和水等的分离，一般选择极性或氢键型的固定液。这时试样中各成分按与固定液分子形成氢键的能力大小先后流出，不易形成氢键的先流出，最易形成氢键的最后流出。

⑤ 按成分之间的沸点差别或极性差别选择：如果主要差别是沸点差别，选非极性固定液；如果主要差别是极性差别，则选极性固定液。

⑥ 特殊样品选特殊固定液：例如分离醇、水，可选 GDX；分离 $N_2$、$O_2$，可选分子筛。

⑦ 选择混合固定液：对于复杂的样品的分离，单一固定液分不开，可选混合固定液。

3. 色谱柱的制备

（1）根据样品选择固定液、载体。

（2）根据固定液选择溶剂。

（3）根据配比和所需固定相的量，计算所需固定液的量、载体的量。例如固定相20g，固定液 DNP 含量为 10%，用 101 白色载体制备气液色谱填充柱。计算得出所需DNP 固定液是 2g，101 白色载体是 18g。

（4）涂渍。将称好的固定液放在一个烧杯中，加入适量的溶剂溶解。将称好的载体倒入溶解好固定液的烧杯中，在适当的温度下，轻轻摇动烧杯，让溶剂均匀挥发。如果溶剂沸点高，可在红外灯泡下烘干，直至载体呈颗粒状、没有溶剂气味为止。

（5）柱的填充：

① 柱的清洗：依次用自来水、5%NaOH、蒸馏水、丙酮、蒸馏水清洗，然后烘干。

② 柱的填充：用玻璃棉将柱的一端（接检测器的一端）塞牢，经缓冲瓶与真空抽气机连接，柱的另一端接漏斗，徐徐倒入涂有固定液的载体，边抽真空边轻敲柱管，直至装满为止。用玻璃棉塞紧柱的另一端口。

（6）柱的老化：

① 目的：彻底除去填充物中的残留溶剂和某些挥发性的物质，也促使固定液均匀牢固地分布在载体的表面上。

② 方法：在常温下使用的柱子，可直接装在色谱仪上，接通载气，至基线平稳即可使用；如果新装填好的色谱柱要在高温操作条件下应用，则要将装填好的色谱柱接入色谱仪中，但柱出口不与检测器相连，以防止加热时从柱内挥发出的杂质污染检测器。在操作温度低于最高使用温度下，通入载气，将柱加热几小时至几十小时，这一过程为老化。老化时，升温要缓慢，老化后，将色谱柱与检测器连接上，待基线平直后就可进样分析。

4. 色谱柱的性能要求

成分在色谱柱上的分离必须符合下列要求（见图 4-1）：当成分含量大于或等于 5%时，$A/B$ 大于 0.8；成分含量小于 5%时，$A/B$ 大于 0.4。在小成分相邻于大成分时，取小峰的斜率作为基线。

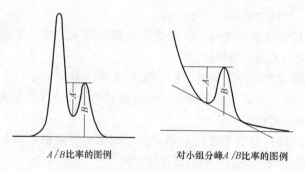

$A/B$ 比率的图例　　　　对小组分峰 $A/B$ 比率的图例

图 4-1　组分在色谱柱上的分离效果

$A$—两峰间峰谷深；$B$—两相邻峰高于基线的较小峰的高

### 4.1.3　检测器的结构和工作原理

用于燃气分析的检测器很多，最常用的有热导检测器（TCD）和火焰离子化检测器（FID）。

1. 热导检测器

热导检测器结构比较简单，灵敏度和稳定性较好，线性范围广，而且对所有物质都有响应，因此是应用最广、最成熟的一种检测器。适用于常量无机气体和有机物的分析。

热导池由池体和热敏原件构成，可分为双臂热导池和四臂热导池两种。热导检测器的金属池体中有两个腔体，分别称为测量臂和参考臂，各固定一根相同的、电阻温度系数较大的金属丝（如钨丝、铂丝）。金属丝温度的变化会产生电阻的变化，可以用惠斯特电桥测量出来。腔体有气体的进出口，参考臂只流过载气，测量臂流过载气与气样成分的混合气体。

不同成分气体具有同载气不同的导热系数。当测量臂没有气样成分通过时，测量臂与参考臂通过的都是相同的载气，其导热性能也是相同的，在测量臂和参考臂之间不存在因导热不同而产生的电阻差时，所测量的电信号为零。当测量臂通过载气与气样成分的混合气体时，由于混合气体与纯载气不同的导热性能，在测量臂和参考臂之间就会因导热性能不同而产生电阻差，从而产生可测量的电信号。电信号的强弱直接反映了成分含量的多少。

2. 火焰离子化检测器

火焰离子化检测器对绝大多数有机物有较高灵敏度，而且构造简单，响应快，稳定性好，死体积小，线性范围宽，所以也是一种常用检测器。已经分离了的气样成分由载气携带与纯氢气混合进入检测器的喷嘴，同时由检测器侧面引入空气。当点火电热丝通电后即把载有气样成分的氢气在喷嘴出口点燃，以燃烧所产生的高温火焰为能源，使气样中有机物在燃烧时被电离成正负离子。在氢火焰附近设有收集极和极化极，在两极之间加有150V 到 300V 的极化电压，形成一直流电场。这些产生离子在发射极和收集极电场的作用下作定向运动，形成电流。因产生的电流比较微弱，所以利用电子放大系统放大后测定离子流的强度，即可得到成分含量信号。

### 4.1.4 标准气

1. 一般要求

分析需要的标准气可采用国家二级标准物质，或按现行国家标准《气体分析 校准用混合气体的制备》GB/T 5274 制备。

对于氧和氮标准气，稀释的干空气是一种适用的标准物。

标准气的成分必须处于均匀的气态。对于试样中浓度不大于 5% 的成分，标准气成分的浓度应不大于 10%，也不低于试样中相应成分浓度的 50%。对于试样中浓度大于 5% 的成分，标准气成分的浓度应不低于试样中成分浓度的 50%，也不大于试样中相应成分浓度的 50%。

2. 自行配制标准气

可采用经过校验的注射器，用纯标准气体配制成与试样中成分浓度尽可能接近的标准气。配制时，应保证其准确性。

连续三次配气，其峰高差或峰面积差不能大于 1%，取三次峰值的平均值作为标准值。

氢标准气宜在使用前配制。

采用注射器配制标准气时，应保证其准确性。

## 4.2　人工燃气气相色谱分析

### 4.2.1　实验目的

气相色谱仪是使用氦气、氢气或氮气作载气，通过气相色谱柱来分离试样中的主要常量成分，并在积分仪或微处理机记下各组分的色谱峰峰面积数值。人工煤气中主要有氢、氧、氮、一氧化碳、二氧化碳、甲烷、乙烯、乙烷、丙烯、丙烷等常量成分。通过气相色谱仪来对人工燃气成分进行定性和定量分析。

### 4.2.2　实验条件

所选择的色谱工作条件应保证试样中各成分都能被有效分离，反映在色谱图上就是试样中各成分的色谱峰与相邻成分色谱峰的分离度能满足定量要求。表 4-1 给出了分析人工煤气中成分的气相色谱典型工作条件。

**典型色谱工作条件**　　　　表 4-1

| 工作条件 | A | B | C |
|---|---|---|---|
| 检测器类型 | 热导检测器(TCD) | | |
| 载气 | 氦气,浓度不低于 99.99% | 氩气,浓度不低于 99.99% | |
| 色谱柱类型 | 分子筛填充柱,5A 或 13X,0.23~0.18mm(60~80 目) | 分子筛填充柱,5A 或 13X,0.23~0.18mm(60~80 目) | GDX-104 或 407 等有机载体填充柱,0.23~0.18mm(60~80 目) |
| 柱长度/内径 | 1~2m/3~5mm | 1~2m/3~5mm | 2~4m/3~5mm |
| 气体六通阀进样量 | 进样量为 1mL | | |
| 汽化室温度 | 100℃ | | |
| 柱箱温度 | 室温~40℃ | | |
| 检测器温度 | 100℃ | | |
| 载气流量 | 30~60mL/min | | |
| 分析成分 | $H_2$ | $O_2$,$N_2$,$CH_4$,CO | $C_2H_4$,$C_2H_6$,$CO_2$, $C_3H_6$,$C_3H_8$ |

注：也可采用能达到同等或更高分析效果的其他色谱工作条件。

### 4.2.3　实验原理

1. 外标法

（1）应尽可能使用标准气外标法分析试样中各成分的含量，用式（4-1）计算：

$$X_i' = E_i \times \frac{A_i}{A_E} \qquad (4-1)$$

式中　$X_i'$——试样中成分 $i$ 的计算含量的数值，%；

　　　$A_i$——试样中成分 $i$ 的色谱峰峰面积的数值；

　　　$A_E$——标准气成分 $i$ 的色谱峰峰面积的数值；

　　　$E_i$——标准气成分 $i$ 的含量的数值，%。

（2）成分浓度的归一化

计算出试样中各成分的计算含量后，再计算各成分的计算含量之和，以检查其是否为

100%。当试样中各成分计算含量之和达到 99.00%～101.00% 时，可用式（4-2）计算出各成分含量的归一化值：

$$X_i = \frac{X'_i}{\sum X'_i} \times 100 \tag{4-2}$$

式中　$X_i$——试样中成分 $i$ 的归一化计算含量的数值，%；

　　　$X'_i$——试样中成分 $i$ 的计算含量的数，%；

　　　$\sum X'_i$——试样中各成分的计算含量之和的数值，%。

如果试样中各成分计算含量之和在 98.00%～102.00% 之外，则应检查仪器装置和分析操作是否存在问题，或者检查有无分析成分以外的其他成分被遗漏。

2. 修正法

使用表 4-2 中的校正因子分析试样中各成分的含量，用式（4-3）计算：

$$X'_i = \frac{A_i \times f_i}{\sum A_i \times f_i} \times 100 \tag{4-3}$$

式中　$X'_i$——试样中成分 $i$ 的计算含量的数值，%；

　　　$A_i$——试样中成分 $i$ 的色谱峰峰面积的数值；

　　　$f_i$——试样中成分 $i$ 的校正因子。

**各成分体积校正因子**　　表 4-2

| 成分名称 | 氧 | 氮 | 一氧化碳 | 二氧化碳 | 甲烷 | 乙烷 |
|---|---|---|---|---|---|---|
| 校正因子 | 2.50 | 2.38 | 2.38 | 2.08 | 2.80 | 1.96 |
| 成分名称 | 乙烯 | 丙烷 | 丙烯 | 异丁烷 | 正丁烷 | 正丁烯 |
| 校正因子 | 2.08 | 1.55 | 1.54 | 1.22 | 1.18 | 1.23 |
| 成分名称 | 异丁烯 | 反丁烯 | 顺丁烯 | 异戊烷 | 正戊烷 | 1,3丁二烯 |
| 校正因子 | 1.22 | 1.18 | 1.15 | 0.98 | 0.95 | 1.25 |

### 4.2.4　实验步骤

1. 取样

（1）从高压气源处取样

当需要从压力很高的制气厂出气口或高压点取样时，应按现行国家标准《天然气取样导则》GB/T 13609 的规定执行。

（2）从低压管道取样

1）直接采取试样

根据实际情况，如果气源离分析装置距离较近，可以直接采取试样，使试样通过取样管或导管直接进入气相色谱仪。应使用对所取燃气不产生吸附作用的不锈钢等材质的导管。

2）使用试样容器采取试样

① 应按照现行国家标准《天然气取样导则》GB/T 13609 的规定执行。使用对所取燃气不产生吸附作用的铝箔取样袋取样。取样前应用所取样气体反复洗涤以排除袋中残留的其他气体。

② 如果气源离分析装置距离较近，并且取样后可立即分析，可以采用玻璃注射

器取样法采取试样。可用图 4-2 所示的玻璃注射器，通过内针管的抽吸，把试样导入后取样。

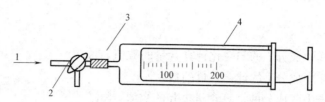

图 4-2　玻璃注射器
1—试样；2—三通旋塞；3—塑料管；4—200mL 玻璃注射器

使用试样容器取样，由于容器会产生一些吸附或吸收现象，为防止试样成分发生变化，不能长时间放置，应尽快进行分析。

2. 气体的导入

（1）标准气的导入

在进样定量管采集标准气体，切换六通阀进样装置使之导入色谱柱，使记录器记录下色谱图，或使积分仪、微处理机等数据处理装置记录下色谱峰数据。重复操作两次，二次峰高或峰面积的相对偏差不能大于 1%，取两次重复性合格的数值的平均值作为标准值。

（2）样气的导入

将试样容器或导管接到六通阀进样装置，把试样通入进样定量管反复吹洗，然后切换六通阀进样装置使试样导入色谱柱，使记录器记录下色谱图，或使积分仪、微处理机等数据处理装置记录下色谱峰数据。重复操作两次，二次峰高或峰面积的相对偏差不能大于 1%，取两次重复性合格的数值的平均值作为分析值。

3. 成分分析

（1）成分的定性

试样中各成分的出峰次序分别见图 4-3、图 4-4。可把试样的色谱图同已知成分气样的色谱峰的保留时间相比较来进行各色谱峰的成分定性。

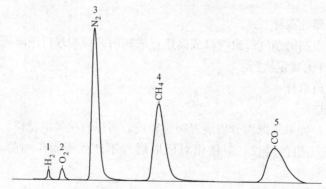

图 4-3　5A 分子筛柱色谱图（色谱工作条件见表 4-1 中的 B）
1—氢气色谱峰；2—氧气色谱峰；3—氮气色谱峰；4—甲烷色谱峰；5——氧化碳色谱峰

（2）成分的定量

根据标气成分的校正因子和样气成分色谱峰峰面积，利用式（4-3）计算样气成分含

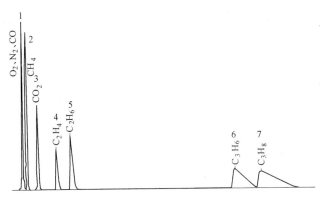

图 4-4 GDX-104 柱色谱图（色谱工作条件见表 4-1 中的 C）

1—氧气、氮气和一氧化碳混合色谱峰；2—甲烷色谱峰；3—二氧化碳色谱峰；4—乙烯色谱峰；

5—乙烷色谱峰；6—丙烯色谱峰；7—丙烷色谱峰

量，再计算各成分的计算含量之和；当样气中各成分计算含量之和达到 98.00％～102.00％时，用式（4-2）计算各成分的归一化值。

# 4.3 天然气气相色谱分析

### 4.3.1 实验目的

气相色谱仪是使用氦气、氢气或氮气作载气，通过气相色谱柱来分离试样中的主要常量成分，并在积分仪或微处理机记下各组分的色谱峰峰面积数值。天然气中主要有氮气、甲烷、乙烷、二氧化碳、丙烷、异丁烷、正丁烷、异戊烷、正戊烷等常量成分。通过气相色谱仪来对天然气成分进行定性和定量分析。

### 4.3.2 实验条件

色谱的工作条件应保证试样中的各成分都能被有效分离（见表 4-3），反映在色谱图上就是试样中各成分的色谱峰与相邻成分色谱峰的分离度能满足定量要求。

**典型色谱工作条件** 表 4-3

| 工作条件 | A | | B | |
|---|---|---|---|---|
| 检测器类型 | 热导检测器(TCD) | | | |
| 载气 | 氦气、氢气或氮气,浓度不低于 99.99％ | | | |
| 色谱柱类型 | 硅油 DC-200 固定液,用量为固定相的 28％,60～80 目 6201 红色载体,氯仿溶剂 | 407 有机载体或 GDX-104,60～80 目 | DBP-ODPN 混分固定液（DBP 为 64％, ODPN 为 36％）,用的量为固定相的 33.3％,60～81 目 6201 红色载体,丙酮溶剂 | 分子筛填充柱,5A 或 13X,60～80 目 |
| 柱长度/内径 | 3～5m/3～4mm | 3m/3～4mm | 8～10m/3～4mm | 2m/3～4mm |
| 气体六通阀进样量 | 进样量为 1mL | | | |
| 汽化室温度 | 100℃ | | | |

续表

| 工作条件 | A | | | B | |
|---|---|---|---|---|---|
| 柱箱温度 | 室温～40℃ | | | | |
| 检测器温度 | 100℃ | | | | |
| 载气流量 | 30～60mL/min | | | | |
| 分析成分 | $CH_4 + N_2 + CO_2$，$C_2H_6 \cdot C_3H_8$，$i\text{-}C_4H_{10} \cdot n\text{-}C_4H_{10}$，$i\text{-}C_5H_{12} \cdot n\text{-}C_5H_{12}$ | | $CH_4, N_2, CO_2$ | $CH_4 + N_2 + O_2$，$C_2H_6 \cdot CO_2, C_3H_8$，$i\text{-}C_4H_{10} \cdot n\text{-}C_4H_{10}$，$i\text{-}C_5H_{12} \cdot n\text{-}C_5H_{12}$ | $O_2, CH_4, N_2$ |

注：1. DBP 为邻苯二甲酸二丁酯，ODPN 为 $\beta, \beta'$ 氧二丙腈；
　　2. 也可采用能达到同等或更高分析效果的其他色谱工作条件。

### 4.3.3　实验原理

实验原理同第 4.2.3 节人工燃气气相色谱分析实验原理。

### 4.3.4　实验步骤

（1）样气取样：使用对所取燃气不产生吸附作用的铝箔取样袋取样。取样前应用所取样气反复洗涤以排除袋中残留的其他气体（一般为 3 次洗涤）。

（2）标准气导入：在进样定量管采取标准气体，切换六通阀进样装置使之导入色谱柱，使记录器记录下色谱图，或使积分仪、微处理机等数据处理装置记录下色谱峰数据。重复操作两次，二次峰高或峰面积的相对偏差不能大于 1%，取两次重复性合格的数值的平均值作为标准值，将数据填入表 4-4。

（3）样气导入：将试样容器或导管接到六通阀进样装置，把样气通入进样定量管反复吹洗，然后切换六通阀进样装置使试样导入色谱柱，使记录器记录下色谱图，或使积分仪、微处理机等数据处理装置记录下色谱峰数据。重复操作两次，二次峰高或峰面积的相对偏差不能大于 1%，取两次重复性合格的数值的平均值作为分析值，将数据填入表 4-4。

（4）成分定性：样气中各成分的出峰次序分别见图 4-5、图 4-6。可把样气的色谱图

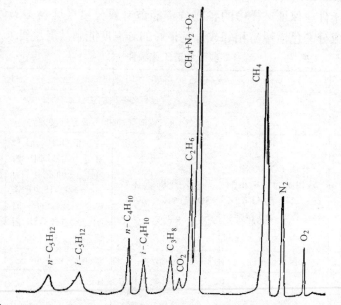

图 4-5　DBP-ODPN 和分子筛柱的色谱图（色谱工作条件见表 4-3 中 B）

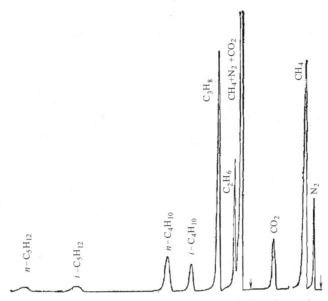

图 4-6　DC-200 和 407 柱的色谱图（色谱工作条件见表 4-3 中 A）

同已知成分气样的色谱峰的保留时间相比较来进行各色谱峰的成分定性。

（5）成分定量

根据标气成分含量以及标气成分色谱峰峰面积和样气成分色谱峰峰面积利用式（4-1）计算样气成分含量，再计算各成分的计算含量之和，将计算结果填至表 4-4；当样气中各成分计算含量之和达到 98.00%～102.00% 时，用式（4-2）计算各成分的归一化值，结果填至表 4-4。

### 4.3.5　实验数据及处理

燃气参数气相色谱分析记录　　　　　　　　　　　　　　表 4-4

| 外标使用标气 | C-5 天然气 | 样品名称 | 天然气 | 燃气种类 | 12T |
|---|---|---|---|---|---|
| 燃气组分 | 标气含量(%) | 标气峰面积数值 | 样气峰面积数值 | 样气含量(%) | 归一化含量(%) |
| $O_2$ 氧气 | | | | | |
| $CO_2$ 二氧化碳 | | | | | |
| $N_2$ 氮气 | | | | | |
| $CH_4$ 甲烷 | | | | | |
| $C_2H_6$ 乙烷 | | | | | |
| $C_3H_8$ 丙烷 | | | | | |
| $i$-$C_4H_{10}$ 异丁烷 | | | | | |
| $n$-$C_4H_{10}$ 正丁烷 | | | | | |
| $i$-$C_5H_{12}$ 异戊烷 | | | | | |
| $n$-$C_5H_{12}$ 正戊烷 | | | | | |
| 含量加和 | | | | | |
| 气质参数状态 | 0.0℃ | | | 101.3kPa | |

### 4.3.6　注意事项

（1）氢气发生器的蒸馏水不能高于上水位线，也不能低于下水位线，保证氢气的纯度在 99.99% 以上。

（2）橡胶袋采集的气最好是在 2h 内进行试验（橡胶袋会吸附烃类物质），铝箔袋保存气体时间相对长一点，成分也不会发生大的变化，建议取气用铝箔袋。

（3）气相色谱仪长时间不用再使用时，至少需提前 1h 开启气相色谱仪，烘干色谱柱（色谱柱吸附空气中的水分），但柱室温度不宜设置太高，建议比柱室所能承受的温度低 20℃。

（4）测试的样气成分中含有氢时，不能再用氢气作载气，需用氮气作载气；反之，样气成分中含有氮时，则需用氢气作载气；如果载气为氦气时，就无需考虑样气成分是否含有氮或氢。

# 4.4　液化石油气气相色谱分析

### 4.4.1　实验目的

气相色谱仪是使用氦气、氢气或氮气作载气，通过气相色谱柱来分离试样中的主要常量成分，并在积分仪或微处理机记下各组分的色谱峰峰面积数值。液化石油气中主要有乙烷、乙烯、丙烷、丙烯、正丁烷、异丁烷、正异丁烯、反丁烯、顺丁烯、正戊烷和异戊烷等常量成分。通过气相色谱仪来对液化石油气成分进行定性和定量分析。

### 4.4.2　实验条件

所选择的色谱工作条件应保证试样中的各成分都能被有效分离，反映在色谱图上就是试样中各成分的色谱峰与相邻成分色谱峰的分离度能满足定量要求。表 4-5 给出了分析液化石油气中各成分质量分数的气相色谱典型工作条件。

**典型色谱工作条件**　　　　　　　　　　　　　　　　　　　　表 4-5

| 工作条件 | A | B |
|---|---|---|
| 检测器类型 | 热导检测器(TCD) | |
| 载气 | 氦气,纯度不低于99.99% | |
| 色谱柱类型 | DNBM-ODPN 填充柱 | DBP-ODPN 填充柱 |
| 混合固定液 | 95% 顺丁烯二酸二丁酯＋5% 一氧二丙腈 | 95% 邻苯二甲酸二丁酯＋5% 一氧二丙腈 |
| 液相载荷量（质量分数,%） | 26 | |
| 载体 | 6201 红色担体,0.23~0.18mm(60~80 目) | |
| 柱长度/内径 | 8~10m/3mm | |
| 气体六通阀进样量 | 进样量为 1mL | |
| 汽化室温度 | 100℃ | |
| 柱箱温度 | 室温~40℃ | |
| 检测器温度 | 100℃ | |
| 载气流量 | 30~60mL/min | |

注：也可采用能达到同等或更高分析效果的其他色谱工作条件。

### 4.4.3 实验原理

实验原理同第 4.2.3 节人工燃气气相色谱分析实验原理。

### 4.4.4 实验步骤

1. 取样

将液化石油气取样器的进样口与罐体或钢瓶连接，依次打开取样器的放空阀、进样阀和罐体或钢瓶的截止阀，使样品充分冲洗取样器并将取样器中的空气全部置换掉。然后依次关闭取样器的放空阀、进样阀和罐体或钢瓶的截止阀，断开取样器与罐体或钢瓶的连接。

将取样器按照图 4-7 所示连接，恒温水浴为 50～70℃。打开阀门 A、C，缓慢打开流量调节阀 B，控制气化速度为 5～50mL/min，使管路中的空气全部置换出来。排出的冲洗管路的气体应引出室外。冲洗、置换完全后，关闭阀门 C，立即转动六通阀至进样位置，将采集的试样引入色谱柱。

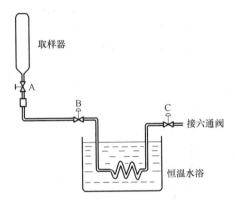

图 4-7 气化试样系统连接图

A—截止阀；B、C—针形阀

2. 气体导入

（1）标准气的导入

见第 4.2.4 节第 2 条气体导入（1）标准气的导入。

（2）样气的导入

见第 4.2.4 节第 2 条气体导入（2）样气的导入。

3. 成分分析

（1）成分定性

试样中各成分的出峰次序见图 4-8、图 4-9。可把试样的色谱图同已知成分气样的色谱峰的保留时间相比较来进行各色谱峰的成分定性。

（2）成分定量

根据标气成分的校正因子和样气成分色谱峰峰面积，利用式（4-3）计算样气成分含量，再计算各成分的计算含量之和，以检查是否为 100%；当样气中各成分计算含量之和达到 98.00%～102.00%，用式（4-2）计算各成分的归一化值。

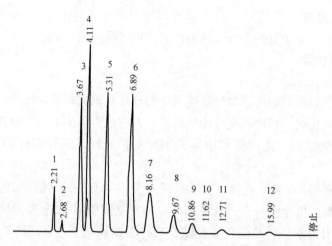

图 4-8　DNBM-ODPN 混合固定液柱色谱图（色谱工作条件见表 4-5 中 A）

1—空气、甲烷混合色谱峰；2—乙烷、乙烯混合色谱峰；3—丙烷色谱峰；4—丙烯色谱峰；5—异丁烷色谱峰；
6—正丁烷色谱峰；7—正异丁烯色谱峰；8—反丁烯色谱峰；9—顺丁烯色谱峰；10—1，3 丁二
烯色谱峰；11—异戊烷色谱峰；12—正戊烷色谱峰

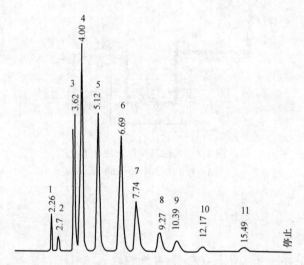

图 4-9　DBP-ODPN 混合固定液柱色谱图（色谱工作条件见表 4-5 中 B）

1—空气、甲烷混合色谱峰；2—乙烷、乙烯混合色谱峰；3—丙烷色谱峰；4—丙烯色谱峰；
5—异丁烷色谱峰；6—正丁烷色谱峰；7—正异丁烯色谱峰；8—反丁烯色谱峰；
9—顺丁烯色谱峰；10—异戊烷色谱峰；11—正戊烷色谱峰

## 4. 实验数据及处理（见表 4-6）

**液化石油气色谱分析记录表**　　　　　　　　　　　　　　　　　表 4-6

| 组分 | 校正因子 $f$ | 峰面积 $A_f$ | 组分浓度 $v/v(\%)$ | 归一化组分浓度 $v/v(\%)$ |
|---|---|---|---|---|
| 甲烷＋空气 | 2.41 | | | |
| 乙烷 $C_2H_6$ | 1.96 | | | |
| 丙烷 $C_3H_8$ | 1.55 | | | |

| 组分 | 校正因子 $f$ | 峰面积 $A_f$ | 组分浓度 $v/v(\%)$ | 归一化组分浓度 $v/v(\%)$ |
|---|---|---|---|---|
| 丙烯 $C_3H_6$ | 1.54 | | | |
| 异丁烷($i$-$C_4H_{10}$) | 1.22 | | | |
| 正丁烷($n$-$C_4H_{10}$) | 1.18 | | | |
| 正异丁烯 | 1.23 | | | |
| 反丁烯-2 | 1.18 | | | |
| 顺丁烯-2 | 1.15 | | | |
| 异戊烷($i$-$C_5H_{12}$) | 0.98 | | | |
| 正戊烷($i$-$C_5H_{12}$) | 0.95 | | | |
| 总计 | — | | | |

## 4.5　城镇燃气用二甲醚气相色谱分析

### 4.5.1　实验目的

利用气相色谱仪对城镇燃气用二甲醚中二甲醚和甲醇常量组分进行分析。

### 4.5.2　实验条件

所选择的色谱工作条件应保证试样中的各成分都能被有效分离，反映在色谱图上就是试样中各成分的色谱峰与相邻成分色谱峰的分离度能满足定量要求。表4-7给出了分析城镇燃气用二甲醚质量分数的气相色谱典型工作条件。

典型色谱工作条件　　　　　　　　　　　　　　　　　　　　表4-7

| 检测器类型 | 热导检测器（TCD） |
|---|---|
| 载气 | 氦气或氢气,浓度不低于99.99% |
| 色谱柱类型 | GDX-105 填充柱 |
| 柱长度/内径 | 3m/3mm |
| 气体六通阀进样器 | 定量管容积为1mL,进样温度为100℃ |
| 程序升温 | 初温 50℃,保持 8min,以 10℃/min 的速度升温到 120℃,保持 10min |
| 气化室温度 | 150℃ |
| 检测器温度 | 360℃ |
| 载气流量 | 30mL/min |

### 4.5.3　实验原理

（1）试样中二甲醚或甲醇组分的计算质量分数，按下式计算：

$$X_i = X_i^\circ \times \frac{A_i}{A_i^\circ} \tag{4-4}$$

式中　$X_i$——试样中二甲醚或甲醇组分的计算质量分数，%；

　　　$X_i^\circ$——标准气中二甲醚或甲醇组分的质量分数，%；

　　　$A_i$——试样气中二甲醚或甲醇组分的峰面积数；

　　　$A_i^\circ$——标准气中二甲醚或甲醇组分的峰面积数。

（2）试样中二甲醚或甲醇组分的归一化质量分数按下式计算：

$$X'_i = \frac{X_i}{\sum X'_i} \times (100 - X_{H_2O}) \tag{4-5}$$

式中　$X'_i$——试样中二甲醚或甲醇组分的归一化质量分数，％；

　　　$X_i$——试样中二甲醚或甲醇组分的计算质量分数，％；

　　　$\sum X'_i$——试样中二甲醚或甲醇组分的计算质量分数之和，％；

　　　$X_{H_2O}$——试样中水的质量分数，％。

### 4.5.4　实验装置

配有热导检测器的气相色谱仪。采用气体六通阀进样器进样，材质为不锈钢。

### 4.5.5　实验步骤

1. 自制纯标准气

自行制备时，可将质量分数在 99％以上的二甲醚气体通过填充有分子筛和硅胶的净化装置，使二甲醚中的杂质成分（如甲醇和水等）被充分吸收，经色谱分析未检测出甲醇、水等其他杂质，使二甲醚的质量分数能够达到 99.99％左右，可作为纯二甲醚标准气体使用。

（1）单组分标准气

采用经过校验的注射器，用纯标准气配制成与试样中组分质量分数尽可能接近的单组分标准气。

连续三次配气，其峰高差或峰面积差不应大于 1％，取三次的峰值得平均值作为标准值。

（2）混合标准气

混合标准气中应含有所分析试样中的全部常量组分，其各组分质量分数应与试样中相应组分的质量分数接近。混合标准气中所有组分在气态下使用应是均匀的。

2. 气相色谱仪的调整

根据气相色谱仪说明书调整气相色谱仪，按测定条件设定衰减器后开启记录器，使基线在 10min 内稳定在记录仪满刻度的 1％以内。

3. 气体导入

（1）标准气的导入

通过进样定量管采取标准气体，经切换六通阀进样装置导入色谱柱，由记录器记下色谱图，或由积分仪、微处理机等数据处理装置记录下色谱峰数据。重复操作两次，两次峰高或峰面积的相对偏差不得大于 1％，取两次重复性合格数值的平均值作为标准值。

（2）试样的导入

将试样容器或导管接到六通阀进样装置，将试样通入进样定量管反复冲洗，然后切换六通阀进样装置导入色谱柱，由记录器记下色谱图，或由积分仪、微处理机等数据处理装置记录下色谱峰数据。重复操作两次，两次峰高或峰面积的相对偏差不得大于 1％，取两次重复性合格数值的平均值作为标准值。

4. 组分分析

（1）组分的定性

试样中二甲醚和甲醇组分的出峰次序为：先出二甲醚，后出甲醇。

（2）组分的定量

根据标准气中二甲醚或甲醇的质量分数和峰面积以及试样中二甲醚或甲醇峰面积，利用式（4-4）计算试样中二甲醚或甲醇组分的质量系数，再利用式（4-5）计算试样中二甲醚或甲醇的归一化质量分数。

## 4.6 液化石油气中的二甲醚气相色谱分析方法

### 4.6.1 实验目的
利用气相色谱仪对二甲醚与液化石油气掺混气中的二甲醚常量组分进行分析。

### 4.6.2 实验条件
所选择的色谱工作条件应保证试样中的二甲醚与液化石油气成分能被有效分离。反映在色谱图上就是试样中的二甲醚色谱峰与相邻液化石油气成分色谱峰的分离度能满足定量要求。表4-8给出了分析二甲醚与液化石油气掺混气中二甲醚质量分数的气相色谱典型工作条件。

**典型色谱工作条件** 表4-8

| 检测器类型 | 热导检测器(TCD) | |
| --- | --- | --- |
| 载气 | 氦气或氢气,浓度不低于99.99% | |
| 色谱柱类型 | $Al_2O_3$毛细管柱(石英) | 角沙烷填充柱(角沙烷固定液与6201担体质量比为25%) |
| 柱长度/内径 | 50m/0.53mm,膜厚15μm | 6m/3mm |
| 气体六通阀进样器 | 进样量为0.05mL,进样温度为100℃ | 进样量为0.5mL,进样温度为100℃ |
| 程序升温 | 初温80℃,保持5min;以10℃/min的速度先升温到120℃,保持10min;再升温到200℃,保持10min | 恒温50℃ |
| 气化室温度 | 250℃ | 120℃ |
| 检测器温度 | 360℃ | 120℃ |
| 载气流量 | 10mL/min | 20mL/min |

### 4.6.3 实验原理
见第4.5.3节实验原理。

### 4.6.4 实验装置
配有热导检测器的气相色谱仪。采用气体六通阀进样器进样，材质为不锈钢。

### 4.6.5 实验步骤及内容
1. 标准气
（1）纯二甲醚标准气

纯二甲醚标准气可采用国家二级标准物质，或自行制备。自行制备时，可将质量分数在99.8%以上的二甲醚气体通过填充有分子筛和硅胶的净化装置，使二甲醚中的杂质成分（如甲醇和水等）被充分吸收，经色谱分析未检测出甲醇、水等其他杂质，使二甲醚的质量分数能够达到99.99%左右，可作为纯二甲醚标准气体使用。

（2）外标法分析用二甲醚标准气

可采用经过校准的100mL玻璃注射器，用纯二甲醚标准气配制成与试样中二甲醚质量分数尽可能接近的分析用二甲醚标准气。

连续三次配气，其峰高差或峰面积相对偏差不能大于1%，取三次峰值的平均值作为标准值。

2. 气体导入

（1）标准气导入

见第 4.5.5 节第 3 条第（1）款，标准气的导入。

（2）试样的导入

见第 4.5.5 节第 3 条第（2）款，试样的导入。

3. 组分分析

（1）成分的定性

试样中各成分的出峰次序见图 4-10、图 4-11。

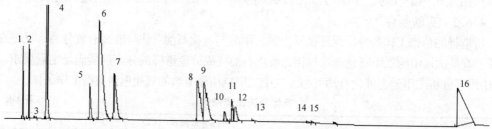

图 4-10　二甲醚液化石油气色谱图（热导检测器、$Al_2O_3$ 色谱柱工作条件见表 4-7）

1—甲烷；2—乙烷；3—乙烯；4—丙烷；5—丙烯；6—异丁烷；7—正丁烷；8—反丁烯；9—正丁烯；

10—异丁烯；11—顺丁烯；12—异戊烷；13—正戊烷；14—1,3-丁二烯；15—丙炔；16—二甲醚

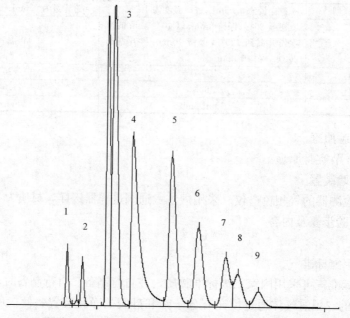

图 4-11　二甲醚液化石油气色谱图（热导检测器、角沙烷色谱柱工作条件详见表 4-7）

1—空气加甲烷；2—乙烷乙烯；3—丙烷丙烯；4—二甲醚；5—正、异丁烷；

6—正、异丁烯；7—正丁烷；8—反丁烯；9—顺丁烯

（2）组分的定量

据标准气中二甲醚的质量分数和峰面积以及试样中二甲醚或甲醇峰面积，利用式（4-4）计算试样中二甲醚组分的质量系数，再利用式（4-5）计算试样中二甲醚的归一化质量分数。

# 第5章 燃气燃烧性质的测定

## 5.1 燃气热值的测试

### 5.1.1 实验目的

热值是燃气的重要特性参数，是燃气燃烧后产生热量多少的标志。测量燃气热值通常用水流吸热法，利用水流将燃气燃烧产生的热量完全吸收，根据水量与水温的升高求出燃气的热值。本节介绍水流式热量计的使用，同时根据稳定状态时的各个参数，计算计量比条件下燃气的热值。具体可参考现行国家标准《城镇燃气热值和相对密度测定方法》GB/T 12206。

### 5.1.2 实验条件

1. 实验室条件

（1）测试装置要避免受日光或其他热源的直接照射或辐射。

（2）室内温度要均匀，不受气流的影响，温度为 $20\pm5℃$。

（3）实验室内应设有排除烟气的设施。

2. 测试条件

（1）控制燃气流量计的热流量为 $3.8\sim4.2MJ/h$。

（2）测定系统中各个仪表（如湿式燃气表等）内的水温与室温相差在 $\pm0.5℃$ 范围内。

（3）供给热量计的水温比室温低 $2\pm0.5℃$，每次测定要求温度变化保持在 $0.05℃$ 以下。

（4）调节进入热量计的水量，使热量计的进出口温差在 $10\sim12℃$ 范围内。

（5）要求进入热量计的空气的湿度在 $80\%\pm5\%$ 范围内。

（6）读取热量计进出口温度时，若高位热值小于 $31.4MJ/m^3$，所用燃气量大于 10L，并且是燃气流量计的整圈数的燃气量。否则，所用燃气量大于 5L，燃气量依旧是燃气流量计的整圈数。

### 5.1.3 实验原理

1. 换算系数

（1）燃气体积修正系数

$$f_1=\frac{273.15}{273.15+t_g}\times\frac{B_0+P-S}{101.325}\times f \tag{5-1}$$

$$B_0=B-\alpha \tag{5-2}$$

式中　$f_1$——计算参比条件下干燃气的体积换算系数；

　　　　$t_g$——燃气温度，℃；

$B_0$——换算到 0℃时的大气压力，kPa；

$\alpha$——大气压力温度修正值，kPa；

$B$——实验室内大气压力，kPa；

$P$——燃气压力，kPa；

$S$——在燃气温度 $t_g$ 条件下的水蒸气饱和蒸汽压，kPa；

$f$——湿式燃气表的修正系数，根据标准计量瓶对燃气表读数的修正，标准值与测得值的比值。

（2）换算系数

$$F = f_1 \times f_2 \tag{5-3}$$

式中　$f_2$——燃气流量计的修正系数。可用已知热值的纯燃气，按《城镇燃气热值和相对密度测定方法》GB/T 12206—2006 中的方法求得纯燃气的数值。测得热值与已知热值之比值即为 $f_2$，已知热值应根据现行国家标准《天然气发热量、密度、相对密度和沃泊指数的计算方法》GB/T 11062 的要求，计算成真实气体的热值。

2. 热值计算

实验测得的热值，按下式计算：

$$H_i = 4.1868 \frac{W \times \Delta t}{1000V} \tag{5-4}$$

式中　$H_i$——每一次实验测得的热值，$MJ/m^3$；

$W$——每一次实验测得的水量，g；

$V$——每一次实验测得的燃气量，L；

$\Delta t$——每一次实验测得的热流量计进出口水温度的平均差，要对每个温度计本身的误差校正及温度计露出校正的数值，℃。

3. 误差计算

同一个人连续进行测定 3 次，如果不能满足下式要求，测定值无效，需重新测试。

$$\frac{H_{i,\max} - H_{i,\min}}{\sum\limits_{i=1}^{3} \dfrac{H_i}{3}} \leqslant 0.010 \tag{5-5}$$

式中　$H_i$——某次实验测定的热值，$MJ/m^3$；

$H_{i,\max}$——测定热值中最大值，$MJ/m^3$；

$H_{i,\min}$——测定热值中最小值，$MJ/m^3$。

4. 燃气高热值计算

$$H_s = \frac{\sum\limits_{i=1}^{3} H_i}{3} \times \frac{1}{F} \tag{5-6}$$

式中　$H_s$——燃气高热值的数值，$MJ/m^3$；

其他符号同前。

5. 燃气低热值计算

$$H_i = H_s - \frac{l_Q \times W' \times 1000}{V' \times f_1} \tag{5-7}$$

式中　$H_i$——燃气低热值，$kJ/m^3$；

　　　$W'$——燃烧$V'$（L）燃气生成的冷凝水量，mL；

　　　$V'$——与$W'$对应的燃气耗量，L；

　　　$l_Q$——冷凝水的凝结潜热的数值，2.5kJ/g。

### 5.1.4　实验装置

1. 实验装置（见图 5-1）

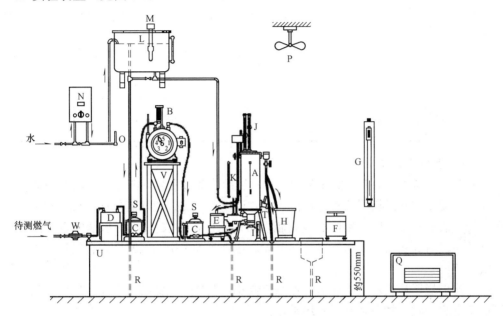

图 5-1　水流吸热式热量计

A—热量计；B—燃气表；C—湿式燃气调压器；D—燃气加湿器；E—空气加湿器；F—电子秤；
G—大气压力计；H—水桶；I—量筒；J—水流温度计；K—室温温度计；L—水箱；M—搅拌机；
N—水温调节器；O—水温调节用温度计；P—风扇；Q—室温调节器；R—排水口；S—砝码；
T—排烟口；U—测试台；V—燃气表支架；W——次压力调节器

2. 实验仪器

测定装置：热量计、空气加湿器、湿式燃气表（量程 20～1000L/h，最小刻度 0.02L）；

湿式燃气调压器：用砝码调节出口压力，调压范围为 0.2～0.6kPa；

温度计：热量计进口与出口温度计采用双层玻璃管的精密水银温度计，温度范围 0～50℃，最小刻度 0.1℃；其他温度计温度范围 0～50℃，最小刻度 0.2℃；

电子秤：标量8kg，感量 2 g 以下；

大气压力计：动槽水银气压计（量程 81～106kPa，最小刻度 0.01kPa），附带温度计最小刻度不大于 0.2℃，也可用精度不低于 0.01kPa 的其他大气压力计；

水温控制装置（水箱和水温调节器）：水箱容量不宜小于 0.3m³；水流量为 2～3L/min；水温低于室温 2±0.5℃；

水桶：盛水容量8kg；冷凝水量筒容量50mL，最小刻度不大于 0.5mL；秒表：最小刻度不大于 0.1s。

燃烧器的喷嘴出口直径与燃气高热值、燃气的流量关系如表 5-1 所示。

燃烧器的喷嘴出口直径选择依据　　　　表 5-1

| 高热值(MJ/m³) | 燃气流量(L/h) | 喷嘴出口直径(mm) |
| --- | --- | --- |
| 62.8 | 65 | 1.0 |
| 54.4 | 75 | 1.0 |
| 46.0 | 90 | 1.0 |
| 37.7 | 110 | 1.5 |
| 29.3 | 140 | 2.0 |
| 21.9 | 200 | 2.0 |
| 16.7 | 250 | 2.0 |
| 12.6 | 330 | 2.5 |
| 8.4 | 500 | 4.0 |

### 5.1.5　实验内容及步骤

实验准备：按照图 5-1 连接好实验仪器，热量计垂直安装，选择合适的燃烧器喷嘴出口直径。将温度与室温相同的水分别注入湿式调压器、湿式燃气流量计、燃气加湿器。调整湿式燃气表的水位高度，用标准容量瓶求出体积校正系数 $f_1$。将水桶内表面沾湿，测量水桶的质量后放在热量计水流出口的下面。检查实验系统的气密性，合格后方可实验。

实验步骤：

(1) 将燃烧器从热量计中取出，点燃燃烧器，调节燃烧器的一次空气风门，当火焰呈清晰的双层火焰时，将燃烧器装入热量计。

(2) 调节进入热量计入口水的温度，使其比室温低 2±0.5℃，调节热量计进水阀，使进出口水温差达到 10～12℃。

(3) 缓慢调节热量计排烟口的开度，使排烟温度比室温低 0～0.5℃；

(4) 系统运行 10min 后，热量计出口水温度变化范围应小于 0.2℃。当冷凝水均匀滴下时，即可开始测定。观察燃气流量计的指针位置，当指针转到某整数时，将冷凝水量筒放在热量计冷凝水出口的下面，记录燃气流量计读数。

(5) 当燃气流量计的指针指到某整数刻度的瞬间，迅速拨动热量计的水流切换阀，并确认水流向水桶的一侧，与此同时读出热量计的进出口水温（温度要求读到小数点后两位）。

(6) 根据热值要求的燃气量，分 10 次读出热量计的进出口水温，填入表 5-2。

(7) 当燃气流量计读数达到规定的要求时，拨动切换阀，并确认水流向排水的一侧。

(8) 当水流出口无水滴下时，称量水桶内水的质量，将结果记录在表 5-2 中，第一次测定结束。

(9) 按以上方法重复 2 次，结果记入表 5-2 中。

(10) 当燃气流量计指针经过某整数时，取出凝结水量筒，并记录接冷凝水期间的燃气耗量。

(11) 读取室温、大气压力、燃气温度、烟气温度、干湿球温度以及湿度（记录湿式燃气记录表上的燃气温度计的度数，读至 0.1℃；记录室内空气温度，读至 0.1℃，及大气压力读至 0.01kPa；记录热量计上的烟气温度，读至 0.1℃）。

（12）关闭燃气阀门，待其冷却一段时间后，关闭进水阀门，收拾仪器。

### 5.1.6 实验数据及处理

根据表 5-2 处理实验数据

燃气热值测定表 表 5-2

| 测试时间： | | | 指导老师： | | |
|---|---|---|---|---|---|
| 燃气流量计内的燃气温度 $t_g$＝ | | ℃ | 温度为 $t_g$ 时饱和蒸汽压 $S$＝ | | ℃ |
| 室温 | | ℃ | 烟气温度 | | ℃ |
| 空气加湿器 | 干球温度 | ℃ | 大气压力 | 大气压力 $B$＝ | kPa |
| | 湿球温度 | ℃ | | 温度修正值 $\alpha$＝ | kPa |
| | 相对湿度 | ％ | | 折算到 0℃时大气压力 $B_0$＝$B$－$\alpha$＝ | kPa |
| 燃气流量计内的燃气压力 $P$＝ | | kPa | 燃气流量计的修正系数 $f$＝ | | |
| 燃气流量计修正系数 $f_2$ | | | 热值换算系数 $F$＝$f_1 \times f_2$＝ | | |
| 体积换算系数 $f_1 = \dfrac{273.15}{273.15+t_g} \times \dfrac{B_0+P-S}{101.325} \times f =$ | | | | | |

| 一次测试中燃气的耗量 $V$＝ L 与 $W'$ 对应的燃气的耗量 $V'$＝ L 燃烧 $V'$(L)燃气生成的冷凝水量 $W'$＝ g | 流水温度 | | | |
|---|---|---|---|---|
| | 次数 | Ⅰ | Ⅱ | Ⅲ |
| | 1 | | | |
| 热值计算 $H_i = 4.1868\dfrac{W \times \Delta t}{1000V}$ | 2 | | | |
| | 3 | | | |
| | 4 | | | |
| | 5 | | | |
| 测试相对极差 $\dfrac{H_{i,max}-H_{i,min}}{\sum\limits_{i=1}^{3}\dfrac{H_i}{3}} \leqslant 0.010$ | 6 | | | |
| | 7 | | | |
| | 8 | | | |
| | 9 | | | |
| | 10 | | | |
| 平均温度 $t$(℃) | | | | |
| 流水温度差 $\Delta t$(℃) | | | | |
| 一次测试水流量 $W$(g) | | | | |
| 高热值 $H_S$(MJ/m³) | | | | |
| 高热值平均值 $H$(MJ/m³) | | | | |
| 相对极差 | | | | |
| 标准状态下干燃气高热值 $H_s$(MJ/m³) | | | | |
| 标准状态下干燃气低热值 $H_i$(MJ/m³) | | | | |

## 5.2　燃气相对密度测试

### 5.2.1　实验目的

密度是燃气的重要特性参数之一，它是衡量燃气本身质量的参数。燃气密度是指单位体积燃气的质量，以 $kg/m^3$ 计。燃气密度与空气密度的比值，称为燃气的相对密度。空气的密度为固定值，故可通过测其相对密度后换算成密度。相对密度的确定方法主要有：成分计算法、称量法以及本生—希林法。本生—希林法操作简单，实验仪器简单，是测量燃气密度通用方法。具体可参考《城镇燃气热值和相对密度测定方法》GB/T 12206—2006。

### 5.2.2　实验条件

（1）测试装置要避免受日光或其他热源的直接照射或辐射。

（2）采取必要的措施防止室内温度受到气流的影响。

（3）实验室内应设有有效排除燃气的设施。

### 5.2.3　实验原理

实验根据在相同的温度与压力下，在等体积的不同种类的气体流过某固定直径的锐孔所需要的时间的平方与气体的密度成正比来计算密度。

根据流体力学可知，在气体压力不大的情况下，气体从孔口流出的速度可用下式表示：

$$W = \mu \sqrt{\frac{2H}{\rho}} \tag{5-8}$$

式中　$W$——孔口流出速度，$m^3/s$；

　　　$H$——气体压力，$Pa$；

　　　$\rho$——气体密度，$kg/m^3$；

　　　$\mu$——流速系数。

设有面积为 $f$ 的孔口，在一定压力下，经过一段时间后流过的气体体积可用下式表示：

$$V = \mu \sqrt{\frac{2H}{\rho_a}} \tau_a \cdot f \tag{5-9}$$

式中　$V$——流过孔口的空气体积，$m^3$；

　　　$\rho_a$——空气密度，$kg/m^3$；

　　　$f$——孔口面积，$m^3$；

　　　$\tau_a$——空气流过 $V$（$m^3$）体积所需要的时间，$s$。

在同样的条件下，燃气通过的时间为 $\tau_g$，则有：

$$V = \mu \sqrt{\frac{2H}{\rho_g}} \tau_g f \tag{5-10}$$

式中　$\rho_g$——燃气密度，$kg/m^3$；

　　　$\tau_g$——燃气流过 $V$（$m^3$）体积所需要的时间，$s$。

因为燃气与空气流过的体积相等，故式（5-9）与式（5-10）相等，由此求出湿燃气的相对密度 $d_w$：

$$d_w = \frac{\rho_g}{\rho_a} = \left(\frac{\overline{\tau}_g}{\overline{\tau}_a}\right)^2 \qquad (5\text{-}11)$$

式中 $d_w$——湿燃气的相对密度；

$\overline{\tau}_g$——燃气通过锐孔的平均时间的数值，s；

$\overline{\tau}_a$——空气通过锐孔的平均时间的数值，s。

测定相对密度 $d_w$ 时，要求是在同样的状态参数下的 $\rho_g$ 与 $\rho_a$ 的比值，故除了压力条件外，温度条件也应相同。如果温度条件不同，应进行温度修正。测定时燃气与空气都被水蒸气饱和时，干燃气的相对密度按下式计算：

$$d = d_w + a$$

$$a = \frac{d_s^t S}{B + P_P - S}(d_w - 1) \qquad (5\text{-}12)$$

$$P_P = \frac{9.81 \times h}{2}$$

式中 $d$——干燃气真实气体的相对密度；

$d_s^t$——在温度 $t$ 下水蒸气真实气体的相对密度（根据 GB/T 11062 计算）；

$B$——测定环境大气压力，Pa；

$P_P$——测定过程中气体的平均压力，Pa；

$h$——密度计的水位差，mm；

$S$——测定环境温度下，饱和水蒸气压力，Pa；

$a$——换算为干燃气相对密度的修正值。

当两次平行的测定结果 $d_1$ 与 $d_2$ 的相对偏差 $\Delta d$ 不大于 1%时，$d_1$ 与 $d_2$ 的平均值 $\overline{d}$ 即为测定结果。

$$\Delta d = \frac{d_1 - d_2}{\overline{d}} \times 100\% \qquad (5\text{-}13)$$

$$\overline{d} = \frac{d_1 + d_2}{2}$$

式中 $d_1$、$d_2$——分别为第一次与第二次的测试值。

### 5.2.4 实验装置

1. 实验装置（见图 5-2）

2. 实验仪器

气体相对密度计：燃气相对密度计的结构见图 5-2，也可以采用其他具有同等或同等以上精度的气体相对密度计，各种燃气相对密度计均应用纯度不低于 99.99%的氮气按本测试方法进行校验。测出的数据与氮气的相对密度值（0.967）的相对误差不应超过±2%。

温度计：量程 0~50℃，最小刻度 0.2℃。

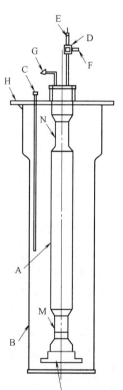

图 5-2 相对密度计结构图
A—玻璃内筒；B—玻璃外筒；
C—温度计；D—三向阀（空气及燃气出口）；E—测试孔；
F—放气孔；G—气体入口；
H—上部支架；I—下部支架；
M、N—标线

秒表：最小刻度 0.1s。

大气压力计：动槽水银气压计（量程 81～106kPa，最小刻度 0.01kPa），附带温度计最小刻度不大于 0.2℃。

### 5.2.5　实验步骤及内容

（1）在清洁、明亮并没有热辐射影响的测试环境下，将仪器垂直摆平，并向外筒装满温度与室温相同的水，注入必要数量的水，水温与室温相差不超过 0.5℃。另外，测试时燃气与空气的温度应等于室温。

（2）向气体相对密度计的内筒中注入空气，使内筒中水位降至最低。维持 5min 后，水位位置目测无变化，则密度计气密性良好。

（3）打开放气孔阀，放出湿空气后，再注入湿空气，直到确认密度计的内筒中充满纯的湿空气为止。

（4）打开测试孔阀，使湿空气自测试孔流出，用秒表记录水位由下标线到上标线所需的时间（读到 0.05s）。

（5）再次注入空气，按步骤（4）重复两次，当三次记录的极差与平均值的相对误差超过 1% 时，应重测。

$$相对误差 = \frac{\tau_{max} - \tau_{min}}{\overline{\tau}} \times 100\%$$

$$\overline{\tau} = \frac{\tau_1 + \tau_2 + \tau_3}{3}$$

式中　$\tau_1$、$\tau_2$、$\tau_3$——分别为三次记录的时间，s；

$\quad\quad\overline{\tau}$——平均时间，s；

$\tau_{max}$、$\tau_{min}$——分别为记录中最大与最小时间，s。

（6）向密度计的内筒中注入湿燃气。打开三通阀放气孔阀，放出湿燃气后，再注入湿燃气。直到确认密度计内筒中充满湿燃气为止。

（7）按照步骤（4）、（5）求出湿燃气通过测试孔的平均时间。

（8）按照上述公式计算湿燃气相对密度、干燃气相对密度。

### 5.2.6　实验数据及处理

根据表 5-3 处理实验数据。

相对密度测试记录　　　　　　　　　　　　　　　　　　　　　　表 5-3

| 实验时间： | | 指导老师： | | 室温： | ℃ |
|---|---|---|---|---|---|
| 大气压力:测定前　　　　　Pa | | 测定后　　　　　　Pa | | 饱和水蒸气压 $S=$ | Pa |
| 水位差 $h=$　　　　　　mm | | 气体压力 $P_p=$　　　　Pa | | | |
| 水蒸气相对密度 $\rho=$　　　　　　　　kg/m³ | | 相对密度修正值 $\alpha=$ | | | |
| 实验次数 | 时间 $\tau_a$(s) | 空气温度 $t_a$(℃) | | 时间 $\tau_g$(s) | 燃气温度 $t_g$(℃) |
| 1 | | | | | |
| 2 | | | | | |
| 3 | | | | | |
| 4 | | | | | |

续表

| 实验次数 | 时间 $\tau_a$(s) | 空气温度 $t_a$(℃) | 时间 $\tau_g$(s) | 燃气温度 $t_g$(℃) |
|---|---|---|---|---|
| 5 | | | | |
| 平均值 | | | | |
| 湿燃气相对密度 | $d_w = \dfrac{\rho_g}{\rho_a} = \left(\dfrac{\tau_g}{\tau_a}\right)^2 \dfrac{T_a}{T_g} =$ | | | |
| 干燃气相对密度 | $d = d_w + a$<br>$a = \dfrac{d_s^t S}{B + P_P - S}(d_w - 1)$<br>$P_P = \dfrac{9.81 \times h}{2}$ | | | |

# 5.3 火焰传播速度的测定

### 5.3.1 实验目的

（1）掌握火焰传播速度的物理概念。

（2）掌握利用本生火焰测量火焰传播速度的方法。

### 5.3.2 实验原理

1. 火焰传播速度

本生火焰由内焰与外焰两部分组成。当燃烧稳定时，内焰是一个静止的火焰面，火焰面上任一点的火焰传播速度 $S_u$ 必然与气流速度的法向分量 $W_u$ 相等（见图 5-3）。假定整个火焰面上 $S_u$ 值不变时，可以写出下列等式：

$$S_u F = W \pi R^2 \tag{5-14}$$

式中  $S_u$——火焰传播速度，cm/s；

$F$——内焰面积，cm$^2$；

$W$——管口处气流平均流速，cm/s；

$R$——燃烧管口半径，cm。

内焰面积值不易测得，但可以近似地认为它等于高度为火焰内锥高 $h$、半径 $R$ 的圆锥表面积（见图 5-3）。这样式（5-14）可写成：

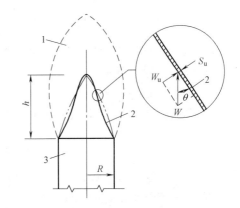

图 5-3 火焰高度法示意图
1—外焰面；2—内焰面；3—燃烧管；
$h$—内锥高；$\theta$—圆锥顶半角

$$S_u \frac{\pi R^2}{\sin\theta} = \pi W R^2 \tag{5-15}$$

又因 $W = \dfrac{V_m}{\pi R^2}$；$\sin\theta = \dfrac{R}{\sqrt{h^2 + R^2}}$

代入式（5-15）后，得：

$$S_u = \frac{V_m}{\pi R \sqrt{h^2 + R^2}} = W \sin\theta \tag{5-16}$$

式中　$\theta$——圆锥顶半角，rad；

$\quad\quad h$——火焰内锥高，cm；

$\quad\quad R$——燃烧管口径，cm；

$\quad\quad V_m$——可燃混合气体流量，$cm^3/s$；

$\quad\quad S_u$——火焰传播速度，cm/s。

当 $V_m$ 以"L/s"为单位，$R$ 与 $h$ 以"cm"为单位时，计算式为：

$$S_u = 318\frac{V_m}{R\sqrt{h^2+R^2}} \tag{5-17}$$

2. 理论空气需要量

燃气热值越高，其理论空气需要量越大，理论空气需要量可以采用下式估算：

$$当 H_i < 11000kJ/m^3 \text{ 时，}\quad V_0 \approx \frac{0.21}{1000}H_i$$

$$当 H_i > 11000kJ/m^3 \text{ 时，}\quad V_0 \approx \frac{0.26}{1000}H_i \tag{5-18}$$

式中　$V_0$——理论空气需要量，$m^3/m^3$；

$\quad\quad H_i$——燃气低位发热值，$kJ/m^3$。

另外，也可以根据燃气中各种成分的何种百分数，用下式直接算出理论空气需要量：

$$V_0 = \frac{1}{21}\left[0.5H_2 + 0.5CO + \Sigma\left(m+\frac{n}{4}\right)C_mH_n + 1.5H_2S - O_2\right] \tag{5-19}$$

式中 CO、$H_2$、$C_mH_n$、$H_2S$ 为 CO、$H_2$、$C_mH_n$、$H_2S$ 为各自的体积分数（单位：%），其他符号意义同前。

3. 一次空气系数

一次空气系数是实际混入燃气中的空气量与理论空气需要量的比值，其值为：

$$a = \frac{V_a}{V_gV_0} \tag{5-20}$$

式中　$a$——一次空气系数；

$\quad\quad V_a$——空气流量，$m^3/h$；

$\quad\quad V_g$——燃气流量，$m^3/h$。

### 5.3.3　实验装置

火焰高度法测量系统如图 5-4 所示。燃气与空气分别经过流量计进入燃烧管 3，根据燃气与空气的流量以及燃气理论空气需要量可以算出一次空气系数 $a$，并可利用空气阀 4 与燃气阀 1 调节出任意的 $\alpha$ 值。

### 5.3.4　实验内容及步骤

（1）校正燃气流量计，并做气密性检查，打开气源阀门，关闭燃烧管阀，5min 内流量计指针不动。

（2）用游标卡尺测量燃烧管的火孔半径 $R$，单位以 cm 计。

（3）打开燃气阀，点燃火焰，火焰呈扩散式燃烧。

（4）慢慢开启空气调节阀，当火焰呈现内锥时即可测量燃气空气的流量，同时记录空气与燃气流量计上的压力与温度。

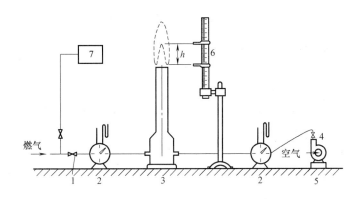

图 5-4　火焰高度法测量系统

1—燃气阀；2—湿式流量计；3—燃烧管；4—空气阀；5—空气泵；

6—游标卡尺；7—成分分析仪、热量计

（5）用游标卡尺测量火焰内锥的高度 $h$ 值，单位以 cm 计。

（6）同时测量燃气的成分或低位热值 $H_i$。

（7）改变空气与燃气流量之比后，重复以上步骤。

（8）收拾仪器，整理数据，绘制在不同的一次空气系数 $a$ 下的火焰法向传播速度 $S_u$ 的曲线。

### 5.3.5　实验数据及处理

根据表 5-4 处理实验数据。

火焰传播速度测试表　　　　　　　　　　　　　　　　　　　表 5-4

| 日期： | | 气样来源： | | | |
|---|---|---|---|---|---|
| 人员： | | 性质： | | | |
| 燃烧管内半径(cm) | | | | | |
| 序号 | | 1 | 2 | 3 | 4 |
| 室内参数 | 温度(℃) | | | | |
| | 大气压力(Pa) | | | | |
| 燃气参数 | 压力(Pa) | | | | |
| | 温度(℃) | | | | |
| | 折算系数 $f$ | | | | |
| | 流量计终读数 $V_2$(L) | | | | |
| | 流量计终读数 $V_1$(L) | | | | |
| | $V_2-V_1$(L) | | | | |
| | 时间 $\tau$(s) | | | | |
| | 流量 $V_g$(L/s) | | | | |
| 空气参数 | 压力(Pa) | | | | |
| | 温度(℃) | | | | |
| | 折算系数 $f'$ | | | | |

| | 序号 | 1 | 2 | 3 | 4 |
|---|---|---|---|---|---|
| 空气参数 | 流量计终读数 $V_{a,2}$(L) | | | | |
| | 流量计初读数 $V_{a,1}$(L) | | | | |
| | $V_{a,2}-V_{a,1}$(L) | | | | |
| | 时间 $\tau$(s) | | | | |
| | 流量 $V_a$(L/s) | | | | |
| 燃气性质 | 热值 $H_i$(kJ/m³) | | | | |
| | 理论空气需要 $V_0$(m³/m³) | | | | |
| 火焰传播速度 | 一次空气系数 $\alpha$ | | | | |
| | 火焰内锥高 $h$(cm) | | | | |
| | 混合气体流量 $V_m=V_a+V_g$(L/s) | | | | |
| | 传播速度 $S_u$(cm/s) | | | | |

# 第6章　城镇燃气互换性、分类及配气

## 6.1　燃具适应性与燃气互换性

### 6.1.1　燃具的适应性和适应域

1. 燃具的适应性

当燃气性质（成分）发生变化时，燃具工作状态必然改变。如果燃气成分变化在某一界限范围内，它仍能保持正常工作，这就是燃具对燃气成分变化的适应能力，称为燃具的适应性。所谓正常工作即"当燃气性质有某些改变时，燃具不加任何调整，其热负荷、一次空气系数和火焰特性的改变必须不超过某一极限，以保证燃具仍能保持令人满意的工作状态"。

2. 燃具的适应域

每个燃具都有一定的适应能力，量化这个适应能力，可以用燃具适应燃气成分变化的范围来表示。适应燃气成分变化的范围称为燃具的适应域。适应域的范围越宽，表示燃具的适应能力越强。

城镇中占绝大多数的民用燃具是大气式燃气用具。衡量大气式燃气用具正常工作的重要的指标是：不发生离焰、回火、黄焰，烟气中 CO 不超标和不积炭等。影响这些现象的燃气性质是影响燃具热负荷的华白数 $W$ 和代表燃烧快慢的燃烧速度 $S$，以及燃具的构造等。为了更具体地显示燃具适应域，最初是取华白数 $W$ 为纵坐标，燃烧速度 $S$ 为横坐标的坐标图。图上的每一个坐标点，都代表具有 $W_i$ 与 $S_i$ 性质的燃气。各种单一的气体（如 $CH_4$、$H_2$、CO、$N_2$）都可以在图上找到位置，当然基准气 O 也有一个坐标点（见图6-1）。用一个燃具在不做任何调整的条件下，分别用基准气

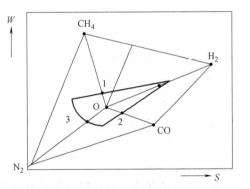

图6-1　以 $W$-$S$ 为坐标的燃具适应域图

和 $CH_4$、$H_2$ 及 CO 单一气体混合配气进行试验，可以测得 CO 超标曲线 1、离焰曲线 3 及回火曲线 2。

曲线围成的范围就是该燃具的适应域。燃具的适应域是代表燃具性能的重要指标。严格地说，燃具正常工作还包括不黄焰、不积炭等要求，需要用相应的指标来验证。但是一般来说，对于大气式燃具，只要 CO 过关，就很少产生黄焰和积炭的现象。不过天然气中需要关注积炭；液化石油气混空气要注意黄焰现象。特别要指出的是各种燃具结构不一

样，燃气适应域也有所不同。

### 6.1.2　城市燃气互换性与互换域

#### 1. 城市燃气互换性

城市供应的主要气源是城市基准气。实际供给的燃气的成分不可能一成不变，当城市燃气负荷达到高峰时，需要补充一些与基准气性质不同的燃气。这种代替基准气的燃气被称为置换气。当置换气代替基准气时，如果城市内的各种燃具（本章指大气式燃烧器）不加任何调整而能正常工作，则表示置换气对基准气而言有互换性。所谓正常工作条件基本内容与上述相同，当置换气是暂时性的时，可适当降低正常工作的要求，称为非正常工作界限。

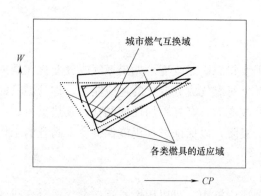

图 6-2　燃具的适应域与城市燃气互换域的关系

#### 2. 城市燃气互换域

一个城市有多种不同用途的燃具，每种燃具都有自己的燃具适应域。将这些适应域集中在一个坐标图上（见图 6-2），就可以得到中间斜线的燃气互换域。城市供应的燃气必须在这些燃具适应域的范围内。由此可见，燃气互换域是受燃具适应域制约的。其实，互换性和适应性的目的都是保证燃具正常工作，是一个事物的两个方面。互换性是对城市燃气而言的；适应性是对燃具而言的。

#### 3. 传统互换性规定的燃具范围

一个城镇使用的燃具不止一种，应该规定几种有代表性的燃具，根据这些燃具的适应域，确定燃气互换域。传统确定互换域的做法是只考虑大气式燃烧的燃具。因为城市中绝大部分燃具属于大气式燃具，工业中有其他类型燃具不宜考虑。因为工厂企业有技术力量，可以采取措施解决互换性；另一方面，它们在城市中是少数，考虑工业燃具可能会缩小互换域，使供气操作困难并且不经济。例如，法国的互换域是用 9 个热水器、9 个灶具、8 个供暖器和 1 个洗涤器进行试验得到的，这些燃具均采用大气式燃烧器。

每个国家使用的燃具是不一样的，每个国家甚至每个城市都应有自己的燃气互换域。

当城市燃气种类增加时，单纯用 $W\text{-}S$ 坐标难以做出 CO 超标曲线，从而在客观上提出改换坐标的要求。

### 6.1.3　燃具适应域和燃气互换域的关系

燃具适应域和燃气互换域的目的相同，都是为了使燃具工况稳定、正常工作。彼此之间有密切的不可分割的关系：

（1）燃气互换域是由燃具适应域决定的，互换域中的燃气应可以满足供气范围中各种燃具的要求。任何一种燃具的适应域必须覆盖城市燃气互换域，否则燃具就不能进入该燃气互换域的市场。

（2）燃气供应单位应掌握本地区的燃气互换域；避免使用不符合互换性要求的燃具。

（3）在设计与调试燃具时，生产厂家应有技术措施来拓宽燃具的适应域。适应域宽的燃具不仅可以扩大销路，还有利于城市供气的调节。

（4）当一个小城镇（或某区）使用单一的燃气源和单一类型的燃具时，则有可能使燃气互换性和燃具适应性变成一个问题。

（5）生产燃具的性能标准化（适应域标准化），有利于燃气互换域的确定，两者配合好，将使整个燃气系统获得较大的经济效益与社会效益。

一个城市一旦确定主气源后，燃具的适应性应该符合主气源的要求。另一方面，一个城市一旦选定了燃具后，供应的燃气对于现有的典型燃具应具有互换性。生产厂家在设计与调试的基础上可以拓宽燃具的适应域，从而加宽燃气互换性的范围。

### 6.1.4 衡量燃气互换性的方法

1. 德尔布图解法

法国博士德尔布认为应以校正华白数 $W'$ 为纵坐标，燃烧势 $CP$ 为横坐标才能得到光滑的 CO 超标曲线。德尔布及其同事做了大量试验，经过整理后得到了 $W'$ 和 $CP$ 的计算公式。

（1）校正华白数 $W'$

已知燃具的热负荷可以由下式计算：

$$Q = 0.25 \times n\pi d^2 v H_s \tag{6-1}$$

式中 $Q$——燃具的热负荷，kW；

$\quad\quad n$——燃具的燃气喷嘴数；

$\quad\quad d$——燃气喷嘴直径，m；

$\quad\quad v$——燃气从喷嘴流出的速度，m/s；

$\quad\quad H_s$——燃气的高热值，kJ/m³。

由流体力学可知，燃气从喷嘴流出的速度与燃气流过的速度和喷嘴前后的压差有关，燃气流出的速度可用下式计算：

$$v = \sqrt{\frac{2\Delta p}{\rho_g}} \tag{6-2}$$

式中 $v$——气流速度，m/s；

$\quad\quad \Delta p$——燃气从喷嘴流出前后的压差，Pa；

$\quad\quad \rho_g$——燃气的密度，kg/m³。

将式（6-2）代入式（6-1），得：

$$Q = 0.25 \times n\pi d^2 \sqrt{\frac{2\Delta p}{\rho_g}} H_s = 0.25 \times n\pi d^2 \sqrt{\frac{2\Delta p}{\rho_a}} \times \frac{H_s}{\sqrt{\rho_g/\rho_a}}$$

式中 $\rho_g$——燃气密度，kg/m³；

$\quad\quad \rho_a$——空气密度，kg/m³。

意大利人华白（Wobbe）提出将 $\dfrac{H_s}{\sqrt{\rho_g/\rho_a}}$ 作为一个特征数，则得到：

$$W = \frac{H_s}{\sqrt{\rho_g/\rho_a}} = \frac{H_s}{\sqrt{d_g}} \tag{6-3}$$

式中 $W$——华白数，kJ/m³；

$\quad\quad d_g$——燃气相对密度（空气相对密度为1）。

则热负荷可用下式计算：

$$Q = 0.25 \times n\pi d^2 \sqrt{\frac{2\Delta p}{\rho_a}} \times W \tag{6-4}$$

由式（6-3）可知，华白数是取决于燃气性质的参数。由式（6-4）可知，对于一台燃气具而言，当喷嘴数、喷嘴直径、空气的密度以及喷嘴前后压差保持不变时，若需更换燃气，只需燃气的华白数不变，则燃气具的热负荷就能保持不变。

当置换气与基准气的成分相差不太大时，用 $W$ 值可满足要求。当相差很多时，要考虑燃气成分变化引起气流黏度改变的影响，同时还要考虑到燃气中含氧气过高时的影响。另外，燃具的喷嘴形状并非只有锐孔会对华白数产生影响。由于考虑黏度非常麻烦，故法国的德尔布提出用系数校正。同时，由于实际燃气组分的变化，燃气性质会发生改变。考虑到燃气中的各个气体成分，对（6-3）式进行修正，得到校正华白数 $W'$：

$$W' = KW = K_1 K_2 \frac{H_s}{\sqrt{d_g}} \tag{6-5}$$

式中　$K_1$——考虑燃气中 $H_2$、$C_m H_n$（$CH_4$ 除外）及 CO 体积分数影响的修正系数（见图 6-3）；

　　　$K_2$——考虑燃气中 $O_2$ 成分体积分数影响的修正系数（见图 6-4）。

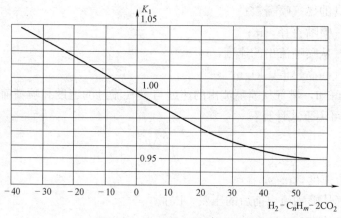

图 6-3　华白数的校正系数 $K_1$

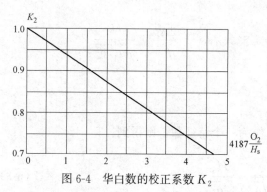

图 6-4　华白数的校正系数 $K_2$

$O_2$—燃气中 $O_2$ 体积含量，%；$H_S$—燃气高热值，$KJ/m^3$

对于天然气，由于天然气中 $O_2$、CO 与 $CO_2$ 的含量很少，干天然气中 $C_m H_n$ 的含量也很低，一般可认为 $K_1 \approx K_2 \approx 1$。

（2）燃烧势

燃烧势 $CP$（Combustion Potential）是法国的德尔布提出的。适应域开始时是以华白数为纵坐标，以燃烧速度为横坐标的坐标图，经过试验在此坐标图上绘出回火、离焰和 $CO/CO_2$ 超标曲线（简称 CO 曲线）。因为燃气火焰传播速度与互换域中的离焰、回火曲线有密切的关系，但对燃具的 CO 曲线影响相对较小。CO 曲线除受华白数影响外，火焰高度对其影响也很大。火焰高度受燃气火焰传播速度与孔口气流流速影响，气流速度受气流密度制约，即火焰高度 $h=\varphi$（燃气火焰传播速度 $S_n$，相对密度 $d$ 等）。当气源发展到使用油制气后，以火焰传播速度为横坐标的坐标图上得不到光滑的 CO 曲线。这是由于火焰传播速度不能全面反映 CO 曲线的结果。为此需要一个能反映离焰、回火及 CO 曲线的参数（或指数）来代替火焰传播速度 $S_n$。于是整理出燃烧势 $CP$ 的计算式：

$$CP = u \frac{H_2 + 0.3CH_4 + 0.6CO + v\sum e C_m H_n}{\sqrt{d}} \tag{6-6}$$

式中      $C_m H_n$——除甲烷以外的碳氢化合物的体积分数，%；

         $u$、$v$、$e$——校正系数（见表 6-1 及图 6-5～图 6-8）；

         $d$——燃气相对密度；

$H_2$、$CH_4$、$CO$——燃气中的各相应组分的体积百分数，%。

**单一燃气的燃烧势计算系数 $e$**                       表 6-1

| 气体名称 | 一氧化碳 | 氢 | 甲烷 | 乙烷 | 丙烷 | 丁烷 | 乙炔 | 乙烯 | 丙烯 | 丁烯 | 苯 |
|---|---|---|---|---|---|---|---|---|---|---|---|
| 分子式 | CO | $H_2$ | $CH_4$ | $C_2H_6$ | $C_3H_8$ | $C_4H_{10}$ | $C_2H_2$ | $C_2H_4$ | $C_3H_8$ | $C_4H_8$ | $C_6H_6$ |
| $e$ | — | — | — | 0.95 | 0.95 | 1.10 | 3 | 1.75 | 1.25 | 1.50 | 0.90 |

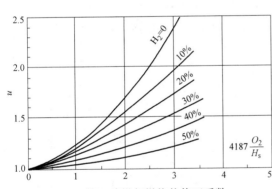

图 6-5 第一族燃气燃烧势修正系数 $u$

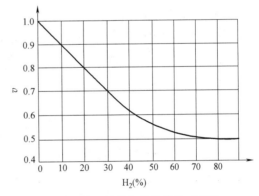

图 6-6 第一族燃气燃烧势修正系数 $v$

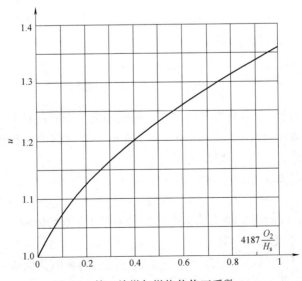

图 6-7 第二族燃气燃烧势修正系数 $u$

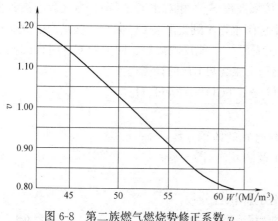

图 6-8　第二族燃气燃烧势修正系数 $v$

对于人工燃气，$u$ 值是考虑 $H_2$ 的燃烧特征决定的。一般可燃成分的一次空气系数越大，燃烧速度越快，只有在一次空气系数为 1 时达到最大，之后逐渐变小。但是，只有 $H_2$，当一次空气系数接近 0.6 时，燃烧速度达到最大，当一次空气系数大于 0.6 时，燃烧速度逐渐变小。根据人工燃气中的 $O_2$ 与 $H_2$ 求得校正值 $u$。对于天然气，$H_2$ 含量很少，可略去不计。$v$ 值主要是考虑 $H_2$ 的影响。

对于天然气或当天然气中混有其他气体时，$H_2$ 含量很小，故只考虑华白数 $W$ 的影响。$CP$ 值中的 $u$、$v$ 值与人工燃气的 $u$、$v$ 值有所区别，纯天然气的主要成分为 $CH_4$，受 $O_2$ 及其他成分影响较小，可令 $u=1$，$v=1$。

将 $W'$ 代替 $W$，$CP$ 代替 $S$ 后，在 $W'$—$CP$ 的图中，$a$ 值落在曲线 1 上 [见图 6-9 (b)]，说明燃烧势不仅反映了离焰、回火，同时还反映了 CO 曲线，这就是燃烧势的技术背景。

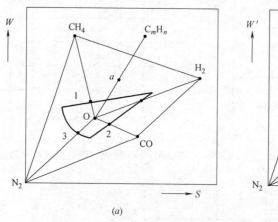
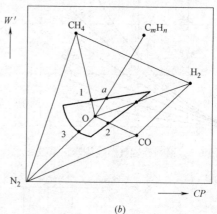

$(a)$　　　　　　　　　　　　　　$(b)$

图 6-9　不同指数表示的燃具适应域
1—CO 曲线；2—回火曲线；3—离焰曲线

$CP$ 计算公式中的各个系数都是德尔布根据法国典型燃具的试验数据整理出来的，除考虑多种影响燃烧势的因素 $u$、$v$、$e$ 外，德尔布对 CO 前面的系数还有说明：当燃气中 CO 含量大于 30% 时取 0.7；一般情况下取 0.6。

综上所述，燃烧势有以下几个特点：

1) 燃烧势 $CP$ 是反映燃具燃烧状态的燃气特性参数。它既反映燃气火焰传播速度对离焰、回火的影响，同时还反映火焰高度对烟气中 CO 含量的影响。

2) 燃烧势是一个无量纲参数。

3) 燃烧势不仅与燃气的成分有关，还受燃具结构的影响。应该用我国使用的燃具来确定燃烧势公式中的各个系数。

图 6-10 是法国拉克气田的天然气互换图，表示了压力变化对互换域的影响。

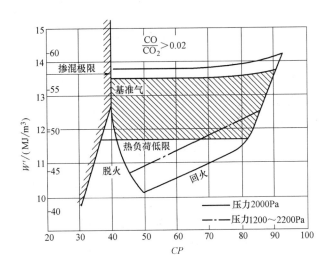

图 6-10　法国天然气互换范围

（3）黄焰指数与积炭指数

$W'-CP$ 坐标图上的互换域没有包括黄焰及积炭因素，为此应补充限制黄焰及积炭的指数。

1）人工燃气

黄焰指数：黄焰是燃气中 $C_mH_n$ 的裂解现象，并受一次空气系数的影响。黄焰指数为：

$$I_Y = K \times \frac{\sum a_i y_i}{\sqrt{d}} \times \left(1 - 314 \times \frac{O_2}{H_s}\right) \tag{6-7}$$

式中　$I_Y$——黄焰指数；

$a_i$——燃气中 $i$ 碳氢化合物的系数（$CH_4$ 为 1；$C_2H_6$ 为 2.85；$C_3H_8$ 为 4.8；$C_4H_{10}$ 为 6.8），见表 6-2；

$y_i$——燃气中 $i$ 碳氢化合物的体积分数，%；

$d$——燃气相对密度；

$O_2$——燃气中 $O_2$ 体积分数，%。

**单一燃气的系数 $a_i$，$b_i$，$B_i$**　　　　　　表 6-2

| 气体名称 | 一氧化碳 | 氢 | 甲烷 | 乙烷 | 丙烷 | 丁烷 | 乙炔 | 乙烯 | 丙烯 | 丁烯 | 苯 |
|---|---|---|---|---|---|---|---|---|---|---|---|
| 分子式 | CO | $H_2$ | $CH_4$ | $C_2H_6$ | $C_3H_8$ | $C_4H_{10}$ | $C_2H_2$ | $C_2H_4$ | $C_3H_6$ | $C_4H_8$ | $C_6H_6$ |
| $a_i$ | 0 | 0 | 1 | 2.85 | 4.80 | 6.80 | 2.40 | 2.65 | 4.80 | 6.80 | 20 |
| $b_i$ | — | — | 1 | 2 | 3.60 | 4.70 | 1.20 | 2.80 | 6 | 7 | 16 |
| $B_i$ | 61 | 339 | 148 | 301 | 398 | 513 | 776 | 454 | 674 | — | 920 |

根据试验结果可知，$I_Y > 85$ 时会发生黄焰。

积炭指数：只针对人工燃气的扩散火焰，当 $a=0$ 时，火焰与加热体接触会产生游离炭。积炭指数为：

$$I_C = \frac{\sum b_i y_i}{\sqrt{d}}$$（6-8）

式中　$I_C$——积炭指数；

　　　$b_i$——燃气中 $i$ 碳氢化合物的系数（$CH_4$ 为 1；$C_2H_6$ 为 2；$C_3H_8$ 为 3.6；$C_4H_{10}$ 为 4.7），见表 6-2。

根据试验结果可知，$I_C > 160$ 时，会发生积炭。

对于 $a = 0$ 的人工燃气扩散火焰，当燃气中 $H_2 < 35\%$ 时，会发生离焰。

2）天然气

对天然气，黄焰指数为：

$$I_Y = K \times \frac{\sum a_i y_i}{\sqrt{d}} \times \left(1 - 418 \times \frac{O_2}{H_s}\right)$$（6-9）

根据试验结果，$I_Y > 210$ 时会发生黄焰。

**2. 韦弗火焰速度指数 $I_W$ 及 $W$ 坐标法**

除了德尔布的以燃烧势 $CP$ 为横坐标的作图法以外，英国用的是以韦弗火焰速度指数 $I_W$ 为横坐标，以华白数 $W$ 为纵坐标的作图法。韦弗火焰速度指数计算式为：

$$I_W = \frac{\sum B_i y_i}{V_0 + 5 \times y_{inert} - 18.8 \times O_2 + 1}$$（6-10）

式中　$I_W$——韦弗火焰速度指数；

　　　$B_i$——燃气中 $i$ 可燃组分的火焰速度系数，见表 6-2；

　　　$y_i$——燃气中 $i$ 可燃组分的体积分数；

　　　$V_0$——理论空气量，$m^3/m^3$；

　　　$O_2$——燃气中 $O_2$ 体积分数；

　　　$y_{inert}$——燃气中惰性组分（$CO_2$、$N_2$ 等）的体积分数。

除韦弗坐标法外，韦弗还提出热负荷、引射、回火、离焰（脱火）、黄焰、CO 超标等一系列指数。

**3. 判定燃气互换性的指标法**

采用图解法判定燃具适应域或互换域，其优点是比较明显地表示出燃气适应燃具的变化范围。不足之处在于此范围不能囊括所有不稳定的超标现象，还需要用指标法衡量其他不稳定现象，例如黄焰、积炭等。而指标法可以用数个囊括所有不稳定超标的指标，逐一评价是否达到标准。

美国燃气协会（AGA）的判别法是典型的指标法。此外还有修斯特（Schuster）、戴伟奇（Devechi）、C 指数等方法。因为美国发展天然气最早，因此国际上比较推崇 AGA 法。但要强调一点的是各种方法都是根据本国燃具经过大量试验总结出来的。由于各国使用的燃具结构与性能有所不同，因此这些方法只适用于本国的燃具。用国外公式验证本国的互换性不能只靠计算，需要经过实验验证。

# 6.2 城镇燃气分类

### 6.2.1 燃气分类概述

全世界的城镇燃气基本上可分为人工煤气、天然气与液化石油气三大门类。人工煤气种类繁多，一般有煤制气、油制气之分。煤制气中又有焦炉气、高压发生炉气等。油制气从制气工艺来讲，有催化裂解与非催化裂解制气之分，从原料来讲还有重油制气与轻油制气之分。天然气中有石油伴生气与干天然气两大类。干天然气中绝大部分都是甲烷；石油伴生气的主要成分也是甲烷，但含较多的重碳氢化合物，故其热值高于干天然气。液化石油气中有以 $C_3H_8$ 为主的商品丙烷气和以 $C_4H_{10}$ 为主的商品丁烷气。我国目前的液化石油气成分不太稳定，主要以丙、丁烷为主。此外，还有煤层气、生物质气、页岩气等不同形式的燃气。

国际上主要是按燃气的特性进行分类的。

用华白数 $W$ 分类为首选，因为它表征燃气对燃具热负荷的影响。华白数是单纯表示燃气性质的参数，并且与燃具结构关系不大。因此用华白数划分燃气类别是最合适的，是各国都能接受的分类参数。但是只靠 $W$ 不能代表燃烧特性，因为相同 $W$ 的燃气，其燃烧速度与火焰高度可能不一样。为此，法国的德尔布博士首先提出用华白数和燃烧势两个参数来分类。

国际燃气联盟（IGU）不能偏重某个国家的评价方法，另外各个国家使用的方法只适合本国的燃具，并且各有各的优点和缺点。于是提出除了用华白数外，再用"界限试验气"作为燃气分类的方法，即以基准气为中心，周围以各种不利于燃烧的界限试验气为边界的燃气群作为同一类（种或组）燃气的类别标准。也就是在该类（组）燃气，其中心为基准气，外围是最容易离焰、回火等不利燃烧情况的界限试验气的燃气群体。

利用界限试验气（包括压力）来检验燃具适合使用哪类燃气。如果某燃具通过某类燃气的各项界限气检验合格，就可以认为该燃具可以使用此种燃气，并且可以贴上使用此种燃气的标签。这实际上是为各类燃气配备了适应本类燃气的燃具，也可以说按照燃气分类的要求对燃具进行分类。

供气单位按分类标准的要求供气。使用适合本种类燃气的燃具，有利于制定燃气互换性的条件，有效扩大供气成分的范围，并能保持在供气区域内的燃具处于较正常的燃烧状态。保证发挥了燃气的节能、减排和降低污染的功效。

### 6.2.2 不同的分类标准

1. 国际燃气联盟（IGU）燃气分类方法

城镇燃气分人工煤气、天然气和液化石油气三种，是世界公认的。IGU 开始没有把天然气进一步分组，只规定了基准气和几种为检验燃具最不利的界限气。结果在一个基准气的条件下所有天然气燃具均不能满足当时 IGU 提出的界限气要求。1970 年，在莫斯科举行的第 11 届国际煤气联盟会议上，国际燃气联盟的分类中将天然气分成热值高的天然气 H 与热值低的天然气 L 两组，给出两个基准气，同时分别给出了不完全燃烧、离焰、回火等的界限气。国际燃气联盟规定每组天然气有一个基准试验气，它代表该组天然气的最基本的燃气，该组的界限气试验代表该组燃气成分变化的最不利的边界条件。具体分类方法见表 6-3。

IGU 燃气分类的基准气与界限气（计量参数比）　　　　　表 6-3

| 分组 | 试验气 | 代号 | $CH_4$（%） | $C_3H_8$（%） | $H_2$（%） | $N_2$（%） | 华白数（MJ/m³ 干气） |
|---|---|---|---|---|---|---|---|
| H | 基准气 | G20 | 100 | — | — | — | 50.73 |
| | 不完全燃烧和积炭 | G21 | 87 | 13 | | | 54.7 |
| | 回火 | G22 | 65 | | 35 | | 46.39 |
| | 离焰 | G23 | 92.5 | | | 7.5 | 45.66 |
| | 回火、积炭 | G24$_B$ | 72.4 | 7.6 | 20 | | 50.65 |
| | 黄焰 | G24$_A$ | | 60 | | 40(空气) | — |
| L | 基准气和回火 | G25 | 86 | | | 14 | 41.5 |
| | 不完全燃烧 | G26 | 80 | 7 | | 13 | 44.77 |
| | 离焰 | G27 | 82 | | | 18 | 39.05 |

注：当使用液化石油气混空气代替天然气时，需用 G24$_A$ 代替 G21 做不完全燃烧及黄焰试验。G24$_B$ 在使用高碳氢并含有 $H_2$ 的 SNG 时，有回火积炭问题，G24$_B$ 是其界限气。

IGU 推荐 6 种城镇燃气标准，这说明国外人工煤气的比例较少，主要是以天然气为主。天然气中还分高热值 $H_s$ 与低热值 $H_i$ 两种（见表 6-4～表 6-6）。法国、德国及欧洲标准化组织也采用这种分类方法。

IGU 基准燃气及界限气（15℃，101325 Pa，干气）的华白数（单位：MJ/m³）　表 6-4

| 种类 | 基准燃气 | 界限气 | 波动范围(%) |
|---|---|---|---|
| G110 城市燃气 | 24.74 | 22.36～26.68 | −10～+8 |
| G130 丙烷-空气混合气 | 23.7 | — | — |
| G20 天然气 H | 50.62 | 45.64～54.75 | −10～+8 |
| G25 天然气 L | 41.52 | 39.03～44.79 | −6～+8 |
| G30 丁烷 | 87.68 | 72.98～87.83 | −17～0 |
| G31 丙烷 | 76.93 | 72.98～87.83 | −5～+14 |

IGU 基准燃气成分和特性（15℃，101325 Pa，干气）　　　　表 6-5

| 种类 | 体积分数（%） | | | | | | 相对密度 | 高热值 $H_s$（MJ/m³） | 华白数 $W$（MJ/m³） |
|---|---|---|---|---|---|---|---|---|---|
| | $H_2$ | $CH_4$ | $N_2$ | $C_3H_8$ | 空气 | $C_4H_{10}$ | | | |
| G110 城市燃气 | 50 | 26 | 24 | — | — | — | 0.411 | 15.87 | 24.74 |
| G130 丙烷-空气混合气 | — | — | 26.4 | 73.6 | — | | 1.142 | 25.25 | 23.7 |
| G20 天然气 H | — | 100 | — | — | — | — | 0.555 | 37.78 | 50.62 |
| G25 天然气 L | — | 86 | 14 | — | — | — | 0.613 | 32.49 | 41.52 |
| G30 丁烷 | | | | | | 100 | 2.079 | 126.21 | 87.68 |
| G31 丙烷 | — | — | 100 | | | | 1.55 | 95.65 | 76.93 |

**IGU 界限燃气成分与特性（15℃，101325 Pa，干气）** 表 6-6

| 种类 | | 成分(体积分数,%) | | | | | | | $W$ (MJ/m³) | 对应的基准气 | 界限气类型 |
|---|---|---|---|---|---|---|---|---|---|---|---|
| | | $H_2$ | $CH_4$ | $N_2$ | $C_3H_8$ | 空气 | $C_3H_6$ | $C_4H_{10}$ | | | |
| 人工燃气 | G111 | 45 | 32 | 23 | — | | | — | 26.70 | G110 | 不完全燃烧 |
| | G112 | 59 | 17 | 24 | — | | | — | 22.37 | G110 | 回火 |
| | G113 | 32 | 34 | 34 | — | | | — | 22.75 | G110 | 脱火 |
| | G114 | 45 | — | 40 | | | | 15 | 23.41 | G110 | 黄焰、积炭 |
| 天然气 | G21 | — | 87 | — | 13 | | | — | 54.77 | G20、G25 | 不完全燃烧、黄焰积炭 |
| | G22 | 35 | 65 | — | | | | — | 46.40 | G20、G25 | 回火 |
| | G23 | — | 92.5 | 7.5 | | | | — | 45.66 | G20、G25 | 脱火 |
| | G24 | — | — | 60 | 40 | | | | 49.80 | G20、G25 | 黄焰、积炭 |
| | G26 | — | 80 | 13 | 7 | | | | 44.84 | G20、G25 | 不完全燃烧、黄焰积炭 |
| | G27 | — | 82 | 18 | | | | | 39.06 | G20、G25 | 脱火 |
| 液化石油气 | G30 | — | — | — | | | | 100 | 87.53 | G30、G31 | 不完全燃烧、黄焰积炭 |
| | G31 | — | — | — | 100 | | | | 76.84 | G30、G31 | 脱火 |
| | G32 | — | — | — | | | 100 | | 72.86 | G30、G31 | 回火 |

2. 日本城镇燃气的分类

1996 年以前，日本城镇燃气分类标准中将人工煤气与天然气合在一起，根据 $CP$ 值的变化范围划分 A、B、C 三类。A 类：$CP$ 值较小（或称燃烧速度较慢），$CP=22\sim70$；B 类：$CP$ 值中等（或称燃烧速度中等），$CP=37\sim87$；C 类：$CP$ 值较大（或称燃烧速度较快），$CP=47\sim112$。A、B、C 前的数字代表 $W$ 值的大小。

表 6-7 选自日本颁布的《家用燃气燃烧器具试验方法》JIS S 2093 附表 4。表中的 0 代表该类燃气的范围；1 代表 CO 超标及黄焰界限气；2 代表回火界限气；3 代表离焰（或脱火）界限气。日本将液化石油气单独分类。

**日本各类燃气的试验气成分及特性（在 0℃，101.3kPa，干气）** 表 6-7

| 燃气分类 | 标准华白指数 | 试验燃气种类 | 成分(体积分数,%) | | | | | | | 燃烧特性 | | | | 理论燃烧干烟气中的 $CO_2$ 浓度/(体积分数,%) |
|---|---|---|---|---|---|---|---|---|---|---|---|---|---|---|
| | | | $H_2$ | $CH_4$ | $C_2H_4$ | $C_3H_8$ | $C_4H_{10}$ | $N_2$ | 空气 | 高热值 (MJ/m³) | 相对密度 | 华白指数 $W$ (MJ/m³) | $MCP$ | |
| 13A | 55.3 | 0 | 燃烧速度指数 $MCP$:35.0~47.0,华白数 $W$:52.8~57.8 | | | | | | | | | | | |
| | | 1 | — | 85 | — | 15 | | — | — | 49.15 | 0.705 | 58.5 | 37.7 | 12.37 |
| | | 2 | 31 | 60 | — | 9 | | — | — | 37.05 | 0.494 | 52.7 | 47.3 | 11.36 |
| | | 3 | — | 98 | — | — | | 2 | — | 39.14 | 0.563 | 52.2 | 35.6 | 11.7 |

续表

| 燃气分类 | 标准华白指数 | 试验燃气种类 | 成分(体积分数,%) | | | | | | | 燃烧特性 | | | | 理论燃烧干烟气中的CO₂浓度/(体积分数,%) |
|---|---|---|---|---|---|---|---|---|---|---|---|---|---|---|
| | | | H₂ | CH₄ | C₂H₄ | C₃H₈ | C₄H₁₀ | N₂ | 空气 | 高热值(MJ/m³) | 相对密度 | 华白指数 W (MJ/m³) | MCP | |
| 12A | 51.5 | 0 | 燃烧速度指数 MCP:34.0~47.0,华白数 W:49.2~53.8 | | | | | | | | | | | |
| | | 3 | — | 93 | | | | 7 | — | 37.14 | 0.584 | 48.6 | 34.7 | 11.63 |
| 6A | 26.4 | 0 | 燃烧速度指数 MCP:34.0~45.0,华白数 W:24.6~28.2 | | | | | | | | | | | |
| | | 1 | | | | 23.6 | — | | 76.4 | 31.69 | 1.258 | 28.3 | 38 | 14.06 |
| | | 3 | — | | | 21.5 | 15.5 | 63 | | 28.87 | 1.23 | 26 | 34 | 13.51 |
| 1.1 (6B, 6C, 7C) | 26.3 | 0 | 燃烧速度指数 MCP:42.5~78.0,华白数 W:23.7~28.9 | | | | | | | | | | | |
| | | 1 | 49 | | | 16.5 | — | 34.5 | | 22.99 | 0.624 | 29.1 | 52.4 | 10.18 |
| | | 2 | 64.5 | | | 8.5 | — | 27 | | 16.86 | 0.438 | 25.5 | 78.1 | 7.64 |
| | | 3 | 36 | | | 15.5 | — | 48.5 | | 20.31 | 0.735 | 23.7 | 42.4 | 10.24 |
| 5C | 23 | 0 | 燃烧速度指数 MCP:42.0~68.0,华白数 W:21.4~24.6 | | | | | | | | | | | |
| | | 1 | 37.5 | 15 | | 8.5 | | 39 | — | 19.4 | 0.619 | 24.7 | 45.6 | 9.58 |
| | | 2 | 56.5 | | | 8 | | 35.5 | 23 | 15.33 | 0.507 | 21.5 | 68.4 | 7.59 |
| | | 3 | 35.5 | — | | 13.5 | | 51 | | 18.23 | 0.738 | 21.3 | 41.9 | 8.83 |
| 1.2 (5A, 5B, 5AN) | 20.8 | 0 | 燃烧速度指数 MCP:29.0~54.0,华白数 W:19.0~22.6 | | | | | | | | | | | |
| | | 1 | 25 | | | 17.5 | | 57.5 | | 20.94 | 0.846 | 22.8 | 35.7 | 10.8 |
| | | 2 | 43.5 | | | 9.5 | | 47 | | 15.19 | 0.632 | 19.1 | 50.3 | 8.49 |
| | | 3 | — | 42.5 | | 5.5 | | 52 | | 16.97 | 0.809 | 18.9 | 33.7 | 10.4 |
| 1.3 (4A, 4B, 4C) | 17.4 | 0 | 燃烧速度指数 MCP:35.0~64.0,华白数 W:16.2~18.6 | | | | | | | | | | | |
| | | 1 | 36 | — | | 11 | | 53 | | 15.75 | 0.709 | 18.7 | 42.3 | 9.15 |
| | | 2 | 49.5 | | | 5.5 | | 45 | | 11.9 | 0.555 | 16 | 63.9 | 6.4 |
| | | 3 | — | 36.5 | | 5 | | 58.5 | | 14.58 | 0.836 | 15.9 | 33.6 | 10.06 |
| 液化石油气 | | 丙烷 | | | | 100 | | | | 101.38 | 1.555 | 81.3 | 41 | 13.76 |
| | | 丁烷 | | | | | 100 | | | 134.29 | 2.094 | 92.8 | 38 | 14.06 |
| | | 75P | — | — | | 75 | 25 | | | 109.61 | 1.689 | 84.3 | 40.1 | 13.85 |

1998年2月8日，日本通商产业省第88号告示关于《燃气热量及燃烧性能测定方法》的规定中，确定了燃烧速度指数 MCP，其计算公式为：

$$MCP = \frac{\sum(S_i f_i A_i)}{\sum(f_i A_i)}(1-K)$$

$$K = \frac{\sum A_i}{\sum \alpha_i A_i}\left[\frac{2.5CO_2 + N_2 - 3.77O_2}{100 - 4.77O_2} + \left(\frac{N_2 - 3.77O_2}{100 - 4.77O_2}\right)^2\right] \qquad (6\text{-}11)$$

式中    $MCP$——法向火焰传播速度指数，cm/s；

　　　　$S_i$——各单一气体的法向火焰传播速度（见表6-8），cm/s；

　　　　$f_i$——与燃气燃烧时的一次空气系数和理论空气量有关的系数（见表6-8）；

　　　　$A_i$——各可燃组分体积分数，%；

　　　　$K$——各可燃组分考虑惰性组分影响的系数；

　　　　$\alpha_i$——各可燃组分的修正系数（见表6-8）；

$CO_2$、$N_2$、$O_2$——燃气中相应的 $CO_2$、$N_2$、$O_2$ 组分的体积分数，%。

计算燃烧速度指数 $MCP$ 的数据　　　　　　　　　　表 6-8

| 化学式 | $H_2$ | CO | $CH_4$ | $C_2H_6$ | $C_2H_4$ | $C_3H_8$ | $C_3H_6$ | $C_4H_{10}$ | $C_4H_8$ | $C_mH_n$ |
|---|---|---|---|---|---|---|---|---|---|---|
| $S_i$ | 282 | 100 | 36 | 41 | 66 | 41 | 47 | 38 | 47 | 40 |
| $f_i$ | 1.00 | 0.781 | 8.72 | 16.6 | 11 | 24.6 | 21.8 | 32.7 | 28.5 | 38.3 |
| $\alpha_i$ | 1.33 | 1.00 | 2.00 | 4.55 | 4.00 | 4.55 | 4.55 | 5.56 | 4.55 | 4.55 |

日本分类标准有两个特点：一是燃气分类范围在互换域之中。图6-11中除了CO超标曲线1、离焰3和回火2以外，还补充了红外线燃烧器的高限曲线5与红外燃烧器不够赤热曲线4。说明日本考虑了红外线燃具（欧美国家的燃具很少为红外燃具），称1、2、3、4和5中间为燃气互换域。在五边形的互换域中根据华白数与燃烧势的上下限作为某类燃气的成分的变化范围。此范围在互换域中，这就表明在燃气分类规定的范围属于燃气互换范围，因为燃气分类的燃气范围在燃气互换范围之内。以上是根据日本文献来解释的。可见日本使用的民用燃具必须都符合分类标准对燃具的要求。另一特点是基准气有两个指标，即华白数 $W$ 与燃

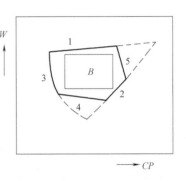

图 6-11　日本的燃气具适应域与燃气互换域

烧势 $CP$（后来改为 $MCP$）。此特点有利于各地区实际运行的基准气换算。因为华白数相同的燃气，其燃烧性能可能有很大区别。

3. 欧洲标准化委员会城市燃气分类方法

欧洲标准化委员会基本上是按照 IGU 的分类原则，但是分得比较细。根据《Test gases—Test pressure—Appliance categories》EN 437 的规定，详见表6-9和表6-10。欧洲标准化委员会（EN）的基准燃气和界限燃气特性，详见我国标准《城镇燃气分类和基本特性》GB/T 13611—2006 附录C 表 C.2。

EN 标准中 $W$ 指数及波动范围（15℃，101325 Pa，干气）　　　表 6-9

| 类别 | | 基准气 $W$ (MJ/m³) | 界限气 $W$(MJ/m³) | $W$ 波动范围(MJ/m³) | 备注 |
|---|---|---|---|---|---|
| 第一族 | a 组 | 24.75 | 22.4～24.8 | −9.7～+0 | |
| 第二族 | H 组 | 50.72 | 45.7～54.7 | −9.9～+7.9 | |
| | L 组 | 41.52 | 39.1～44.8 | −5.8～+8.0 | |
| | E 组 | 50.72 | 40.9～54.7 | −19.3～+7.9 | |

续表

| 类别 | | 基准气 W (MJ/m³) | 界限气 W(MJ/m³) | W 波动范围(MJ/m³) | 备注 |
|---|---|---|---|---|---|
| 第三族 | B/P组 | 87.33 | 72.9~87.3 | −16.5~0 | |
| | P组 | 76.84 | 72.9~76.8 | −5.1~0 | |
| | B组 | 87.33 | 81.8~87.3 | −6.3~0 | |

**EN 各国家的正常试验压力** 表 6-10

| 燃气种类 | | 代号 | 额定压力(kPa) | 最小压力(kPa) | 最大压力(kPa) |
|---|---|---|---|---|---|
| 第一族 | 1a | G110 | 0.8 | 0.6 | 1.5 |
| | | G112 | | | |
| 第二族 | 2H | G20、G21、G222、G23 | 2 | 1.7 | 2.5 |
| | 2L | G25、G26、G27 | 2.5 | 2 | 3 |
| | 2E | G20、G21、G222、G231 | 2 | 1.7 | 2.5 |
| | 2N | G20、G21、G222、G231、G25、G26、G27 | 2 | 1.7 | 3 |
| | | G25、G26、G27 | 2.5 | 2 | 3 |
| 第三族 | 3B/P | G30、G31、G32 | 2.8 | 2 | 3.5 |
| | | G30、G31、G32 | 5 | 4.25 | 5.75 |
| | 3P | G31、G32 | 3.7 | 2.5 | 4.5 |
| | | G31、G32 | 5 | 4.25 | 5.75 |
| | 3B | G30、G31、G32 | 2.9 | 2 | 3.5 |

4. 美国城镇燃气分类方法

美国的城镇燃气分类及特性见表 6-11，试验燃气压力见表 6-12。

**美国的试验燃气分类及特性（15℃，101.3kPa，干气）** 表 6-11

| 燃气类别 | 高热值(MJ/m³) | 相对密度 | 华白指数(MJ/m³) |
|---|---|---|---|
| A(天然气) | 40.05 | 0.65 | 49.67 |
| B(人工煤气) | 19.92 | 0.38 | 32.31 |
| C(混合气) | 29.78 | 0.50 | 42.11 |
| D(正丁烷) | 119.21 | 2.00 | 84.29 |
| E(丙烷 HD-5) | 93.14 | 1.55 | 74.81 |
| F(丙烷-空气) | 26.08 | 1.16 | 24.21 |
| G(丁烷-空气) | 52.16 | 1.42 | 43.73 |
| H(丙烷-空气) | 52.16 | 1.30 | 45.75 |

**美国试验燃气压力** 表 6-12

| 燃气种类 | 最低压力(kPa) | 额定压力(kPa) | 最高压力(kPa) |
|---|---|---|---|
| A | 0.87 | 1.74 | 2.61 |
| B | 0.75 | 1.49 | 2.24 |

| 燃气种类 | 最低压力（kPa） | 额定压力（kPa） | 最高压力（kPa） |
|---|---|---|---|
| C | 0.75 | 1.49 | 2.24 |
| D | 1.99 | 2.74 | 3.23 |
| E | 1.99 | 2.74 | 2.23 |
| F | 0.75 | 1.49 | 2.24 |
| G | 0.97 | 1.74 | 2.61 |
| H | 0.75 | 1.49 | 2.24 |

5. 我国燃气分类

（1）我国燃气气源

我国城镇燃气种类很多，有煤制气、重油制气、天然气、液化天然气、液化石油气、煤层气及矿井气。表 6-13 为目前我国常用的主要天然气组分、燃烧特性参数；表 6-14 为液化天然气（LNG）主要出口国的典型组分（非合同值）及特性参数。

我国应用的主要天然气组分、燃烧特性参数及类别（15℃、101.325kPa、干气）　表 6-13

| 类别 | | 组分体积分数（%） | | | | | | 高热值（MJ/m³） | 低热值（MJ/m³） | 华白数（MJ/m³） | 天然气类别 |
|---|---|---|---|---|---|---|---|---|---|---|---|
| | | $CH_4$ | $C_2H_6$ | $C_3H_8$ | $C_4^+$ | $N_2$ | $CO_2$ | | | | |
| 天然气 | 陕甘宁 | 94.7 | 0.55 | 0.08 | 1.01 | 3.66 | 0 | 37.49 | 33.79 | 48.86 | 12T |
| | 塔里木 | 96.27 | 1.77 | 0.3 | 0.27 | 1.39 | 0 | 38.22 | 34.45 | 50.32 | 12T |
| | 广西北海 | 80.38 | 12.48 | 1.8 | 0.25 | 5.09 | 0 | 40.74 | 36.84 | 50.18 | 12T |
| | 成都 | 96.15 | 0.25 | 0.01 | 0 | 3.59 | 0 | 36.5 | 32.87 | 48.31 | 12T |
| | 忠武线 | 97 | 1.5 | 0.5 | 0 | 1 | 0 | 38.13 | 34.35 | 50.44 | 12T |
| | 东海 | 88.48 | 6.68 | 0.35 | 0 | 4.49 | 0 | 38.22 | 34.48 | 48.94 | 12T |
| | 青岛 | 96.56 | 1.34 | 0.3 | 0.2 | 1.6 | 0 | 37.92 | 34.16 | 50.04 | 12T |
| | 昌邑 | 98.06 | 0.22 | 0.12 | 0.13 | 1.47 | 0 | 37.47 | 33.75 | 49.85 | 12T |
| | 渤海 | 83.57 | 8.08 | 0.08 | 0 | 4.14 | 4.13 | 37.03 | 33.42 | 45.85 | 12T |
| | 南海东方 | 77.52 | 1.5 | 0.29 | 0.1 | 20.59 | 0 | 30.69 | 27.65 | 38.02 | 10T |
| | 西一线 | 96.23 | 1.77 | 0.3 | 0.27 | 1 | 0.43 | 38.31 | 34.53 | 50.4 | 12T |
| | 进口缅甸 | 99.07 | 0.12 | 0.03 | 0.09 | 0.18 | 0.5 | 37.68 | 33.93 | 50.21 | 12T |
| | 土库曼斯坦 | 92.55 | 3.96 | 0.34 | 0.43 | 0.85 | 1.89 | 38.53 | 34.75 | 49.45 | 12T |
| | 哈萨克斯坦 | 94.87 | 2.35 | 0.31 | 0.15 | 1.66 | 0.66 | 37.94 | 34.19 | 49.58 | 12T |
| 液化天然气 | 福建 | 96.64 | 1.97 | 0.34 | 0.15 | 0.9 | 0 | 38.34 | 34.55 | 50.61 | 12T |
| | 广东大鹏 | 87.33 | 8.37 | 3.27 | 1 | 0.03 | 0 | 42.97 | 38.86 | 53.55 | 12T |
| | 新疆 | 82.42 | 11.11 | 4.55 | 0 | 1.92 | 0 | 42.9 | 38.81 | 52.7 | 12T |
| | 中原 | 95.88 | 3.36 | 0.34 | 0.12 | 0.3 | 0 | 38.95 | 35.11 | 51.23 | 12T |
| | 海南 | 78.48 | 19.83 | 0.46 | 0.03 | 1.2 | 0 | 43.35 | 39.22 | 53.26 | 12T |

**液化天然气（LNG）主要出口国的典型组分（非合同值）及特性参数（15℃，101.325kPa）**

表 6-14

| 产地 | 组分体积分数（%） | | | | | 液态密度（kg/m³） | 气态密度（kg/m³） | 高热值（MJ/m³） | 低热值（MJ/m³） | 相对密度 | 华白数（MJ/m³） |
| --- | --- | --- | --- | --- | --- | --- | --- | --- | --- | --- | --- |
| | $CH_4$ | $C_2H_6$ | $C_3H_8$ | $C_4^+$ | $N_2$ | | | | | | |
| 印尼 | 90.6 | 7 | 2 | 0.3 | 0.1 | 454 | 0.8 | 41.19 | 37.2 | 0.6142 | 52.56 |
| 马来西亚 | 89.8 | 5.2 | 3.3 | 1.4 | 0.3 | 463 | 0.822 | 42.32 | 38.26 | 0.6358 | 53.07 |
| 澳大利亚 | 89.3 | 7.1 | 2.5 | 1 | 0.1 | 459 | 0.813 | 42.13 | 38.07 | 0.6303 | 53.07 |
| 文莱 | 90.1 | 4.8 | 3.4 | 1.6 | 0.1 | 463 | 0.824 | 42.52 | 38.44 | 0.6371 | 53.027 |
| 阿布扎比 | 85.2 | 13.2 | 1 | 0.2 | 0.4 | 463 | 0.82 | 42.1 | 38.14 | 0.6325 | 52.94 |
| 卡塔尔 | 89.9 | 6 | 2.2 | 1.5 | 0.4 | 458 | 0.815 | 41.97 | 37.93 | 0.6308 | 52.85 |
| 利比亚 | 83.2 | 11.8 | 3.5 | 1.4 | 0.9 | 479 | 0.853 | 43.4 | 39.28 | 0.6605 | 53.4 |
| 尼日利亚 | 91.6 | 4.6 | 2.4 | 1.3 | 0.1 | 456 | 0.801 | 41.62 | 36.88 | 0.6216 | 52.79 |
| 阿曼 | 87.7 | 7.5 | 3 | 1.6 | 0.2 | 469 | 0.834 | 43.03 | 38.92 | 0.6469 | 53.5 |
| 得赫尼亚 | 96.9 | 2.7 | 0.3 | 0.1 | 0 | 430 | 0.763 | 38.82 | 34.99 | 0.5726 | 51.3 |

我国人工气种类很多，各种燃气成分和性质见表 6-15。

**我国人工气特性参数（15℃，101.325kPa，干）**

表 6-15

| 燃气种类 | 组分体积分数（%） | | | | | | | 密度（kg/m³） | 高热值（MJ/m³） | 低热值（MJ/m³） | 相对密度 | 华白数（MJ/m³） |
| --- | --- | --- | --- | --- | --- | --- | --- | --- | --- | --- | --- | --- |
| | $H_2$ | CO | $CH_4$ | $C_2^+$ | $O_2$ | $N_2$ | $CO_2$ | | | | | |
| 焦炉煤气 | 59.2 | 8.6 | 23.4 | 2 | 1.2 | 3.6 | 2 | 0.4686 | 19817 | 17615 | 0.3623 | 32.923 |
| 直立炉煤气 | 56 | 17 | 18 | 1.7 | 0.3 | 2 | 5 | 0.5527 | 18042 | 16133 | 0.4276 | 27.594 |
| 水煤气 | 52 | 34.4 | 1.2 | — | 0.2 | 4 | 8.2 | 0.7005 | 11449 | 10381 | 0.5418 | 15.550 |
| 发生炉煤气 | 8.4 | 30.4 | 1.8 | 0.4 | 0.4 | 56.3 | 2.2 | 1.1627 | 6003 | 5743 | 0.8992 | 6.329 |
| 催化裂解油煤气 | 58.1 | 10.5 | 16.6 | 5 | 0 | 2.5 | 6.6 | 0.5374 | 18469 | 16518 | 0.4156 | 28.649 |
| 热裂解油煤气 | 31.5 | 2.7 | 28.5 | 32.1 | 0.6 | 2.4 | 2.1 | 0.7909 | 37946 | 34774 | 0.6116 | 48.520 |

（2）我国燃气分类标准

我国城镇燃气种类很多，1989 年我国初次制定标准。燃气燃烧性质的关键参数是燃气热值与华白数，后者更有代表性，因此将华白数作为燃气分类的第一个参数。当时我国人工燃气种类较多，需要划分得细一些。IGU 的分类中人工燃气的内容少，当时我国的燃具基本与日本灶和热水器类似。基于以上原因，我国分类标准基本上是套用日本标准，又不与 IGU 标准矛盾。燃气分类的第二个参数是燃烧势，其计算采用了日本简化的德尔布公式：

$$CP = k \frac{1.0H_2 + 0.6(C_mH_n + CO) + 0.3CH_4}{\sqrt{d}}$$

(6-12)

2018 年，我国对《城镇燃气分类和基本特性》GB/T 13611—2006 进行了修订，颁布了《城镇燃气分类和基本特性》GB/T 13611—2018。GB/T 13611 中的热值均采用高热值，这是由于国际上大部分先进国家都以高热值计算华白数。要注意的是，我国有关燃具的国家标准在计算热流量（热负荷）及热效率时是以低热值为准的。

### 6.2.3 燃气分类标准对燃具适应域、燃气互换域的影响

1. 分类标准限定了各类燃具的适应域

《城镇燃气分类和基本特性》GB/T 13611—2018 的燃气分类标准主要是根据华白数来分类，同时给出离焰、回火与 CO 超标等界限试验气。并且要求燃具必须在规定的压力下，用某类燃气的各种界限气检验通过后，才能证明此燃具适用该类燃气。这实际上是对燃气用具的适应能力提出要求，限定了各类燃具的适应域，引导燃具走向标准化。我国燃具标准和燃气用具的通用试验方法都要求根据界限气和相应的压力检验燃具。

2. 界限气给出了互换性的外轮廓

分类标准中的界限试验气实际上也只是给了燃气互换域的外轮廓范围。某个地区或国家可以根据本身的条件与判定互换性的方法确定适合本地情况的燃气互换域。哈里斯和罗佛雷斯以及达顿（Dutton）做的二维与三维互换图，都是用界限气作为互换域的边界点做出的。

但是燃气分类不能完全代替燃气的互换性。燃气分类的界限气主要是针对燃具的，给出燃具的适应域，同时只给出了燃气互换性的外轮廓。实际上燃气互换域，还受气源等其他因素的影响。各个地区应该根据本地区具体情况和习惯用的互换性评判方法，来考虑燃气互换性，确定燃气互换域。

3. 我国燃气分类标准需要实践验证

（1）互换性方面

我国采用 W 与 CP 两个指标来分类，同时给出界限气。实际上也是只给出了互换域边界的轮廓，不等于互换性已经解决。各个地区需要确定本地的燃气互换域。我国幅员辽阔，燃气种类繁多。各地区无论在气源和用户等方面都有区别，为此针对本地情况确定燃气互换域是非常必要的。

如果对一个小城镇，气源比较单一，使用的燃具经界限气检验都合格。这种情况有可能使燃气互换域和燃具适应域互相接近。因为互换性与适应性本来就是一件事的两个方面。就是在这种情况下，还是要根据具体情况确定燃气的互换域。例如：当气源成分稳定时，互换域的范围可能很小（供应燃气成分变化很小）。这不是受燃具适应域的限制造成的，而是因为供气条件好、成分稳定，能使燃具处于良好的工作状态。相反，气源成分不稳定时，供气的成分也不允许超过界限气的范围，并且根据当地特点确定燃气互换域。

具有多个气源的大城市在混输时，应把基准气的成分控制在某燃气分类的范围内，使用贴有该类燃气标签的燃具。从此确定互换域的大轮廓，然后根据实际情况和具体的条件，认真确定正常和非正常的燃气互换域。如果气源（包括补充气源）复杂，城市的基准气又不在分类的范围内，就不能使用市场上通过各类燃气的界限气检验的燃具。只能使用非标的燃具，这样必然使燃气互换域复杂化，增加了投资与管理的费用。

（2）燃具方面

自从颁布燃气分类标准和家用燃气用具试验方法后，检测单位应该按照标准要求，用界限气检验各种燃具。根据过去的检测结果初步认为，我国正规生产的家用燃气灶，多数

可接受界限气的检验。也就是说基本上可以规范燃具的适应能力。今后的关键是必须严格执行检验标准，推行燃具标准化。

（3）正确执行燃气分类标准的意义

因为没有一个厂家生产的燃具可以适应任何成分的燃气；也没有一个供气单位可以保证供气成分一成不变。只有在燃具具有很宽的适应域，供气单位供应的燃气成分都在各个燃具的适应范围内，才能发挥燃气的节能、减排和降低污染的经济效益和社会效益。但是燃气互换性和燃具的适应性，还没有得到相关单位的足够重视。今后技术进步，管理严格，对供气单位不仅要求成分变化在互换域范围内，并且要求热值偏差在一定范围内。

## 6.3　配气计算方法及系统

在执行燃气分类标准时，必须根据标准中的基准气和试验气规定的成分进行检测。由于城镇燃气的种类很多。燃气具制造工厂与检测机构不可能具备各种气源。为此，根据国家标准规定可以用几种单一气体配制与某城市气源性质相同的试验气。

### 6.3.1　配气成分计算

配气成分计算的准确性，直接影响检测结果。对用来配制试验气的单一气体，其纯度不宜低于以下数值：$N_2$，99%；$H_2$，99%；$CH_4$，95%；$C_3H_6$，90%；$C_3H_8$，95%；$C_4H_{10}$，95%。

在 $CH_4$、$C_3H_6$、$C_3H_8$ 及 $C_4H_{10}$ 气源中，$H_2$、$CO$、$O_2$ 和 $CO_2$ 的总含量应低于 2%。如果以上几种碳氢化合物供应有困难时，也可分别采用天然气或液化石油气代替。但是，由于我国液化石油气成分不稳定，并且在自然气化时，成分受温度影响，故会带来一定误差。尤其是在用液化石油气代替 $CH_4$ 时需要校检黄焰指数，防止用液化石油气配制的试验气发生黄焰。

1. 以 $CH_4$、$H_2$ 及 $N_2$ 为配气源

配制人工煤气类低热值燃气时，如果以 $CH_4$、$H_2$ 及 $N_2$ 配气时，试验气的华白数为：

$$W=\frac{H_{s,CH_4}CH_4+H_{s,H_2}H_2}{\sqrt{d_{CH_4}CH_4+d_{H_2}H_2+d_{N_2}N_2}} \tag{6-13}$$

式中　$CH_4$、$H_2$ 及 $N_2$——分别为试验中 $CH_4$、$H_2$ 及 $N_2$ 成分的体积分数，%；

$H_{s,CH_4}$、$H_{s,H_2}$——分别为 $CH_4$ 及 $H_2$ 的高热值（见表 6-16），$MJ/m^3$；

$d_{CH_4}$、$d_{H_2}$ 及 $d_{N_2}$——分别为 $CH_4$、$H_2$ 及 $N_2$ 的相对密度（见表 6-16）。

常用的单一气体特性值（15℃、101.325kPa，干）　　　表 6-16

| 成分 | 相对密度 d | 热值(MJ/m³) | | 理论干烟气中 CO₂ 体积分数（%） |
|---|---|---|---|---|
| | | $H_i$ | $H_s$ | |
| 空气 | 1.0000 | — | — | — |
| 氧(O₂) | 1.1053 | — | — | — |
| 氮(N₂) | 0.9671 | — | — | — |
| 二氧化碳(CO₂) | 1.5275 | — | — | — |

| 成分 | 相对密度 $d$ | 热值（MJ/m³） | | 理论干烟气中 $CO_2$ 体积分数（%） |
|---|---|---|---|---|
| | | $H_i$ | $H_s$ | |
| 一氧化碳（CO） | 0.9672 | 11.9660 | 11.9660 | 34.72 |
| 氢（$H_2$） | 0.06953 | 10.2169 | 12.0947 | — |
| 甲烷（$CH_4$） | 0.5548 | 34.0160 | 37.7816 | 11.74 |
| 乙烯（$C_2H_4$） | 0.9745 | 56.3205 | 60.1047 | 15.06 |
| 乙烷（$C_2H_6$） | 1.0467 | 60.9481 | 66.6364 | 13.19 |
| 丙烯（$C_3H_6$） | 1.4759 | 82.7846 | 88.5163 | 15.06 |
| 丙烷（$C_3H_8$） | 1.5496 | 87.9951 | 95.6522 | 13.76 |
| 1-丁烯（$C_4H_8$） | 1.9663 | 110.7835 | 118.5361 | 15.06 |
| 异丁烷（i-$C_4H_{10}$） | 2.0722 | 115.9540 | 125.6409 | 14.06 |
| 正丁烷（n-$C_4H_{10}$） | 2.0852 | 116.9995 | 126.7737 | 14.06 |
| 丁烷（$C_4H_{10}$） | 2.0787 | 116.4767 | 126.2073 | 14.06 |
| 戊烷（$C_5H_{12}$） | 2.6575 | 147.6841 | 159.7225 | 14.25 |

注：1. 气体的 $d$、$H_i$、$H_s$ 均按真实气体计算。

2. $C_4H_{10}$ 的体积分数：i-$C_4H_{10}$=50%，n-$C_4H_{10}$=50%。

3. 干空气的真实气体密度 $\rho_{air}$（288.15K，101.325kPa）=1.2254kg/m³。

4. 干空气的体积分数：$O_2$，21%，$N_2$，79%。

5. 燃烧和计量的参比条件均为 15℃、101.325kPa。

因为 $CH_4+H_2+N_2=1$，所以 $N_2=1-(CH_4+H_2)$，故式（6-11）可写成：

$$W=\frac{H_{s,CH_4}CH_4+H_{s,H_2}H_2}{\sqrt{d_{N_2}+(d_{CH_4}-d_{N_2})CH_4+(d_{H_2}-d_{N_2})H_2}} \tag{6-14}$$

如果以 $CH_4$、$H_2$ 及 $N_2$ 配气时，试验气的燃烧势为：

$$CP=\frac{100\times(H_2+0.3CH_4)}{\sqrt{d_{N_2}+(d_{CH_4}-d_{N_2})CH_4+(d_{H_2}-d_{N_2})H_2}} \tag{6-15}$$

设 $W_0$ 与 $CP_0$ 分别为准备替代的基准气源的华白数与燃烧势，有 $W=W_0$ 和 $CP=CP_0$，将其代入式（6-14）和式（6-15）中，则式（6-14）和式（6-15）两个联立方程中只有 $CH_4$ 和 $H_2$ 两个未知数。各种气体的 $d$ 与 $H_s$ 可从表 6-16 中查得。这样，解联立方程可求得试验气中 $CH_4$ 及 $H_2$ 的体积分数。此时 $N_2=1-CH_4-H_2$。从表 6-16 查得热值与相对密度后，式（6-14）可写成：

$$W=\frac{37.78\times CH_4+12.09\times H_2}{\sqrt{(0.5548-0.967)\times CH_4+(0.0695-0.967)\times H_2+0.967}} \tag{6-16}$$

$$=\frac{37.78\times CH_4+12.09\times H_2}{\sqrt{0.967-0.4122\times CH_4-0.8975\times H_2}}$$

同理式（6-15）可写成：

$$CP=\frac{100\times(H_2+0.3\times CH_4)}{\sqrt{0.967-0.4122\times CH_4-0.8975\times H_2}} \tag{6-17}$$

2. 以 $C_3H_8$、$H_2$ 及 $N_2$ 为配气源

配制高热值燃气时，配气源使用 $C_3H_8$ 代替 $CH_4$ 时，则有：

$$W=\frac{H_{s,C_3H_8}\times C_3H_8+H_{s,H_2}\times H_2}{\sqrt{d_{N_2}+(d_{C_3H_8}-d_{N_2})\times C_3H_8+(d_{H_2}-d_{N_2})\times H_2}} \tag{6-18}$$

$$CP=\frac{100\times(H_2+0.6\times C_3H_8)}{\sqrt{d_{N_2}+(d_{C_3H_8}-d_{N_2})\times C_3H_8+(d_{H_2}-d_{N_2})\times H_2}} \tag{6-19}$$

将具体的热值及相对密度代入后，得：

$$W=\frac{95.65\times C_3H_8+12.09\times H_2}{\sqrt{0.967+0.583\times C_3H_8-0.8975\times H_2}} \tag{6-20}$$

$$CP=\frac{100\times(H_2+0.6C_3H_8)}{\sqrt{0.967+0.583C_3H_8-0.8975H_2}} \tag{6-21}$$

如果选用其他气源代替 $CH_4$ 时（或增加 $CO$ 时），均可根据以前介绍的公式进行推算。

### 6.3.2　计算实例

1. 基准气参数计算

**实例**：已知焦炉气成分的体积分数为：$H_2=0.592$；$CO=0.086$；$CH_4=0.234$；$C_mH_n=0.020$；$O_2=0.012$；$N_2=0.036$；$CO_2=0.020$。求配气源的成分比例。

**解**：据表 6-16 的热值计算可得焦炉气的高位热值：

$H_s=0.592\times12.09+0.086\times11.966+0.234\times37.78+0.02\times67.36=18.37MJ/m^3$

同样还可求出焦炉气的相对密度：

$$d=0.592\times0.0695+0.086\times0.9673+0.234\times0.5548+0.02\times1.0758$$
$$+0.012\times1.1052+0.036\times0.9670+0.02\times1.5275$$
$$=0.3543$$

焦炉气的华白数 $W_0$ 为（略去 $K_1$ 及 $K_2$ 值）：

$$W_0=\frac{18.37}{\sqrt{0.3543}}=30.86 \quad MJ/m^3$$

焦炉气的燃烧势 $CP_0$ 可据下式计算（要注意的是式中的 $H_2$、$CH_4$ 等应以百分数代入）：

$$CP_0=(1+0.0054O_2^2)\times\frac{H_2+0.6\times(C_mH_n+CO)+0.3CH_4}{\sqrt{d}}$$

$$CP_0=(1+0.0054\times1.2^2)\times\frac{59.2+0.6\times(2+8.6)+0.3\times23.4}{\sqrt{0.3543}}=122.9$$

据计算黄焰指数的相关计算公式，得 $K_0=0.98$，$C_mH_n$ 的 $\alpha_i$ 值取 2.85，故有：

$$I_{Y,0}=\frac{0.98\times(23.4+2\times2.85)}{\sqrt{0.3543}}=47.9$$

2. $CH_4$、$H_2$ 及 $N_2$ 的配气计算

当以 $CH_4$、$H_2$ 及 $N_2$ 为配气源时，用式（6-14）及式（6-15）计算：

$$W = \frac{37.78 \times CH_4 + 12.09H_2}{\sqrt{0.967 - 0.4122CH_4 - 0.8975H_2}} = 30.86 \text{MJ/m}^3$$

$$CP = \frac{100 \times (H_2 + 0.3CH_4)}{\sqrt{0.967 - 0.4122CH_4 - 0.8975H_2}} = 122.9$$

解此联立方程式，可得 $H_2 = 2.32CH_4$，将此值再代入 $CP$ 值得：

$$C_3H_8 = 0.1143 = 11.43\%$$

$$H_2 = 0.7074 = 70.74\%$$

$$N_2 = 0.1783 = 17.83\%$$

校验黄焰指数

$$I_Y = \frac{26.23 \times 1}{\sqrt{0.2623 \times 0.5548 + 0.6086 \times 0.0695 + 0.1291 \times 0.967}}$$

$$= 46.90$$

与 $I_{Y,0} = 47.9$ 相接近，可用。

3. $C_3H_8$、$H_2$ 及 $N_2$ 的配气计算

当配气源为 $C_3H_8$、$H_2$ 及 $N_2$ 时，可用式（6-18）及式（6-19）计算，即：

$$W = \frac{95.65C_3H_8 + 12.09H_2}{\sqrt{0.967 + 0.587C_3H_8 - 0.8975H_2}} = 30.86 \text{MJ/m}^3$$

$$CP = \frac{100 \times (H_2 + 0.6C_3H_8)}{\sqrt{0.967 + 0.587C_3H_8 - 0.8975H_2}} = 122.9$$

解方程得：$H_2 = 6.189 C_3H_8$，故有：

$$C_3H_8 = 0.1143 = 11.43\%$$

$$H_2 = 0.7074 = 70.74\%$$

$$N_2 = 0.1783 = 17.83\%$$

校验黄焰指数：

$$I_Y = \frac{11.43 \times 4.8}{\sqrt{1.554 \times 0.1143 + 0.7074 \times 0.0695 + 0.1783 \times 0.967}}$$

$$= 86.83 > 47.9$$

并且大于 85，说明用 $C_3H_8$ 配制试验气时易发生黄焰。

4. 配气计算结论

由此例可见，在三组分配制人工煤气时，用 $C_3H_8$ 代替 $CH_4$ 易发生黄焰，不宜代替基准气。

人工燃气中的 $C_mH_n$ 应根据各地制气及混气情况由经验确定。

### 6.3.3 配气系统及方法

根据具体情况，建立与本单位生产与检测规模相适应的配气系统，对控制产品质量具有重要意义。燃气用具专业检测机构则更是如此。下面介绍较为常见的配气系统。

1. 低压湿式贮罐配气

（1）系统流程

系统流程见图 6-12。湿式贮罐配气系统的出口气体压力一般为 5000Pa 左右。另外，

根据测试需要，利用罐体内所设重块数量也可对出口气压进行调节。配气用原料气为高压瓶装气体，一般为氢气、甲烷和氮气，其中甲烷可以用天然气、丙烷或液化石油气等代替。配气气源按照计算的百分比，按顺序依次从进气管 1 进入罐体的钟罩 5，并在其中混合。随着配气的进行，钟罩浮出水面而上升。标尺 14 可分别计量各单一配气的进气量。混合后的试验气通过出气管 13 去检测室。

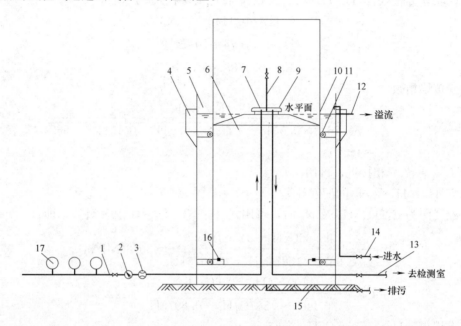

图 6-12　低压湿式罐配气系统图

1—进气管；2—压力计；3—流量计；4—平台；5—水池；6—钟罩；7—人孔；8—放散管；9—分配喷头；
10—滑动轨道支架；11—滑轮；12—溢流口；13—出气管；14—进水管；15—排水排污管；
16—配重块；17—配气用单一气体钢瓶

贮罐容量根据燃气低热值和燃气具热负荷的测试需要确定。另外，可在进气管上直接接上与配气流量相匹配的流量计，以达到更准确计量的目的。

（2）操作步骤

1）水池冲水。打开放散管 8 的阀门，关闭排水排污管 15 的阀门，将进水管 14 阀门打开，向水池 5 内充水，直至人孔 7 上平面全部浸入水中。届时溢流口 12 会有水流出。最后关闭进水管 14 阀门。

2）氮气吹扫。关闭出气管 13 与放散管 8 的阀门，开启进气管 1 的阀门，接通氮气 1~2min 后，打开放散管 8 的阀门将气体排出，待罐降至最低位置时，关闭放散管阀门。

3）配气。在进气管 1 上接上配气所用第一种气体钢瓶，高压气体出钢瓶后必须经过减压方可入罐。减压后压力值根据进气管及钟罩阻力确定，并要保持压力稳定，使钟罩 6 缓缓升起，同时计量第一种气体进气量。当达到计算所需量时，立即关闭进气管阀门。以后按上述方法向罐中分别加入第二种、第三种配气气源，即可完成配气过程。

（3）注意事项

1）准备工作。配气系统应检漏，不得产生漏气或漏水现象，否则将影响配气准确度；

要有容量标尺，并设在钟罩上易观察的位置，标尺可通过流量计利用压缩空气对贮罐容量进行标定。

2）进气顺序。为使所配气体在罐内较快地混合均匀，配气时应先配入密度较小的气体，然后配入密度较大的气体。其顺序一般为：氢气、甲烷、氮气、丙烷、液化石油气。

3）压力控制。切换配气时，各种气体进罐前的压力保持相同。

4）混气时间。除液化石油气混合空气外，配制其他城镇燃气，在几小时后基本混合均匀。配制液化石油气混空气时，必须先使液化石油气进罐，空气后进。由于前者密度大、后者密度小，且两者相差悬殊，所以较难混合均匀，应在配制后24h再使用。混合均匀是否可用由成分分析、热值及密度确定。

5）配气分析及调节：配制好的试验气能否交付使用应以实测数据为准。通过成分分析或热值、密度的测定，计算出配制气的华白数与所代替的基准燃气的华白数偏差应小于±2％，燃烧势偏差应小于±5％。

（4）安全问题

1）燃气瓶库内严禁存放氧气瓶。可燃气瓶放在库内时，库内应通风良好；放在室外时，应有防晒、防雨、防碰撞等措施。环境温度不得高于45℃。

2）配气所用高压气瓶应按有关规定对不同气种采用不同颜色标志，不得混装，使用后在瓶上做好标记。

3）瓶库内应有消防措施及足够的泄爆面积。

4）严禁高压配气操作，必须用调压器将气瓶内高压降至要求的进罐压力。严禁配气量超过贮罐的容量。

5）配制液化石油气和天然气混空气时必须使可燃气体先进罐，空气后进罐。不允许采用接近爆炸上限的配气成分。可燃气体的含量应大于爆炸上限的1.5倍。

6）在使用配制的试验气时，应将罐出口处至检测室一段管路内的非试验气排净后才能正式使用。配气完毕后，一定要关闭进气管及出气管所有阀门，待气体混合均匀后方可打开出气管阀门。测试完毕后立即关闭所有阀门。

7）罐的钟罩落至最低位置时应停止用气。打开进水阀门进水，同时打开钟罩上的放散管阀门，在有人看管的情况下将余气排到大气中去。当试验完毕而罐中尚有余气时，必须注意夜间气温变化，防止因气温下降罐内出现负压，此时一定要关闭所有进出气阀门，或者将余气排放干净。

8）冬季不配气时，尤其在北方地区，贮罐水池内的水应全部放净，以防止低温结冰将罐冻坏。冬季利用液化石油气配气时，气瓶必须放在室外操作。配气要考虑液化石油气的露点，严禁丁烷等高碳氢组分的冷凝液在罐的水池中出现。

9）配气工作人员应掌握有关安全技术知识，并应由专人负责配气系统及瓶库。

2. 橡皮袋配气

（1）系统流程

系统流程见图6-13。配气源1中的气减压后按次序分别进入流量计2计量，最后进入橡皮袋5中。混合均匀后由抽气泵6抽出，增压后送至检测室。

（2）操作步骤

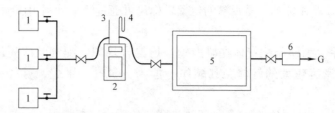

图 6-13　橡皮袋配气系统
1—配气源；2—流量计；3—温度计；4—压力计；5—橡皮袋；6—抽气泵；G—去检测室

1）用抽气泵将橡皮袋中的余气排净，确保袋内不含其他气体。

2）分别将配气各单一气体通入。将待配气的气瓶阀打开，通过 U 形压力计 4 调整进气压力，记下流量计的初始读数。当进入气体体积达到计算配气所需体积时，马上停止进气，切换配气气源。将第二种配气按计算要求通入橡皮袋。如此重复操作至三种配气按计算量全部充入为止。关闭所有阀门，并在使用过的钢瓶上做好标记。

（3）注意事项

1）准备工作：整个配气系统应严格检漏，包括燃气表连接处、橡皮袋进气及出气口连接处和阀门等部位。橡皮袋可事先充空气，用肥皂水做检漏试验。

2）进气顺序：先进量少、密度大的气体（空气除外），后进量大，密度小的气体，以缩短混合时间。为减少配气误差，各单一配气进气前应确保进气管道和流量计中充满待进气体。当配气中有空气时，切记空气应最后通入。

3）压力控制：高压气体必须经过减压，并调节降低压力至需要的进气压力。确保各单一气体进气压力相同，从而保证配气的准确性。

4）配气时间：力求配气时间短，以减少外界环境（如气温）变化对配气结果造成的影响。必要时，应做温度、压力校正。

5）混合措施：在配气时，经常翻动橡皮袋有利于其混合均匀。另外，配气完毕后，还可拍打橡皮袋以加速其混合。

6）配气分析及调节：在气袋中抽出样气，分析其成分或直接测其热值和相对密度，其结果决定该气能否供检测使用。若华白数或燃烧势超差，则应进行调节或重新进行配气。

（4）安全问题

1）用橡皮袋配气应选择通风良好的场所，且在整个配气过程中环境温度不能变化过大。

2）配制液化石油气，或天然气混空气时，必须使可燃气体先进袋，空气后进袋，不允许采用接近爆炸上限的配气成分。

3）配气量不得超过所用橡皮袋的容积。

4）配气袋所在地面应光滑，周围不得有任何尖锐物体，确保不对橡皮袋产生损伤而漏气。挪动橡皮袋时应注意轻起轻放，切忌硬拉。

5）所配气体不宜存放，最好当天用完。剩余气体及时排放到安全处。

6）应选择耐油的橡皮袋，防止橡皮袋与燃气发生化学反应。

3. 高压贮罐配气

低压贮罐配气系统操作简单、换算方便，但体积庞大。高压罐配气体积小、造价低。

正确的计算与合理的操作，用高压罐也能达到配气精度要求。

（1）配气压力

高压罐的容积是固定的，按次序压入配气源的各单一气体，分别用各单一配气压入罐后的罐压数值来计量充气量的大小。

根据气体分压力的规律，混合气的绝对压力应等于各组分的绝对分压力的和，即：

$$p=y_1p+y_2p+y_3p=p_1+p_2+p_3 \tag{6-22}$$

式中　　　　$p$——混合后气体绝对压力；

$p_1$、$p_2$ 及 $p_3$——分别为1、2、3气体组分的绝对分压力；

$y_1$、$y_2$、$y_3$——分别为1、2、3气体组分的体积分数。

由此可见，首先向罐内压入组分1时，应在压力达到 $p_1$ 为止；再压组分2，在压力达到 $p_1+p_2$ 时为止；最后压入组分3，使压力达到 $p$。要指出的是，式（6-22）没有考虑气体的可压缩性。当 $p<1MPa$ 时，误差不大，否则应考虑压缩系数。

（2）系统流程

系统流程见图6-14，系统由高压贮气罐、配气钢瓶及真空泵等部分组成。高压气罐的压力可取 0.8～1.0MPa。当罐容积为 $10m^3$ 时，即有 $80～100m^3$ 试验气贮量，可利用试验气约 $70～85m^3$。

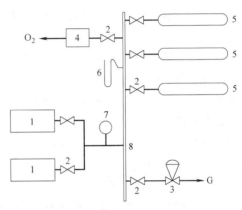

图6-14　高压配气系统

1—高压贮气罐；2—阀门；3—调压器；4—真空泵；
5—配气钢瓶；6—真空压力计；7—压力表；
8—连接干管；G—去检测室；$O_2$—接测 $O_2$ 仪

操作前要进行气密性试验，保证系统不漏气。操作时，首先要利用真空泵将高压贮气罐及连接干管抽成真空。这时应关闭配气钢瓶前的各个阀门，打开高压贮罐的进气阀，启动真空泵，直至真空压力计的读数不再变动，并且抽气泵出口氧含量接近零时为止。关闭真空泵及相应的阀门，按顺序将第一种配气由钢瓶压入高压罐，这时可读压力表。当达到计算要求时为止。依次再压入第二及第三种配气。在压入第二及第三种配气以前要把连接干管中的余压放掉。

（3）注意事项

1）各单一配气钢瓶均应用硬管与干管连接。

2）$p$ 值不能超过高压贮罐的允许工作压力。

3）在配气时要求高压贮罐与各配气钢瓶的环境温度保持一致，各配气钢瓶要通过降低压力再进入贮气罐。

4）当使用液化石油气配气时，在冬季有时需要采用强制气化措施。简单的方法是使用热水（或蒸汽）喷淋，但此时要考虑液化石油气结露问题，要根据配气压力查有关文献得到露点温度，从而确定最低允许工作温度。

5）高压配气系统也可以采用流量计，直接计量进入高压贮气罐的各种单一配气量。但是，这会使系统复杂，增大投资。根据压力来计量配气量也可以达到需要的精度，这时要求选一个具有足够精度的压力计。

6）高压贮罐具有一定高度时，应在高低两个不同位置装压力计，取其平均值为罐压。

4. 连续配气

当因生产需要连续使用试验气时，应考虑连续配气系统。以前所述的配气方法都是向某一固定容器（高压或低压）分别注入各种单一配气，从而混合成符合要求的试验气，属间歇配气。当有两个容器时，也可以连续供应试验气，即第一容器供气，第二容器配气。当第一容器用尽后，切换成第二容器供气。这时要求配气系统与供气（试验气）系统分开，构成间歇配气—连续供气系统。这种配气方法的关键是要求每次配制的试验气的性质不允许相差过大，即 $W$ 值偏差小于 $\pm 2\%$ 及 $CP$ 值偏差小于 $\pm 5\%$。

图 6-15 给出一个自动连续配气的系统示意图。由配气钢瓶区 I 送来的各单一气体，分别通过混气区 II 的过滤器 1、流量计 2、调压器 3、电磁阀 4 及控制阀 5 流入混合器 6 进行混合后，经过电磁总阀 III 进入低压贮罐 IV。低压贮罐出口以大约 7000Pa 的气压进入检测室。输出的试验气经过成分分析仪 V 进行分析，并将信息送到控制中心的计算机主机。如果成分需要调整，由控制中心发出命令，通过控制装置 VI，调节控制阀 5，使成分得到应有调整。控制装置 VII 将配气钢瓶区 I、混气区 II 及管道的各种参数送到控制中心 VI。当罐的高度达到极限时，控制中心可令电磁总阀 III 关闭或开放。

配气钢瓶区 I 中有 $H_2$、$CH_4$、$N_2$、$C_2H_4$、$C_3H_8$、$C_4H_{10}$ 及空气等钢瓶。每种气源分成两组并联供气。一组气用完后立即切换，使第二组投入使用。空气可不用钢瓶以空气压缩机代替，保证供给干空气。$H_2$、$CH_4$、$N_2$ 气瓶要求两次降压，将压力降至 $0.25 \sim 0.3MPa$ 送入混气区 II，$C_3H_8$ 及 $C_4H_{10}$ 钢瓶压力比较低，可直接降低至 $0.15 \sim 0.2MPa$ 进入混气区 II，而压缩空气可以 $0.5 \sim 0.7MPa$ 的压力送入混气区 II。对于 $CH_4$ 及 $C_2H_4$ 降压时需要部分热量，可由加热装置 VIII 供给。

整个系统应设有漏气报警、防止回火等安全装置。计算机对各种参数、信号进行监控与调整。

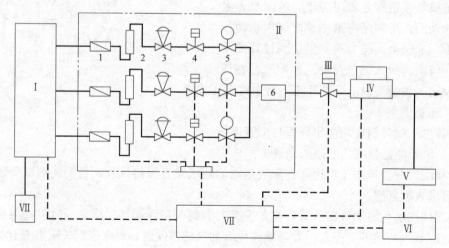

图 6-15　连续配气系统

I—配气钢瓶区；II—混气区；III—电磁总阀；IV—贮罐；V—成分分析仪；VI—控制中心；
VII—控制装置；VIII—加热装置；

1—过滤器；2—流量计；3—调压器；4—电磁阀；5—控制器；6—混合器

5. 配气车间

当配气设备容量小于 $2MPa \cdot m^3$ 时，可以在生产车间毗邻设附属的或单独的配气车间，并应满足下列要求：

（1）通风良好，并设有直通室外的门；

（2）与其他房间相邻的墙应采用防火墙（实体墙）；

（3）室温不能低于 $0℃$，不超过 $35℃$；

（4）应有水、电及消防设施；

（5）建筑物的耐火等级按三级设计；

（6）室内净高大于 $3m$，门窗外开并设防护栏；

（7）配气钢瓶的贮瓶间应有防雨、防晒、通风良好的半敞开式结构，并应设护栏和石棉瓦罩棚；

（8）配气瓶的贮瓶间和供气间内可燃气体的总储量规定：液化石油气应小于 $400kg$（$50kg$ 容量，8 瓶）；氢气应小于 $120m^3$（$4m^3$ 容量，30 瓶）。

### 6.3.4 常用配气系统简介

根据燃气互换性原理，使用配气系统配制出和用户地区燃气相同华白数和燃烧势的替代气源，可用于燃气用具的检测。配气系统是燃气用具生产企业和检验机构的必备设备。下面介绍几种常用的配气系统原理。

1. 三组分手动配气系统

三组分手动配气系统相对简单，一般由燃气表、储气罐、燃气管路组成，储气罐的容积应满足检验要求。原料气源为氢气、甲烷（或丙烷）、氮气。配气前需要计算出原料气源的比例。然后根据预先确定的配气量，计算出三种原料气源的需要量。配气时按照三种原料气源的需要量依次输入储气罐中，放置一段时间即可使用。

2. 三组分连续压力配气系统

现以某公司生产的配气装置为例，介绍三组分连续压力配气系统原理。图 6-16 为三组分连续低压配气原理图。该设备由控制柜、配气柜、储气罐等组成。

原料气源通常为氢气、甲烷（或丙烷）、氮气。进行配气时，只需将配制气的华白数和燃烧势输入控制柜，装置自动计算出原料气源的比例。配气装置通过气动阀、精密压力传感器控制原料气源的比例，实现精密自动配气。原料气源在配气罐中混合后进入储气罐中储存，储气罐装有行程开关组件，通过行程开关组件的控制实现连续配气。

3. 三组分连续流量配气系统

现以 PQ-4C 三组分燃气全自动配气系统为例，介绍三组分流量连续配气系统原理。图 6-17 为连续流量配气系统图。该配气装置由控制系统、配气系统、贮气装置、防回火装置等部分组成，控制核心为单片微处理器，配气原理为压力配气，控制系统及其接口、传感器、电磁阀等有电信号部分与配气装置主体分体安装，贮气方式为水槽式，最终出口处有水封式防回火装置。系统根据压力传感器采集到的压力信号，将三种原料气按比例送入配气罐进行混合，然后再送到贮气罐备用，贮气罐将配好的燃气按要求的压力提供给用气场合使用。

（1）主要技术参数

配气组分：$H_2$、$N_2$、$CH_4$（或 $C_4H_{10}$、$C_3H_8$、液化石油气）三组分；

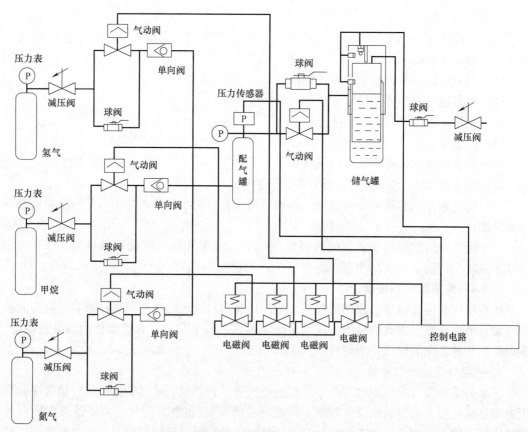

图 6-16　三组分连续低压配气原理图

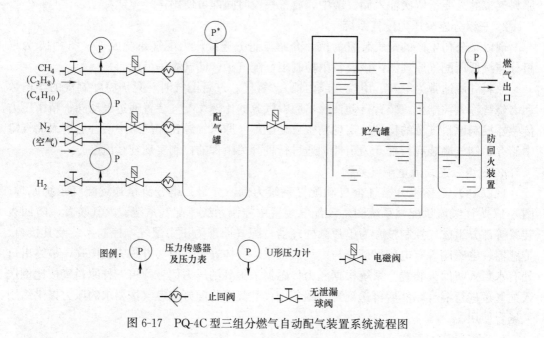

图 6-17　PQ-4C 型三组分燃气自动配气装置系统流程图

最大供气能力：$20m^3/h$（城市煤气），可定制到最大供气能力 $50m^3/h$；

配气方式：压力配气；

组分控制方式：体积比；

配气组分比例误差：≤2%；

配气华白数误差：≤2%～5%（使用液化石油气时配气华白数误差略大）；

输出压力：0～8kPa（可调）；

输出压力波动：±5%以内；

最大耗电功率：300W。

（2）控制系统

控制系统以单片微处理器为核心，配备有外围电路（I/O接口、驱动电路、辅助电源）、进口精密压力传感器、控制开关等。控制系统能对整个设备进行自动控制，操作人员可将各种气源参数输入到储存器中，配气时随时调用。配气工作时，控制系统能随时监视运行情况，并能及时作出反应。在运行过程中，显示面板能将配气工作情况用指示灯和数码显示给操作人员。

（3）配气系统

配气系统由配气罐、电磁阀组件、压力表和配气管路组成，是设备的执行部分，在控制系统的指令下完成配气工作。配气罐内装有进气分配器和混气装置，以充分保证不同密度的气体能充分混合均匀；由控制系统给出的电信号通过安装在配气装置主体的电磁阀转换成开闭阀门的动作，性能好、动作迅速准确；能够保证安全可靠；观察压力表能直观地为操作人员提供设备各部分的压力情况，配气管路所用接头管件均用锻钢或冷拉铜棒制成，能确保无泄漏，且使用寿命长，可维护性能好。

（4）贮气系统

贮气系统主体为水槽和钟罩形贮气罐，均由不锈钢材料制造，耐腐蚀性能好，使用寿命长。该贮气系统的压力输出非常稳定，并能用改变贮气罐上部水箱的水量来调节输出压力。贮气系统还装有行程开关，在贮存燃气快用尽时，给出继续配气的信号，从而实现不间断供气。

（5）防回火装置

防回火装置采用水封方式防止气体倒流，以达到防止发生回火的目的。利用水封液面的调节还能很方便地对燃气输出压力进行调整（微调）。安装在防回火装置进出口的U形压力计能非常直观地反映出管道中燃气的压力情况。

### 6.3.5 PQ-4C 三组分燃气全自动配气装置操作流程

1. 准备工作

（1）在使用前应先检查贮气罐、浮筒中的水位是否正常。如缺水应补足到正常水位。设备缺水会造成严重后果，对此操作人员应高度重视：

贮气罐缺水会造成燃气直接外漏事故；

浮筒缺水会降低燃气输出压力，如果出现空筒漂浮现象，设备将不能进行配气工作。

（2）检查各原料气源的供气压力是否正常，如气源压力不足，应更换气瓶或检查管路是否有故障，只有在气源供气能力正常的情况下设备才能运行。

（3）长时间不用配气设备再次开启时，由于丙烷的汽化膨胀，储气罐的压力会升高，如果高于15kPa，就要手动排气放空。

2. 配气参数的设定及查询

各种燃气的配比数据必须先输入到设备的控制系统内，配气装置才能配制出符合使用要求的燃气。一种燃气的配比数据只需输入一次即能在设备中长期保存，最多可以贮存40 种燃气的配比数据，在使用前只需选择该种燃气的代码，设备就能自动配制出所需的燃气。输入的燃气配比数据为设备进行工作的控制压力。

3. 选择二组分配气和三组分配气

在起始工作状态，左显示框显示 P，将状态开关（用钥匙旋动）转向设置状态，左显示框显示为 C，表示已进入数据设置状态；

按"配气方式"键进行切换，若左显示框显示 C—2，表示二组分配气工作方式，若左显示框显示 C—3，表示三组分配气工作方式。

4. 选择连续配气和一次配气

配气工作有连续配气和一次配气两种工作方式，用"配气方式"键进行切换。

在起始工作状态，左显示框显示 P，按"配气方式"键，左显示框最后一位将显示 1，表示一次配气工作方式，如果此时按"启动"开关，配气工作只进行一轮就会自动停止。

设置成一次配气工作方式后，再按"配气方式"键，左显示框最后一位的 1 将会隐去，恢复成连续配气工作方式。

5. 燃气配比数据的输入

（1）打开电源关开，设备进行自检，自检通过后，数码左显示框显示 P，表示处于起始工作状态。将状态开关（用钥匙旋动）转向设置状态，左显示框显示为 C，表示已进入数据设置状态。

（2）按"配比选择"键，左显示框显示 PC，此时可数字键输入燃气种类的代码，代码范围为 01～40，代码在右显示框显示出来。

（3）选好代码（例如代码为 11）后按"确认"键认可，这时左显示框显示 11-1，表示是 11 号燃气中 $C_3H_8$（或 $C_4H_{10}$、$CH_4$、液化石油气）的配气压力差，右显示框则显示出该参数的数值，按数字键可对该数值进行修正。

（4）数值准确可按"确认"键认可并转向第二个数据的设置，这时左显示框显示 11-2，表示是 11 号燃气中 $N_2$ 的配气压力差，右显示框则显示出该参数的数值，按数字键进行修正。

（5）数值准确可按"确认"键认可并转向第三个数据的设置，这时左显示框显示 11-3，表示是 11 号燃气中 $H_2$ 的配气压力差，右显示框则显示出该参数的数值，按数字键进行修正，数值准确可按确认键认并结束 11 号燃气的参数设置，左显示框又恢复显示 C。

6. 配气参数的查询

在起始工作 P 状态，可查询保存在系统内部的配气参数。

（1）查询已选定代码燃气的配比数据（例如代码为 11）

1）按"数据查询"键，这时左显示框显示 11-1，表示是 11 号燃气中 $C_3H_8$（或 $C_4H_{10}$、$CH_4$、液化石油气）的配气压力差，右显示框则显示出该参数的数值；

2）再按"数据查询"键，左显示框显示 11-2，表示是 11 号燃气中 $N_2$ 的配气压力差，右显示框则显示出该参数的数值；

3）再按"数据查询"键，左显示框显示 11-3，表示是 11 号燃气中 $H_2$ 的配气压力差，右显示框则显示出该参数的数值；

4）再按"数据查询"键，返回起始工作状态，左显示框显示 P。

（2）查询其他未选定代码燃气的配比数据（例如代码为 02）

1）按"数据查询"键，这时左显示框显示 02-1，右显示框显示数值，此为已选定燃气的数据；

2）按"配比选择"键，左显示框显示 PC，用数字键可在右显示框内选择 02，再按确认键确认，这时左显示框显示 02-1，表示是 02 号燃气中 $C_3H_8$（或 $C_4H_{10}$、$CH_4$、液化石油气）的配气压力差，右显示框则显示出该参数的数值；

3）再按"数据查询"键，左显示框显示 02-2，表示是 02 号燃气中 $N_2$ 的配气压力差，右显示框则显示出该参数的数值；

4）再按"数据查询"键，左显示框显示 02-3，表示是 02 号燃气中 $H_2$ 的配气压力差，右显示框则显示出该参数的数值；

5）再按"数据查询"键，返回起始工作状态，左显示框显示 P。

7. 燃气代码的选择

按"配比选择"键，左显示框显示 PC，右显示框显示原先已选定的代码，用数字键可修正代码，选择新的燃气代码，选好代码后按"确认"键确认，显示内容闪烁两次，同时蜂鸣器也短鸣两声，表示新代码已选定，返回起始工作状态，左显示框显示 P。

8. 正常配气运行状态

（1）按"启动"开关，运行灯亮，左显示框显示 PP。

（2）如果压力正常，1s 后左显示框转为 P—1，同时配气灯亮，表示进入第一种原料气的配气过程，显示配气罐压力的右显示框的数值不断上升，达到配气压力（$P_1$）时，第一种原料气的配气过程结束，配气灯灭。

（3）1s 后，左显示框显示转为 P—2，同时配气灯亮，表示进入第二种原料气的配气过程，显示配气罐压力的右显示框的数值不断上升，达到配气压力（$P_1+P_2$）时，第二种原料气的配气过程结束，配气灯灭。

（4）再 1s 后，左显示框显示转为 P—3，同时配气灯亮，表示进入第三种原料气的配气过程，显示配气罐压力的右显示框的数值不断上升，达到配气压力（$P_1+P_2+P_3$）时，第三种原料气的配气过程结束，配气灯灭，左显示框显示 PPP。

（5）如果贮气罐浮筒在最低位置，则进入输气过程，左显示框显示 PPPP，显示配气罐压力的右显示框数值不断下降，当降到配气起始压力值后，则输气过程结束，转入下一轮配气，如此周而复始。

注意：当需要结束配气工作时，按"停止"开关输入指令，因配气是一轮一轮进行的，不能在配气中途停止工作，而要持续到该轮配气输气结束后才能停止，所以按"停止"开关后配气还是继续进行，左显示窗最后一位显示 1，表示这是单一次配气，待这一轮配气过程持续到输气结束，系统停止工作，转向起始工作状态，左显示窗显示 P。

9. 结束工作

（1）关闭所有原料气瓶阀门或开关。

（2）关闭压缩空气气源阀门。

（3）切断电源。

注意：如 2～3 日内不需使用配气装置，应排空贮气罐中的剩余燃气。

10. 非正常运行状态

在配气进行过程中，如果原料气的进气压力已下降到低限时，系统能自动暂停工作，同时对应气源的指示灯灭，报警灯亮，蜂鸣器不断发出报警声。操作人员可按"暂停"键中止蜂鸣器的发声，更换新的原料气瓶后，进气压力恢复正常，按"启动"开关，系统继续工作。

在输气时，如果有人为误碰贮气罐行程开关或其他原因造成系统提早输气，当配气罐中的燃气尚未输完而浮筒已达极限位置时，系统能自动停止输气，同时报警灯亮。当浮筒下降一定高度后，操作人员按"启动"开关，系统将继续输气，报警灯灭。如果人员不干预，当浮筒下降到最低位置时，系统也能自动恢复输气，并将报警灯熄灭。该保护功能可有效防止因浮筒上升过高而造成燃气外漏的事故。

11. 注意事项

（1）进入配气室首先把门敞开，并打开所有窗户。

（2）配气装置的工作介质为可燃气体，在特定条件下遇明火会发生爆炸，所以在工作现场不得有明火，并禁止吸烟者进入配气间。

（3）配气装置应有专人操作，操作人员应有牢固的安全生产意识。

（4）配气装置工作时应有人员监视，随时发现并排除操作现场的一切事故隐患。

（5）配气装置在非工作状态时应切断所有的原料气源。

（6）更换配气种类需排空贮气罐和生产线输气管道中的剩余燃气时注意现场有无明火。

（7）贮气罐中的燃气与外界是用水来密封的，缺水会破坏密封而产生漏气，所以操作人员在每次开机前应检查贮气罐中的水位，以保持密封。

（8）操作人员应经常检查压缩空气管路上的三联件（固定在控制柜侧面），并定时排除过滤器中的积水。

（9）配气装置超过 3 日。不工作时，应先将贮气罐中的燃气排净。一般情况下尽量不要在贮气罐中保存燃气过夜。

# 第7章　民用燃气燃烧设备的测试

## 7.1　引射型大气式燃烧器的测试

引射型大气式燃烧器是利用燃气的压力，吸入一部分空气预先混合，然后送至燃烧火孔处去燃烧。这种燃烧器调节范围大，结构简单，操作方便，能适应多种工艺需要，广泛地用于民用及工业燃烧设备中。

### 7.1.1　燃烧稳定性测试

1. 试验目的

了解引射型大气式燃烧器的原理，掌握大气式燃烧器的测试方法和评价方法。

2. 试验条件

(1) 正常气候条件：温度为 15～35℃、相对湿度为 20%～80%、大气压力为 86～106kPa。

(2) 电源电压偏差为额定值的 −10%～+6%，频率偏差为额定值的 ±5%。

(3) 试验室通风良好。

3. 试验原理及要求

燃气与一次空气混合物自火孔流出点燃后，即产生一个双层的大气式火焰，一次空气系数在 0.40～0.75 之间。

(1) 离焰与回火

当燃气与一次空气的混合气流在燃烧火孔出口处的速度增加时，火焰高度随之增大。当混合气流速度大到一定程度后，火焰开始离开火孔，即发生离焰现象（见图 7-1）。此时燃烧火孔出口处的气流速度被称为离焰界限速度。发生离焰时，只有部分燃气燃烧，所以它不属于稳定工作范围，是正常工作所不能允许的。

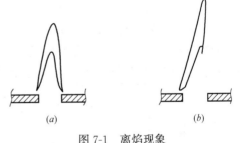

$(a)$　　　　　　　$(b)$

图 7-1　离焰现象

$(a)$ 离焰稳定状态；$(b)$ 离焰状态

逐渐减小燃烧火孔出口处的混合气流速度，火焰高度也慢慢降低。当混合气流速度小到一定程度后，火焰窜入火孔，即发生回火现象。此时火孔出口处混合气流速度称为回火界限速度。回火时，由于火焰在火孔内或在燃烧器内燃烧，一般会烧坏燃烧器，有大量未完全燃烧产物，不属于稳定工作范围。

(2) 黄焰（或光焰）

逐渐减小一次空气时（$a$ 值逐渐减小），火焰变软并加长。当达到一定界限值时，火焰的局部会发生黄焰（通常在焰尖上发生），甚至会产生游离碳，说明有燃烧不完全的现象。此现象称为黄焰，也属于不稳定工作状态，为正常工作所不允许（工业炉中特殊要求除外)。产生黄焰时的一次空气系数,称为黄焰界限一次空气系数。

(3) CO 含量标准

对于大气式火焰,一般以烟气中 CO 含量值 $CO_{\alpha=1}$ 来评价其卫生标准。改变燃烧火孔出口处气流速度时,会使烟气中 CO 含量改变。当 $CO_{\alpha=1}$ 达到标准值时的燃烧火孔出口处混合气流速度,称为 CO 界限流速。当然超过 CO 标准值时,也是正常稳定工作所不允许的。

(4) 大气式燃烧器的稳定工作曲线

离焰、回火、黄焰及 CO 界限流速值受一次空气系数 $\alpha$ 的影响。对于某一种燃烧器,燃烧某种固定的燃气时,以 $\alpha$ 为横坐标,以火孔出口处混合气流速度 $W_0$ 为纵坐标,可以通过试验测出离焰、回火、黄焰及 CO 的界限流速曲线(见图 7-2 的曲线 1、曲线 2、曲线 3 及曲线 4)。这四条曲线所包围的是稳定工作区。此曲线图称为该燃烧器燃烧某种固定燃气的稳定曲线图。当燃气性质及混合气流的温度改变时,稳定曲线要改变;当燃烧器结构形式及尺寸改变时,也要影响稳定曲线。为设计和计算方便,常用燃烧火孔热强度代替燃烧火孔出口处的混合气流速度,它们之间的关系为:

$$R_q = \frac{3.6I}{F_0} \times 100 \tag{7-1}$$

$$R_q = \frac{H_i W_0}{278 \times (1+\alpha V_0)} \tag{7-2}$$

式中　$R_q$——燃烧火孔热强度,kJ/(mm$^2$·h);

　　　$W_0$——燃烧火孔出口处混合气流的速度,m/s;

　　　$H_i$——燃气低位热值,kJ/m$^3$;

　　　$\alpha$——一次空气系数;

　　　$V_0$——理论空气需要量,m$^3$;

　　　$F_0$——燃烧火孔的总面积,mm$^2$;

　　　$I$——燃烧器热流量,kW。

稳定曲线是设计工作所依据的基本参数,测试时要有足够的精确度,并且在绘出稳定曲线后,必须要注明燃气成分、燃烧火孔形式和尺寸、燃烧火孔的间距,以及混合气流温度等条件因素。

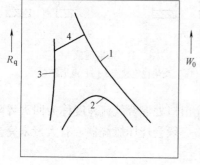

图 7-2　大气式燃烧器稳定曲线示意图

1—离焰;2—回火;3—黄焰;

4—CO 含量达到标准值

4. 试验装置

测试稳定曲线的方法很多,图 7-3 是民用大气式燃烧器稳定曲线的一种测试方案。燃气经过干燥器 10 后,通过调压器 1 分为两路:一路去热量计 20、相对密度计 21 或燃气成分分析仪 22,用来测定燃气气质;另一路经过转子流量计 2,进入燃烧器 6。

空气依靠空气泵 19 供给,经过干燥器 10 及流量计 17,进入燃烧器 6。燃气与空气在燃烧器中混合后,自火孔流出,并被点燃,调节燃气与空气的流量与比例,即可测出各条界限流速曲线。在燃烧器上安置装有水的铝锅,按照家庭炊事灶测试方法抽

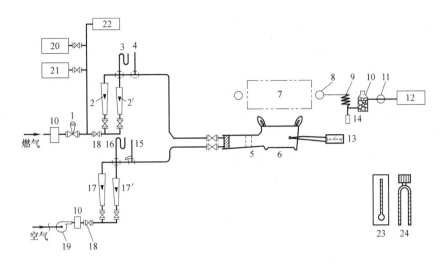

图 7-3　稳定曲线测试系统图

1—调压器；2—大型燃气转子流量计；2′—小型燃气转子流量计；3—燃气压力计；4—燃气温度计；5—金属网；
6—燃烧器；7—铝锅；8—采样器；9—冷却器；10—干燥器；11—烟气泵；12—烟气自动分析仪；13—热电偶温
度计；14—凝水罐；15—空气温度计；16—空气压力计；17—大型空气转子流量计；17′—小型空气转子流量计；
18—调节阀；19—空气泵；20—热量计；21—相对密度计；22—燃气成分分析仪；23—大气压力计；24—通风干湿度表

取烟气样，并进行烟气分析。铝锅距燃烧器的距离，要保持使火焰尖刚好碰触到锅底。烟气分析应该采用烟气连续自动分析仪。热电偶温度计 13 是为了监测混合气流在燃烧器头部的温度，以保证各测试结果均在同一个温度条件下。大气压力计 23 与通风干湿度表 24用来测定大气压力与环境温湿度。在燃烧器处加金属网 5，可防止火焰回窜到根部。

5. 试验步骤

试验前按照图 7-3 准备各项仪器，并安装测试系统。为防止试验过程中燃气成分发生变化应选用并安装一个贮气罐，将燃气预先存入罐中，测试时只用罐中燃气，保证成分稳定。

（1）系统气密性检验

要求在 1.5 倍工作压力的气压下，持续 1min，U 形压力计上的压力不下降。

（2）燃气成分分析及热值和相对密度的测定

（3）测量燃烧火孔尺寸

燃烧火孔的几何尺寸要求精确地测量，内容包括火孔截面尺寸、孔深、孔间距及孔个数。

（4）测量离焰界限流速

1）在一定燃气流量下，点燃燃烧器。此时为扩散火焰，采用流量计测量流量。

2）逐渐混入空气。当达到离焰时，记录燃气与空气的流量计读数、温度及压力，同时观测燃烧器头部混合气流温度（图 7-3 中 13）。

3）分若干次减少燃气流量，重复以上步骤，即可得到一组测量值。

（5）测量回火界限流速

1）在较小的燃气流量下，点燃燃烧器。

2）逐渐加大空气流量。当发现回火时，记录燃气与空气流量计读数、温度与压力，同时观测燃烧器头部混合气流温度、记录燃气与空气流量计读数。

3）分若干次增加燃气流量，重复以上步骤。

4）当燃气量增加到一定程度后，增加空气量后会发生离焰，这说明 $\alpha$ 值已接近于 1。这时只要再稍减少一些燃气，即可发生回火现象。整个过程是：先逐步增加燃气，相应地增加空气量，得到 $\alpha=0\sim1$ 之间的数个测量点。然后逐步减小燃气量，相应地减小空气量，就可以得到 $\alpha>1$ 的数个测量点，从而得到整个曲线。

（6）测量黄焰界限一次空气系数和流速

1）在一定燃气流量下，点燃燃烧器。

2）慢慢混入空气，观察火焰。当黄焰刚刚消失后，再减小一点空气量，记录刚刚出现黄焰时的燃气与空气的流量计读数、温度及压力。同时观测燃烧器头部混合气流温度。

3）改变燃气流量，重复以上步骤。

（7）测量 CO 界限流速

1）安装铝锅及烟气采样、测试系统。

2）在一定燃气流量下，点燃燃烧器。

3）逐渐加大空气量直到黄焰界限时，抽取并分析烟气成分。通常这时的 $CO_{\alpha=1}$ 值超过标准允许值。

4）再加大空气量，直到烟气中 CO 含量降低到标准值时，记录燃气与空气的流量计读数、温度及压力。同时观测燃烧器头部混合气流温度。

5）改变燃气流量，重复以上步骤。

（8）注意事项

1）燃烧器上所有火孔不可能同时离焰或回火。测试时，可以 1/4～1/3 数目以上的火孔发生离焰或回火时为标准。

2）CO 含量允许标准也可以 $CO/CO_2$ 来确定。

3）测试各界限流速时，要求燃烧器头部混合气流温度不变。在测试回火界跟流速时，更要注意此项要求，因为回火会引起混合气流温度升高。当发现温度升高时，应停止测试，待温度恢复后再测试。

6. 试验数据记录及处理

（1）混合气体总流量

因为采用的是转子流量计，所以先记录出其流量计读数，再根据专用的曲线图查出指示流量，然后根据实测的温度与压力进行折算，分别求出燃气流量及空气流量，二者之和即为混合气体的总流量。

（2）一次空气系数

求得燃气流量与空气流量后，根据公式可算出一次空气系数 $a$。

（3）燃烧火孔出口处气流速度及热强度

求得混合气体总流量后，即可根据燃烧火孔的总面积算出其在燃烧火孔出口处的流速 $W_0$。并可根据式（7-1）与式（7-2）算出热强度 $R_q$。

（4）计算

将测试记录填入记录表（见表 7-1），整理并计算。

## 大气式燃烧器特性测试记录表　　　　表 7-1

| 测试人员： | | 测试日期： | | | |
|---|---|---|---|---|---|
| 燃烧器型号： | | 燃烧火孔尺寸： | | | |
| 燃烧火孔深度： | | 燃烧火孔间距： | | | |
| 燃烧火孔个数： | | 燃烧火孔总面积： | | | |
| 测试项目 | | 结果 | | | |
| 室内参数 | 干球温度（℃） | | | | |
| | 湿球温度（℃） | | | | |
| | 相对湿度（%） | | | | |
| | 大气压力（Pa） | | | | |
| 燃气性质 | 低热值（kJ/m³） | | | | |
| | 相对密度 | | | | |
| | 燃气成分 | | | | |
| | 理论空气量 $V_0$（m³/s） | | | | |
| 燃烧时达到的界限状态 | | 离焰 | 回火 | CO 标准 | 黄焰 |
| 燃气参数 | 转子流量计读数（m³/s） | | | | |
| | 指示体积流量（m³/s） | | | | |
| | 压力（Pa） | | | | |
| | 温度（℃） | | | | |
| | 折算系数 | | | | |
| | 燃气流量 $V_g$（m³/s） | | | | |
| 空气参数 | 转子流量计读数（m³/s） | | | | |
| | 指示体积流量（m³/s） | | | | |
| | 压力（Pa） | | | | |
| | 温度（℃） | | | | |
| | 折算系数 | | | | |
| | 燃气流量 $V_a$（m³/s） | | | | |
| 总体积流量（m³/s） | | | | | |
| 一次空气系数 $\alpha$ | | | | | |
| 界限流速 $W_0$（m/s） | | | | | |
| 界限火孔热强度 $R_q$［kJ/(mm²·s)］ | | | | | |
| 头部气流温度（℃） | | | | | |

### 7.1.2 引射型大气式燃烧器气体动力性能测试

1. 试验目的

通过测试，了解引射型大气式燃烧器气体动力特性对燃烧特性的影响。

2. 试验条件

（1）温度为 15～35℃、相对湿度为 20%～80%、大气压力为 86～106kPa。

（2）电源电压偏差为额定值的 −10%～+6%，频率偏差为额定值的 ±5%。

（3）试验室通风良好。

3. 试验原理

喷嘴与混合管、扩压管组合在一起称为引射器。它的任务是控制燃气流量以满足热负荷要求，吸入一定的空气量，保证一次空气系数 $a$ 值，符合设计确定的稳定燃烧条件，同时还要维持燃烧器头部处混合气体具有静压 $h$，使燃烧火孔出口处气流速度达到 $W_0$，以达到稳定燃烧。

为了满足上述要求，必须根据燃烧器各部分的阻力系数及燃气的性质与具有的压力来确定燃烧器各部分尺寸。

气体动力性能测试工作的范围与计算式如下：

（1）一次空气系数

一次空气系数 $a$ 是实际吸入的一次空气量与完全燃烧需要空气量的比值。它是引射型大气式燃烧器的关键参数，对燃烧状态影响很大。

为了测出燃烧器的 $a$ 值，从头部（图 7-4 中 11 处）抽取混合气样，并分析其中氧含量（图 7-4 中 13、14 及 15）。这样根据混合气样中氧含量的大小用式（7-3）来计算一次空气系数 $a$ 值，即：

$$a = \frac{1}{V_0}\left(\frac{O_{2,m} - O_2}{20.9 - O_{2,m}}\right) \tag{7-3}$$

式中，$O_{2,m}$——燃气与空气混合气中氧的体积百分数，%。

此式对高热值的燃气易出现较大的误差，但是对于一般煤制气还是可以使用的。如果燃气中某种成分含量很高，也可以采用分析燃气与一次空气混合气体中的该成分的体积百分数的方法算出 $a$ 值，即：

$$a = \frac{1}{V_0}\left(\frac{x_i - x_{i,m}}{x_{i,m}}\right) \tag{7-4}$$

式中　$x_i$——燃气中某种含量高的成分体积百分数，%；

$x_{i,m}$——燃气与一次空气混合气样中该成分的体积百分数，%。

其他符号意义同前。

（2）燃烧器前燃气压与一次空气系数的关系

在工作中希望 $a$ 值不受燃烧器前燃气压力 $p_g$ 变化的影响，这样能保持在不同负荷（热流量）下，$a$ 值不变。一般文丘里型的引射器可以满足此项要求。为了鉴定此项性能，可以在改变灶前燃气压力的情况下，测出不同压力下的 $a$ 值。

（3）头部混合气流静压力与一次空气的关系

改变头部混合气流静压 $p_{st}$，对 $a$ 值影响很大。$p_{st}$ 越大，$a$ 值越小。测试时，可以用堵燃烧火孔的办法提高 $p_{st}$ 值（$p_g$ 值不变），同时测出在不同 $p_{st}$ 值的条件下的 $a$ 值。这样可以整理出 $\dfrac{p_{st}}{p_g}$ 与 $a$ 的关系曲线，即 $\dfrac{p_{st}}{p_g} = f(a)$。

（4）引射器各部分的阻力系数

引射器各部分的阻力系数是设计燃烧器的重要数据。为了使设计符合实际，要求测出符合实际情况的各项阻力系数。

1）喷嘴阻力系数：根据流体力学原理，在低压条件下，灶前燃气压力 $p_g$ 与喷嘴处

速度 $W_n$ 的关系如下：

$$P_g \eta_n = \frac{W_n^2}{2} \rho$$

$$W_n = \frac{278 V_g}{F_n} \tag{7-5}$$

式中　$\eta_n$——喷嘴阻力系数；

　　　$p_g$——灶前燃气压力，Pa；

　　　$W_n$——喷嘴出口处燃气速度，m/s；

　　　$\rho$——燃气密度，kg/m³；

　　　$V_g$——燃气流量，m³/h；

　　　$F_n$——喷嘴出口截面积，mm²。

在测试时，只要测出燃气流量 $V_g$、灶前燃气压力 $p_g$ 及燃气密度 $\rho$，然后根据喷嘴出口截面积 $F_n$，即可求出速度 $W_n$，最后根据式（7-6）算出喷嘴阻力系数：

$$\eta_n = \frac{W_n^2}{2} \rho / p_g \tag{7-6}$$

要注意的是，在测量 $p_g$ 值时，一般是测量灶具气阀前的燃气静压。当灶具气阀全开，并且阻力非常小时，$p_{st}$ 值即为喷嘴阻力系数，否则它包括了阀门的阻力因素。

2）燃烧火孔阻力系数 $\eta_0$：在低压条件下，还可以写出头部混合气流静压 $p_{st}$ 与燃烧火孔出口处气流速度 $W_0$ 的关系如下：

$$\eta_0 p_{st} = \frac{W_0^2}{2} \rho_m \left( \frac{273 + t_m}{273} \right)$$

$$W_0 = \frac{278 V_g (1 + aV_0)}{F_0}$$

$$\rho_m = 1.293 d \left( 1 + \frac{aV_0}{d} \right) / (1 + aV_0) \tag{7-7}$$

式中　$p_{st}$——头部混合气流静压，Pa；

　　　$\eta_0$——燃烧火孔阻力系数；

　　　$W_0$——燃烧火孔出口气流速度，m/s；

　　　$\rho_m$——混合气体的密度，kg/m³；

　　　$t_m$——混合气体的密度，kg/m³；

　　　$F_0$——燃烧火孔出口总面积，mm²；

　　　$d$——燃气相对密度；

其他符号意义同前。

在实际测试中，测出一次空气系数 $a$、燃气流量 $V_g$、头部混合气流静压 $p_{st}$ 与温度 $t_m$、燃烧火孔总面积 $F_0$ 以及燃气的基本性质 $V_0$ 后，利用式（7-8）即可求出燃烧火孔阻力系数。

$$\eta_0 = \frac{W_0^2}{2 p_{st}} \rho_m \left( \frac{273 + t_m}{273} \right) \tag{7-8}$$

3）引射器阻力系数 $k$：影响引射器阻力系数的因素很多，推导引射器的公式也不完全相同。这里介绍一种用冲量定律导出的低压引射器特性方程式如下：

$$\frac{P_{st}}{P_g} = \frac{2\eta_n}{F} = \frac{k(1+aV_0)\left(1+\dfrac{aV_0}{d}\right)\eta_n}{F^2}$$

$$F = \frac{F_m}{F_n} \tag{7-9}$$

式中　$k$——引射器综合阻力系数；

　　　$F_m$——混合管（或喉管）截面积，$mm^2$；

　　　$F$——相对面积比值；

其他符号意义同前。

上式是在空气吸入口处为常压条件下导出的。在测试中，只要测出头部混合气流静压 $p_{st}$、燃气压力 $p_g$、一次空气系数 $a$、引射器结构参数 $F_m$、$F_n$、$\eta_n$ 及燃气的性质 $V_0$、$d$，即可根据式（7-10）求出引射器阻力系数 $k$，即：

$$k = \frac{\left(\dfrac{2\eta_n}{F} - \dfrac{P_{st}}{P_g}\right)F^2}{(1+\alpha V_0)\left(1+\dfrac{\alpha V_0}{d}\right)\eta_n} \tag{7-10}$$

4. 试验装置

引射型大气或燃烧器气体动力性能测试系统如图 7-4 所示。压力为 $H$（Pa）的燃气靠本身压力自喷嘴 8 以 $W_n$（m/s）的速度喷出，同时把一次空气经过空气调节板 7 吸入。在混合管内燃气与空气混合，并在扩压管 10 内进一步混合与升高静压，最后进入燃烧器的头部 11。燃气与一次空气的混合气体在头部的静压为 $h$（Pa），温度为 $t_m$（℃），混合气体靠本身静压 $h$，自燃烧火孔 12 流出，其流速为 $W_0$。此流速在离焰与回火界限速度之间（在稳定工作区内），则火焰稳定在燃烧火孔之上。

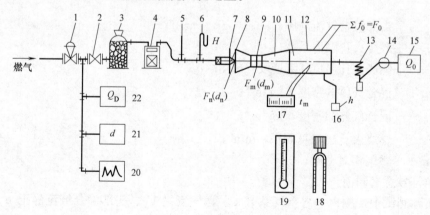

图 7-4　引射型大气或燃烧器气体动力性能测试系统

1—调压器；2—调节阀；3—干燥器；4—流量计；5—温度计；6—压力计；7—空气调节板；8—喷嘴；9—混合管；10—扩压管；11—头部；12—燃烧火孔；13—冷却器；14—气泵；15—氧分析仪；16—微压计；17—热电偶温度计；18—通风干湿表；19—大气压力计；20—燃气成分分析仪；21—相对密度计；22—热量计

如图 7-4 所示，燃气经过调压器 1 后，分为两路：一路去测量燃气的基本性质（20、21 及 22）；另一路通过调节阀 2、干燥器 3 与流量计 4 进入燃烧器。用热电偶温度计 17 测头部混合气流温度，要求与前相同。通过气泵 14 把燃气与一次空气混合气样送入氧分析仪 15。

用微压计 16 测量头部混合气流静压 $p_{st}$。用通风干湿表 18 与大气压力计 19 测量环境温度与大气压力。

5. 试验步骤

（1）试验准备

1）准备仪器与校正仪器

按照图 7-4 所示准备仪器，说明如下：

① 系统中采用干燥器与干式流量计，这是为了排除燃气中水分对测试工作的干扰。

② 测量头部混合气流静压的微压计应有足够的精度，否则会使求出的燃烧火孔阻力系数具有很大误差。有条件时，应采用刻度不大于 0.1 Pa 的微压计。

③ 为了求一次空气系数，燃气成分分析仪的主要任务之一是测出燃气中的氧含量。因此当用热量计测量燃气热值、用相对密度计测相对密度时，可以不做燃气成分全分析，而是只分析其中的氧含量，因此可以用氧分析仪代表燃气成分分析仪。

2）仪器的选用与校正

参考前述章节内容。

3）安装测试系统

按照图 7-4 连接测试系统。

（2）试验步骤

1）系统气密性检验、燃气基本性质测量与环境温度和大气压力的测定

要求在 1.5 倍工作压力的气压下，持续 1min，U 形压力计上的压力不下降，燃气成分分析及热值和相对密度的测定可参照第 4 章与第 5 章内容。

2）正常工作条件下的 $a$ 值的测定

① 控制灶前燃气压力为额定值，点燃燃烧器。

② 观察头部混合气流温度，当其稳定不变时，抽取燃气与一次空气的混合气样。要控制抽气流量，以不影响头部混合气流静压值 $p_{st}$ 为准。当抽气量较大时，可适当堵几个燃烧火孔。

③ 记录灶前燃气压力 $p_g$ 与头部混合气流静压 $p_{st}$。

④ 分析燃气与一次空气混合气样中氧含量及燃气中氧含量。

3）$a$ 受 $p_g$ 值影响关系的测试

控制调节阀 2，改变 $p_g$ 值，用上述步骤，分别测出不同 $p_g$ 下的 $a$ 值。

4）$a$ 受 $p_{st}$ 值影响关系的测试

① 保持 $p_g$ 值稳定不变。

② 用上述方法测出不同 $p_{st}$ 值下的 $a$ 值。可用堵燃烧火孔的办法改变 $p_{st}$。这样就可以求出 $\dfrac{p_{st}}{p_g} = f(a)$ 的特性曲线。

5）各部分阻力系数的测定

① 喷嘴阻力系数：测出不同压力 $p_g$ 下的燃气流量 $V_g$，即可求得一组喷嘴阻力系数 $\eta_n$，并取其平均值。

② 燃烧火孔阻力系数：根据以前的测试结果，整理出不同 $p_{st}$ 值下的 $a$ 与 $V_\tau$ 值，即可求得一组燃烧火孔阻力系数 $\eta_0$，并取其平均值。

③ 引射器阻力系数：根据以前测试结果，整理出同一工况下的 $\dfrac{p_{st}}{p_g}$ 与 $a$ 值，即可求得 $k$ 值，并取其平均值。

以上测试步骤可以根据具体测试要求，合并或单独进行。

6. 试验数据及处理

将测试结果填入表格中进行整理与计算（见表 7-2）。

**大气式燃烧器动力特性测试记录表**　　　　表 7-2

| 测试对象：$F_n=$　　$F_m=$　　$F_0=$ | | 测试人员 | | | |
|---|---|---|---|---|---|
| | | 测试日期 | | | |
| 测试项目 | | 1 | 2 | 3 | 4 |
| 室内参数 | 干球温度（℃） | | | | |
| | 湿球温度（℃） | | | | |
| | 相对湿度（%） | | | | |
| | 大气压力（Pa） | | | | |
| 燃气性质 | 燃气成分体积分数（%） | | | | |
| | 理论空气需要量（$m^3/m^3$） | | | | |
| | 密度（$kg/m^3$） | | | | |
| | $V_g'=V_g f$ | | | | |
| 喷嘴阻力系数 | 燃烧器前燃气压力（Pa） | | | | |
| | 燃气温度（℃） | | | | |
| | 折算系数 $f$ | | | | |
| | 燃气体积流量 $V_g$（$m^3/s$） | | | | |
| | $V_g'=V_g f$ | | | | |
| | $W_n=\dfrac{278V_g}{F_n}$ | | | | |
| | $\eta_n=\dfrac{W_n^2}{2}\rho/P_g$ | | | | |
| | $\overline{\eta}_n$ | | | | |
| 燃烧火孔阻力系数 $\eta_0$ | 头部气流静压力 $p_{st}$（Pa） | | | | |
| | 头部气流温度 $t_m$（℃） | | | | |
| | 燃气空气混合物中 $O_2$ 体积分数 $\varphi_{(O_2)}$（%） | | | | |
| | 一次空气系数 $a_1$ | | | | |
| | $V_m=(1+a_1 V_0)V_g$ | | | | |
| | $W_0=\dfrac{278V_m}{F_0}$ | | | | |

续表

| 测试对象: $F_n=$ $F_m=$ $F_0=$ | 测试人员 | | | |
| | 测试日期 | | | |
| 测试项目 | 1 | 2 | 3 | 4 |
| 燃烧火孔阻力系数 $\eta_0$：$\rho_m=1.293d\left(1+\dfrac{aV_0}{d}\right)/(1+aV_0)$ | | | | |
| $\eta_0=\dfrac{W_0{}^2}{2p_{st}}\rho_m\left(\dfrac{273+t_m}{273}\right)$ | | | | |
| 引射器阻力系数：$\dfrac{\left(\dfrac{2\eta_n}{F}-\dfrac{p_{st}}{p_g}\right)F^2}{(1+a_1V_0)\left(1+\dfrac{aV_0}{d}\right)\eta_n}$ | | | | |
| $k$ | | | | |
| $\overline{k}$ | | | | |

## 7.2 民用燃气灶具质量测定

### 7.2.1 试验目的

民用燃气灶的主要检测项目包括燃气灶具气密性试验、燃气灶具热负荷热效率试验、燃气灶具燃烧工况试验（包括灶具火焰情况、干烟气中 CO 含量）、灶具温升测定、灶具工作时噪声测定、安全装置试验等。其目的是检测以上各项参数是否符合国家标准及有关规定。具体请参考《家用燃气灶具》GB 16410—2007、《家用燃气用具通用试验方法》GB/T 16411—2008 和《家用燃气灶具能效限定值及能效等级》GB 30720—2014。

### 7.2.2 试验条件

(1) 实验室温度 $20\pm5℃$，空气相对湿度不大于 80%。

(2) 室内空气中一氧化碳含量应小于 0.002%，二氧化碳含量应小于 0.2%。

(3) 不得有辐射传热或对流传热影响试验室的测量装置，测试系统周围 1m 内空气流动速度不大于 0.3m/s。

(4) 电源条件：试验室使用的交流电源，电压波动范围在 $\pm2\%$ 以内。

(5) 试验用燃气参数应稳定，其波动应控制在下述范围内：燃气热值 $\pm0.42MJ/m^3$ 以及燃气压力 $\pm20Pa$。

(6) 试验所使用的试验气条件，以试验气种类代号和试验气压力代号表示，见表 7-3。

**试验气代号及试验气压力代号** 表 7-3

| 试验气 | | 试验气压力(Pa) | | | | |
| 代号 | 气质 | 代号 | 液化石油气 | 天然气 | | 人工煤气 |
| --- | --- | --- | --- | --- | --- | --- |
| 0 | 基准气 | | — | | | |
| 1 | 黄焰界限气 | 1(最高压力) | 3300 | 3000 | 1500 | 1500 |
| 2 | 回火界限气 | 2(额定压力) | 2800 | 2000 | 1000 | 1000 |

续表

| 试验气 | | 试验气压力(Pa) | | | |
|---|---|---|---|---|---|
| 代号 | 气质 | 代号 | 液化石油气 | 天然气 | 人工煤气 |
| 3 | 离焰界限气 | 3(最低压力) | 2000 | 1000 500 | 500 |

注：对于特殊气源，如果当地宣称的额定燃气供气压力与表 7-3 不符时，应使用当地宣称的额定燃气供气压力。

示例 1："2-2"气，表示回火界限气-额定压力条件；

示例 2："0-1"气，表示基准气-最高压力条件。

### 7.2.3 试验原理

1. 实测热负荷

实测热负荷：试验状态下，试验用气的低热值与实测燃气流量的乘积。

实测热负荷计算公式：

$$\phi_实 = \frac{1}{3.6} \times V \times H_i \times \frac{273}{273+t_g} \times \frac{P_{amb}+P_m-S}{101.3} \tag{7-11}$$

式中 $\phi_实$——实测热负荷，kW；

$H_i$——0℃，101.3kPa 状态下试验燃气的低热值，$MJ/m^3$；

$V$——实测燃气流量，$m^3/h$；

$t_g$——燃气流量计内的燃气温度，℃；

$P_{amb}$——试验时的大气压力，kPa；

$P_m$——实测燃气流量计内的燃气相对静压力，kPa；

$S$——温度为 $t_g$ 时的饱和蒸汽压力，kPa（当使用干式流量计时，$S$ 值应乘以试验气的相对湿度进行修正）。

2. 实测折算热负荷

实测折算热负荷：设计燃气低热值与实际燃气流量折算到标准状态的计算值的乘积。

灶具的热负荷应满足：

(1) 每个燃烧器的实测折算热负荷与额定热负荷的偏差应在±10%以内。

(2) 总实测折算热负荷与单个燃烧器折算热负荷总和之比大于或等于85%。

(3) 两眼和两眼以上的燃气灶应有一个主火，其实测折算热负荷：普通型灶≥3.5kW；红外线灶≥3.0kW。

实测折算热负荷的计算公式：

$$\phi = \frac{1}{3.6} \times \frac{273}{288} \times H_i \times V \times \sqrt{\frac{d_a}{d_{mg}}} \times \frac{101.3+p_s}{101.3} \times \frac{p_{amb}+p_m}{p_{amb}+p_g} \times$$

$$\sqrt{\frac{288}{273+t_g} \times \frac{p_{amb}+p_m-(1-0.622/d_a)\times S}{101.3+p_s}} \tag{7-12}$$

式中 $\phi$——实测折算热负荷，kW；

$H_i$——0℃、101.3kPa 状态下设计气的低热值，$MJ/m^3$；

$V$——实测燃气流量，$m^3/h$；

$d_a$——标准状态下干试验气的相对密度；

$d_{mg}$——标准状态下干设计气的相对密度；

$p_{amb}$——试验时的大气压力，kPa；

$p_s$——设计时使用的额定燃气供气压力，kPa；

$p_m$——实测燃气流量计内的燃气相对静压力，kPa；

$p_g$——实测灶具前的燃气相对静压力，kPa；

$t_g$——燃气流量计内的燃气温度，℃；

$S$——温度为$t_g$时的饱和水蒸气压力，kPa（当使用干式流量计测量时，$S$值应乘以试验燃气的相对湿度进行修正）；

0.622——理想状态下的水蒸气相对密度值。

3. 热效率的计算原理

热效率：指有效利用热量占供给热量的百分比。它表示热能的有效利用率，反映了燃烧与传热的综合效果。

热效率的计算公式：

$$\eta_实=\frac{M\times C\times(t_2-t_1)}{V_耗\times H_i}\times\frac{273+t_g}{273}\times\frac{101.3}{P_{amb}+p_m-S}\times100$$
$$M=M_1+0.213M_2 \tag{7-13}$$

式中 $\eta_实$——实测热效率，%；

$M$——加热水量，kg；

$C$——水的比热，$C=4.19\times10^{-3}$MJ/(kg·℃)；

$t_1$——水的初温，℃；

$t_2$——水的终温，℃；

$V_耗$——实测燃气消耗量，m³；

$H_i$——0℃、101.3kPa状态下实测试验气的低热值，MJ/m³；

$p_{amb}$——试验时的大气压力，kPa；

$p_m$——实测燃气流量计内的燃气相对静压力，kPa；

$t_g$——燃气流量计内的燃气温度，℃；

$t_n$——室内温度，℃；

$S$——温度为$t_g$时的饱和水蒸气压力，kPa（当使用干式流量计测量时，$S$值应乘以试验燃气的相对湿度进行修正）；

$M_1$——加入锅内的水质量，kg；

$M_2$——铝锅的质量（含盖子和搅拌器），kg。

$$\eta=\eta_{实,下}+\frac{q_下-5.47}{q_下-q_上}\times(\eta_{实,上}-\eta_{实,下}) \tag{7-14}$$

式中 $\eta$——热效率，%；

$\eta_{实,下}$——使用下限锅时的实测热效率，%；

$\eta_{实,上}$——使用上限锅时的实测热效率，%；

$q_下$——使用下限锅试验时的锅底热强度，W/cm²；

$q_上$——使用上限锅试验时的锅底热强度，W/cm²；

注：锅底热强度=实测热负荷（W）/试验用锅在正投影面的面积。

4. 烟气中一氧化碳含量

烟气中一氧化碳的含量：指燃烧后的单位体积烟气中一氧化碳含量，用来判断燃烧效果的好与坏。

干烟气中一氧化碳浓度（理论空气系数 $a=1$，体积百分数）满足：小于或等于 0.05%。

烟气中一氧化碳浓度计算公式：

$$C_1 = C_{1a} \times \frac{C_{2max}}{C_{2a} - C_{2t}} \times 100\% \tag{7-15}$$

式中　$C_1$——干烟气中的一氧化碳浓度，理论空气系数 $a=1$，体积百分数；

　　　$C_{1a}$——干烟气中一氧化碳浓度测定值，体积百分数；

　　　$C_{2t}$——室内空气（干燥状态）中的二氧化碳浓度测定值，体积百分数；

　　　$C_{2a}$——干烟气样中的二氧化碳浓度测定值，体积百分数；

　　$C_{2max}$——理论干烟气样中的二氧化碳浓度（计算值），体积百分数。

### 7.2.4　试验装置

1. 试验装置流程图（见图 7-5）

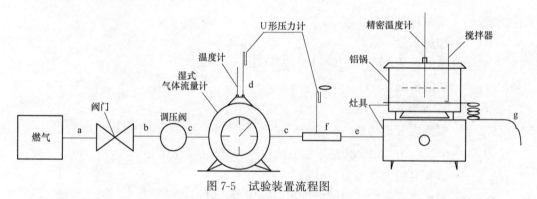

图 7-5　试验装置流程图

注：图中字母所示为此处软管管径，具体数值由表 7-4 查看。

**试验仪器连接管径的选择**　　　　　表 7-4

| 符号 | a | b | c | d | e | f | g |
|---|---|---|---|---|---|---|---|
| 内径(mm) | 20 | 20 | 20 | 9 | 9(软管) | 9 | 7 |
| 外经(mm) | 27 | 27 | 27 | 12.5 | 7.2(灶具接头) | 12.5 | 15 |

2. 试验用主要仪器仪表（见表 7-5）

**试验用主要仪器仪表**　　　　　表 7-5

| 用途<br>（试验项目） | 仪器仪表名称 | 规格 | |
|---|---|---|---|
| | | 范围 | 精度或最小刻度 |
| 室温及燃气温度测定 | 温度计 | 0~50℃ | 燃气温度 0.5℃；室温 1℃ |
| 湿度测定 | 湿度计 | 10%~98% | ±5% |
| 大气压力测定 | 气压计 | 81~107kPa | 0.1kPa |
| 燃气压力测定 | U 形压力计或压力表 | 0~5000Pa | 10Pa |

续表

| 用途<br>（试验项目） | 仪器仪表名称 | 规格 | |
|---|---|---|---|
| | | 范围 | 精度或最小刻度 |
| 时间测定 | 秒表 | — | 0.1s |
| 燃气流量测定 | 气体流量计 | — | 0.1L |
| 燃气相对密度测定 | 燃气相对密度仪 | — | ±2% |
| 气密性测定 | 气体检漏仪 | — | — |
| 噪声测定 | 声级计 | 40～120dB | 1dB |
| 燃气成分测定 | 气相色谱仪 | — | — |
| 燃气热值测定 | 热量计 | — | — |
| 一氧化碳含量测定 | 一氧化碳测试仪 | 0～0.2% | 0.01% |
| 二氧化碳含量测定 | 二氧化碳测试仪 | 0～15% | 0.01% |
| 氧气含量测定 | 氧气测试仪 | 0～21% | 0.01% |
| 水温 | 温度计 | 0～100℃ | 0.2℃ |
| 油温 | 温度计 | 0～300℃ | 2℃ |
| 接地电阻测定 | 接地电阻测试仪 | — | — |
| 泄漏电流测定 | 电流计、电压计、<br>泄漏电流测试仪 | — | — |
| 功率消耗测定 | 功率表 | — | — |
| 线圈温升测定 | 直流低电阻测试仪 | — | — |
| 表面温度测定 | 热电偶、热电温度计 | 0～300℃ | 2℃ |
| 质量测定 | 衡器 | 0～15kg | 10g |
| 电压测定 | 交流电压表 | — | 精度1.0级 |

### 7.2.5 试验内容及步骤

1. 气密性试验

试验步骤：

（1）先检验从燃气入口到燃气阀门，即图7-5中 a、b、c 的气密性。使被测燃气阀门为关闭状态，其余阀门打开。

（2）逐道检查（并联的阀门作为同一道检测），在燃气入口连接检漏仪，通入压力为 4.2kPa 的空气，检查其泄露量。

（3）检验自动控制阀门处的气密性。关闭自动控制阀门，其余均打开。

（4）在燃气入口连接检漏仪，通入压力为 4.2kPa 的空气，检查其泄露量。

（5）检验从燃气口到燃烧器火孔。使用 0-1 气，点燃全部燃烧器。

（6）用皂液、检漏液或试验火的燃烧器检查燃气入口至燃烧器火孔前各部位是否有漏气现象。

灶具的气密性应满足：

（1）从燃气入口到燃气阀门在 4.2kPa 压力下，漏气量小于或等于 0.07L/h。

（2）自动控制阀门在 4.2kPa 压力下，漏气量小于或等于 0.55L/h。

（3）用 0-1 气点燃燃烧器，从燃气口到燃烧器火孔无燃气泄漏现象。

2. 热负荷、热效率试验

试验步骤：

（1）将灶台及其他设备按照图 7-5 连接好，将活动锅支架调整到对试验最不利状态。

（2）使用 0-2 气调节到燃烧火焰最佳状态，然后将风门固定，进行各项试验时不得再调风门。

（3）对燃气流量计的液面进行调整；在气源断开的前提下，将右上方通大气孔的螺栓取下，观察右侧面液面高度，以液面高度正好与金属尖平齐为标准。

（4）记录大气压力 $P_{amb}$、大气温度 $t_n$ 及大气湿度 $\varphi$，打开气阀，调节灶前进口压力为灶具规定相对应值。

（5）灶上坐锅加适量水，用最大火力预热 15min（此时锅径大小根据额定热负荷由表 7-6 选取）。

（6）求双孔热负荷：测双孔燃气流量。方法：记录初值流量数据 $V_1$，同时揿表，等待秒表走 1min 以上，流量计转整圈数时揿表 $\Delta t$，记录末流量值 $V_2$。由双孔测得的数据根据式（7-11）求出双孔实测热负荷，根据式（7-12）求出实测折算热负荷。

（7）关闭左边阀门，记录左阀正常关闭时间。

（8）求右孔热负荷：测右孔燃气流量 $V_1$、$V_2$ 及时间 $\Delta t$，方法同步骤（6）（测完不用关火）。由右孔测得的数据根据式（7-11）求出右孔实测热负荷，根据式（7-12）求出实测折算热负荷。根据实测热负荷，按照表 7-6 选取相对应的试验用上下限锅和加热水量；

（9）测右孔烟气：取下限锅加适量水，选取与锅径相对应的取烟器，并与烟气分析仪连接，待烟气分析仪表显示数据稳定后，记录 CO 和 $CO_2$ 的数值，用式（7-15）求出 CO 浓度。

（10）测右孔热效率：取右孔下限锅，根据表 7-6 加标准规定的相对应量水，选取相对应的搅拌器，并将温度计安装好。水初温取室温加 5℃，水终温取初温加 30℃。水温由初温前 5℃开始搅拌，到初温时开始计燃气消耗量，在比初始温度高 25℃时搅拌，比初温高 30℃时关闭燃气且继续搅拌。温度计所达到的最高温度为最终温度，根据式（7-13）算出右孔热效率。

（11）在灶具试验状态下，左孔点燃，坐锅，预热 15min。

（12）测左孔热负荷：方法同步骤（8）。

（13）测右孔闭阀时间：方法同步骤（7）。

（14）测右孔烟气：方法同步骤（9）。

（15）测右孔热效率：方法同步骤（10）。

（16）记录及整理数据。

（17）待锅具冷却后，收拾试验器具。

3. 燃烧工况试验

燃具燃烧工况要求见表 7-7，试验方法见表 7-8。

燃气灶试验用锅和加热水量 表 7-6

| 实测热负荷(kW) | 锅的尺寸(mm) | | | | 加热水量(kg) |
|---|---|---|---|---|---|
| | 锅直径 | 锅壁厚度 | 圆角半径 | 高度 | |
| <1.10 | 140 | 0.55±0.1 | | 90 | 0.5 |
| 1.1 | 160 | 0.55±0.1 | | 100 | 0.8 |
| 1.4 | 180 | 0.6±0.1 | | 110 | 1 |
| 1.72 | 200 | 0.65±0.1 | | 125 | 1.5 |
| 2.08 | 220 | 0.65±0.1 | | 140 | 2 |
| 2.48 | 240 | 0.7±0.1 | 16 | 150 | 2.5 |
| 2.91 | 260 | 0.7±0.1 | | 160 | 3 |
| 3.36 | 280 | 0.8±0.1 | | 175 | 4 |
| 3.86 | 300 | 0.8±0.1 | | 190 | 5 |
| 4.4 | 320 | 0.9±0.1 | | 200 | 6 |
| 4.95 | 340 | 0.9±0.1 | | 210 | 7 |
| 5.56 | 360 | 1.0±0.1 | | 225 | 8 |

燃烧工况要求 表 7-7

| 序号 | 项目 | 要求 |
|---|---|---|
| 1 | 火焰传递 | 4s着火,无爆燃 |
| 2 | 离焰 | 无离焰 |
| 3 | 熄火 | 无熄火 |
| 4 | 火焰均匀性 | 火焰均匀 |
| 5 | 回火 | 无回火 |
| 6 | 黑烟 | 无黑烟 |
| 7 | 接触黄焰 | 电极不应经常接触黄焰 |
| 8 | 小火燃烧器燃烧稳定性 | 无熄火、无回火 |
| 9 | 使用超大型锅时,燃烧稳定性 | 无熄火、无回火 |

燃烧工况试验方法 表 7-8

| 试验项目 | 调节方式 | 试验气 | 试验步骤 |
|---|---|---|---|
| 火焰传递 | 燃气量调整到最大 | 0-2 | 对有燃气量调节的灶具,在流量最大状态下进行,冷态点燃主燃烧器一处火孔;<br>观察并记录火焰传遍所有火孔的时间和目测有无爆燃现象 |
| 离焰 | 燃气量调整到最大 | 3-1 | 冷态点燃主燃烧器,15s后目测 1/3 以上火焰离焰,则判定为离焰 |
| 熄火 | 燃气量分别调整到最大和最小 | 0-1<br>0-3 | 主燃烧器点燃 15s 后,目测每个火孔是否都有火焰 |
| 火焰均匀性 | 燃气量分别调整到最大和最小 | 0-2 | 主燃烧器点燃 20min,目测火焰是否清晰、均匀 |

143

续表

| 试验项目 | | 调节方式 | 试验气 | 试验步骤 |
|---|---|---|---|---|
| 回火 | | 燃气量调整到最大和最小 | 2-3 | 主燃烧器点燃 20min,目测火焰是否回火 |
| 黑烟 | | 燃气量调整到最大 | 1-1 | 从冷态点燃主燃烧器到火焰稳定,用净锅或光亮的金属板放在灶具上,目测是否有黑烟,在灶具运行 20min 后,再试一次 |
| 接触黄焰 | | 燃气量调整到最大 | 1-1 | 从冷态点燃主火焰开始,到 15min 期间内,目测有无黄焰,测试在任意 1min 内,电极连续接触黄焰在 30s 以上时,为接触黄焰 |
| 小火燃烧器燃烧稳定性 | 熄火 | 燃气量调整到最大 | 0-1<br>0-3 | 先检验小火燃烧器燃烧是否熄火;<br>点燃小火燃烧器 15min 后,目测小火燃烧器有无熄火和回火的现象; |
| | 回火 | 燃气量调整到最大 | 2-3 | 燃气阀开至最大,连续点燃主燃烧器,检测小火燃烧器在主燃烧器点燃和熄火时,小火燃烧器是否有熄火和回火的现象 |
| 使用超大型锅时,燃烧稳定性 | | 燃气量调整到最大 | 1-1 | 使用比试验用锅(下限锅)直径大 4cm 的锅,逐个点燃灶具的燃烧器,使燃气阀全开,目视检查是否有黑烟,燃烧是否稳定 |

**4. 温升试验**

试验步骤:

(1) 准备测试灶具及相关热电偶,将热电偶与需要测温升部位相连,并做好记录。

(2) 把灶具放入试验角,按图 7-6 连接好灶具,调整灶具位置使之距离侧面与后面 150mm。

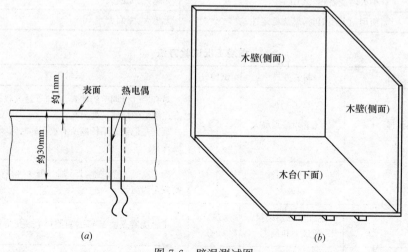

图 7-6　壁温测试图

(a) 埋热电偶;　(b) 木壁或木台

（3）使用 0-1 气，最高压力，点燃灶具并开始计时。

（4）根据热负荷试验测得的热负荷根据表 7-6 选取锅直径，加水至少 2/3 锅深。

（5）50min 到 1h 后，用热电偶温度计测量各点温度，并记录。

5. 噪声试验

试验步骤：

（1）测定燃烧噪声，要求为≤65dB（A）。使用 0-1 气，使燃气量调整到最大，点燃全部燃烧器。

（2）点火 15min 后，使用声级计，按 A 计权，用快速档位进行测试，测试部位按图 7-7 所示三点进行试验。

（3）环境本体噪声应小于 40dB 或比灶具实测噪声低 10dB，否则按《声学声压法测定噪声源声功率级反射面上方采用包络测量表面的简易法》GB/T 3768—2017 的表 3 进行修正。

（4）测定熄火噪声，要求为≤85dB（A），测定的最大噪声值应加 5dB 作为熄火噪声。使用 0-2 气，使燃气量调整到最大，点燃全部燃烧器。

（5）重复上述步骤（2）。

（6）重复上述步骤（3）。

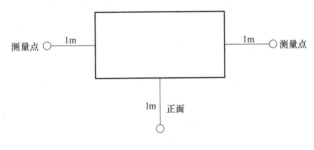

图 7-7　噪声测定示意

6. 安全装置试验

试验步骤：

（1）熄火保护装置，开阀时间的测试，使用 0-3 气，燃具状态正常使用。

（2）从点火操作开始，用秒表计时，到熄火保护装置处于开阀状态时停止计时，若开阀时间小于或等于 15s，则为合格。

（3）闭阀时间的测试，使用 0-1 气，燃具状态正常使用。

（4）在主燃烧器点燃 15min 后，强行熄火，用秒表计时，从熄火到熄火保护装置关闭的时间，若闭阀时间小于或等于 60s，则为安全。

（5）油温过热控制装置，使用 0-2 气，按表 7-6 选用试验锅，注入色拉油，油深 10mm。

（6）点燃燃烧器，控制装置动作时，用范围在 300℃的温度计测定油的最高温度。对可调节温度的灶具，需设定在最高温度进行试验。

### 7.2.6　测试结果及数据记录

测试结果及数据记录在表 7-9 和表 7-10 内。

热负荷和烟气　　　　　　　　　　　　　　　　　　　表 7-9

| 试验项目 | | 单位 | 左眼 | 右眼 | 全开 |
|---|---|---|---|---|---|
| 热负荷和烟气 | 额定热负荷 | W | | | |
| | 体积 | L | | | |
| | 时间 | s | | | |
| | 实测热负荷 | kW | | | |
| | 实测热负荷平均值 | kW | | | |
| | 实测折算热负荷 | kW | | | 热负荷百分比 |
| | 实测折算热负荷偏差 | % | | | |
| | 选锅 | mm | | | |
| | 实测二氧化碳含量 | % | | | 主火实测折算热负荷 |
| | 实测一氧化碳含量 | ppm | | | |
| | 折算一氧化碳含量 | % | | | |

热效率　　　　　　　　　　　　　　　　　　　　表 7-10

| 试验项目 | 单位 | 左眼 | | 右眼 | |
|---|---|---|---|---|---|
| 室温 | ℃ | | | | |
| 锅直径 | mm | | | | |
| 锅重量 | kg | | | | |
| 水重量 | kg | | | | |
| 水初温 | ℃ | | | | |
| 水终温 | ℃ | | | | |
| 水温差 | ℃ | | | | |
| 燃气初读数 | L | | | | |
| 燃气终读数 | L | | | | |
| 燃气耗量 | L | | | | |
| 加热时间 | s | | | | |
| 热效率 | % | | | | |
| 实测热负荷 | kW | | | | |
| 锅底热强度 | $W/cm^2$ | | | | |
| 热强度平均值 | $W/cm^2$ | | | | |
| 单组热效率平均值 | % | | | | |
| 热效率平均值 | % | | | | |

## 7.3 燃气热水器测试

### 7.3.1 试验目的

燃气热水器是一种利用天然气、人工燃气、液化石油气等作燃料燃烧放出的热量来加热冷水的器具，主要用于家庭淋浴和洗涤，因此对投入使用前的燃气热水器进行全面的质量鉴定是很有必要的。燃气热水器的鉴定是根据《家用燃气快速热水器》GB 6932—2015和《家用燃气快速热水器和燃气采暖热水炉能效限定值及能效等级》GB 20665—2015 测定其气密性、燃烧稳定性、热工特性（包括热负荷、热效率）、烟气含量、表面温升、工作噪声是否符合规定。

### 7.3.2 试验条件

（1）实验室室温为 20±5℃，试验过程中室温波动应小于±5℃；空气相对湿度不大于 80%±10%，进水温度 20±2℃，进水压力 0.1±0.04MPa；大气压力 86～106kPa。

（2）通风换气良好，室内空气中一氧化碳含量应小于 0.002%，二氧化碳含量小于 0.2%，且不应有影响燃烧的气流，即空气流速小于 0.5m/s。

（3）试验用气使用额定压力的基准气，试验过程中燃气的华白数变化应不大于 2%，热水器停止运行时压力应不大于运行时的 1.25 倍。

（4）燃气基准状态：温度为 15℃、101.3kPa 的干燥燃气状态，燃气压力波动不大于±2%，燃气流量波动不大于±1%，流动速度小于 0.5m/s。

（5）试验室使用的交流电源，电压波动范围不大于±5V。

### 7.3.3 试验原理

**1. 热负荷准确度**

试验采用 0-2 气，热水器调整为额定或最大负荷状态后点燃，运行 15min 后用气体流量计测定燃气流量。气体流量计指针走动一周以上的整圈数，且测定时间应不小于 1min。

$$Q=\frac{1}{3.6}\times H_i\times V\times\frac{p_a+p_m}{p_a+p_g}\times\sqrt{\frac{101.3+p_g}{101.3}\times\frac{288}{273+t_g}\times\frac{p_a+p_g}{101.3}\times\frac{d}{d_r}} \tag{7-16}$$

式中  $Q$——15℃、大气压 101.3kPa、燃气干燥状态下实测折算热负荷，kW；

$H_i$——15℃、大气压 101.3kPa 状态下基准气低热值，MJ/m³；

$V$——实测燃气流量计流量，m³/h；

$d$——干试验气的相对密度；

$d_r$——基准气的相对密度；

$p_a$——试验时的大气压力，kPa；

$p_m$——实测燃气流量计内通过的燃气压力，kPa；

$p_g$——实测热水器前的燃气压力，kPa；

$t_g$——测定时燃气流量计内通过的燃气温度，℃；

使用湿式流量计时，用湿试验气的相对密度 $d_h$ 代替式（7-16）中的 $d$，$d_h$ 按式（7-17）计算：

$$d_h = \frac{d(P_a + P_m - P_s) + 0.622 P_s}{P_a + P_g} \tag{7-17}$$

式中　$d_h$——湿试验气的相对密度；

　　　$d$——干试验气的相对密度；

　　　$P_a$——试验时的大气压力，kPa；

　　　$P_m$——实测燃气流量计内通过的燃气压力，kPa；

　　　$P_s$——在温度为 $t_g$ 时饱和水蒸气的压力，kPa；

　　　$P_g$——实测热水器前的燃气压力，kPa；

　0.622——理想状态下的水蒸气相对密度值。

饱和蒸汽压力 $P_s$ 与温度 $t_g$ 的对应值见《城镇燃气热值和相对密度测定方法》GB/T 12206—2006 的表 B.1。

热负荷准确度按下式计算：

$$热负荷准确度（\%）= \frac{折算热负荷 - 额定热负荷}{额定热负荷} \times 100 \tag{7-18}$$

**2. 热效率**

燃气热水器运行 15min，当出热水温度稳定后，测定在燃气流量计上的指针转动一周以上的整数且测定时间不少于 1min 时的出热水量，热效率按下列公式计算：

$$\eta_\tau = \frac{M \times C \times (t_2 - t_1)}{V \times H_i} \times \frac{273 + t_g}{288} \times \frac{101.3}{P_a + P_g - S} \times 100\% \tag{7-19}$$

式中　$\eta_\tau$——产热水温度 $t = (t_2 - t_1)℃$ 时的热效率；

　　　$M$——出热水量，kg/min；

　　　$C$——水的比热，$C = 4.19 \times 10^{-3}$MJ/(kg·℃)

　　　$t_1$——进水温度，℃；

　　　$t_2$——出热水温度，℃；

　　　$V$——实测燃气流量，$m^3$/min；

　　　$H_i$——实测燃气低热值，MJ/$m^3$；

　　　$P_a$——试验时的大气压力，kPa；

　　　$P_g$——试验时燃气流量计内燃气压力，kPa；

　　　$t_g$——试验时燃气流量计内的燃气温度，℃；

　　　$S$——温度为 $t_g$℃ 时的饱和水蒸气压力，kPa（当使用干式流量计测量时，$S$ 值应乘以试验燃气的相对湿度进行修正）。

**3. 热水产率**

产热水能力是根据式（7-16）计算的折算热负荷和式（7-19）计算的热效率来计算的，公式如下：

$$M_t = \frac{Q}{C \times \Delta t \times 1000} \times \frac{\eta_t}{100} \times 60 \tag{7-20}$$

式中　$M_t$——产热水温升 $\Delta t$ 时的产热水能力，kg/min；

$\phi$——产热水温升 $\Delta t$ 时的折算热负荷，kW；

$\eta_t$——产热水温升 $\Delta t$ 时的热效率，%；

$C$——水的比热，$4.19 \times 10^{-3}$ MJ/(kg·℃)；

$\Delta t$——标准规定的产热水温升 $\Delta t = 25$℃。

热水产率：

$$R_c = \frac{M_t}{M_{th}} \times 100\%$$ （7-21）

式中 $R_c$——热水产率；

$M_t$——产热水温升 $\Delta t$ 时的产热水能力，kg/min；

$M_{th}$——产热水温升 $\Delta t$ 下的额定产热水能力，kg/min。

4. 烟气中 CO 含量

烟气中 CO 含量按下式计算（同时测量室内空气中一氧化碳的含量）：

$$CO_{\alpha=1} = \frac{CO' - CO''(O'_2/20.9)}{1 - (O'_2/20.9)}$$ （7-22）

式中 $CO_{\alpha=1}$——过剩空气系数 $\alpha=1$，干烟气中的 CO 含量，%；

$CO'$——烟气分析仪显示的 CO 含量，%；

$CO''$——室内空气中的 CO 含量，%；

$O'_2$——烟气分析仪显示的氧含量，%。

### 7.3.4 试验装置

1. 试验装置图（见图 7-8）

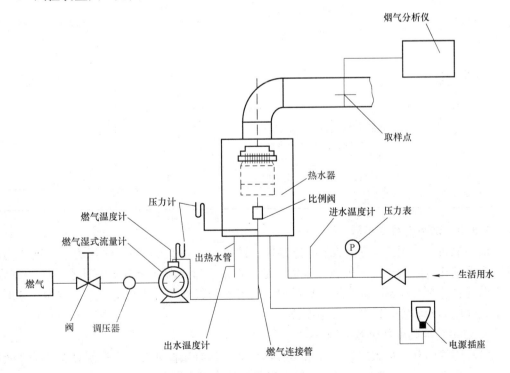

图 7-8 试验系统示意图

2. 试验仪器（见表 7-11）

试验仪器　　　　　　　　　　　　　　　　　表 7-11

| 用途(试验项目) | 仪器仪表名称 | 规格 | |
| --- | --- | --- | --- |
| | | 范围 | 精度及最小刻度 |
| 室温及燃气温度测定 | 温度计 | 0~50℃ | 0.1℃ |
| 湿度测定 | 湿度计 | 0~100% | ±5% |
| 大气压力测定 | 动槽式水银气压计<br>定槽式水银气压计<br>盒式气压计 | 81~107kPa | 0.1kPa |
| 燃气压力测定 | U 形压力计或压力表 | 0~6000Pa | 10Pa |
| 时间测定 | 秒表 | — | 0.1s |
| 燃气流量测定 | 湿式或干式气体流量计 | 0~3.0m³/h | 0.1L |
| | | 0~6.0m³/h | 0.2L |
| | | 0~23.0m³/h | 1 级 |
| 燃气相对密度测定 | 燃气相对密度仪 | — | ±2% |
| 气密性测定 | 气体检漏仪 | | |
| 噪声测定 | 声级计 | 40~120dB | 1dB |
| 燃气成分测定 | 色谱仪 | | |
| 燃气热值测定 | 热量计 | | — |
| 一氧化碳含量测定 | 红外仪或吸收式气体分析仪或燃烧效率测定仪 | 0~0.2% | ≤±5% 的测量/(1×10⁶);<br>测量值的最大波动值≤4%;<br>反应时间≤10s |
| 二氧化碳含量测定 | 二氧化碳分析仪 | 0~25% | ±5% 的测量值 |
| 氧气含量测定 | 热磁仪、红外仪 | 0~25% | ±1% |
| 水温 | 低热惰性温度计,如水银温度计或热敏电阻温度计 | 0~50℃<br>50~100℃<br>100~150℃ | 0.1℃ |
| 表面温度测定 | 热电温度计或热电偶温度计 | 0~300℃ | 2℃ |
| 质量测定 | 衡器 | 0~200kg | 20g |

### 7.3.5　试验内容及步骤

试验准备：按图 7-8 将试验系统连接好。试验采用 0-2 气，将一次压力、二次压力测压管连接到相应的测压口。检查试验系统是否正常，检查湿式燃气流量计水位是否正常，检查燃气管路是否泄漏。烟管采用标准管，打开红外线气体分析系统，进行自检。读取试验室大气压力和温度，以及燃气温度。

1. 热负荷准确度及热效率测试

（1）燃气阀开至最大位置，开启燃气热水器（如有温控开关，应先使温控开关失效）。

（2）调节进水压力在 0.1MPa，使燃气热水器在最大负荷状态下工作。

（3）调节出水温度比进水温度高 40±1℃，如不能达到调整到最接近温度，稳定燃烧 15min。

（4）记录燃气流量初读数和燃气流量计指针在转过不少于 60s 整数圈后的燃气流量终读数和时间，记录进出水温度和热水质量，计算燃气耗量和进出水温度差；代入式（7-16）计算折算热负荷，再代入式（7-18）计算热负荷准确度，代入式（7-19）计算热效率。最后将计算的热负荷和热效率代入式（7-20）和式（7-21）计算产热水率。

（5）同时读取烟气成分中 $O_2$、$CO$、$CO_2$、$NO$ 的含量和烟气温度，代入式（7-22）计算烟气 $CO$ 含量。

2. 热水性能测试（见表 7-12）

热水性能测试 表 7-12

| 热水温升 | 试验条件:燃气条件 0-2 气,供水压力 0.1MPa,电压为额定电压,进水温度 20±2℃;<br>试验方法:将热水器燃气阀开至最大,调温阀开至最高水温位置,待热水器稳定运行后测定最高热水温升 |
|---|---|
| 停水温升 | 试验条件:燃气条件 0-2 气,供水压力 0.1MPa,电压为额定电压;<br>试验方法:燃气阀开至最大,调定热水器出水温度比进水温度高 40±5℃,运行 10min 后停止进水(设有小火燃烧器的热水器,小火燃烧器仍在工作),1min 后再次使热水器运行,测定热水的最高温度。停水温升按下式计算:<br>停水温升=测出的最高温度—调定温度 |
| 加热时间 | 试验条件:燃气条件 0-2 气,供水压力 0.1MPa,电压为额定电压,进水温度 20±5℃;<br>试验方法:燃气阀开至最大位置,把出热水温度调定比进水温度高 40±1℃ 的温度,放出热水 5min 后停止供燃气,直至出、入水温相等后再重新启动热水器,测出热水温度达到比进水温度高 40±1℃ 时所需的时间 |
| 显示精度 | 试验条件:燃气条件 0-2 气,进水温度 20℃±2℃,进水压力 0.1MPa;<br>试验方法:将热水器温度调节至 35~38℃ 运行 5min 后,每隔 1min 在热水器出水口测量出水温度,测 3 次,测定温度值与热水器所显示的温度差(取其绝对值)的最大值应符合规定 |

3. 燃烧工况测试（见表 7-13）

燃烧工况测试 表 7-13

| 热水器状态、试验条件及方法 | |
|---|---|
| 试验条件及状态 | 供水压力:0.1MPa,试验条件见表 7-14 |
| 火焰传递 | 点燃主火燃烧器一处火孔后,记录火焰传遍所有火孔的时间和目测有无爆燃现象 |
| 火焰状态 | 主火燃烧器点燃后,目测火焰是否清晰、均匀 |
| 黑烟 | 热水器运行后,目测燃烧是否有黑烟 |
| 离焰 | 冷态点燃主火燃烧器后,目测是否有妨碍使用的离焰现象 |
| 熄火 | 主火燃烧器点燃 15s 后,目测是否有熄火现象 |
| 回火 | 主火燃烧器点燃 20min,目测火焰是否回火 |
| 燃烧噪声 | 使用声级计,按 A 计权,快速档进行测定,环境本体噪声应小于 40dB 或比灶具实测噪声低 10dB 以上,否则按 GB/T 3768—2017 的表 2 进行修正。 |

续表

| 热水器状态、试验条件及方法 | |
|---|---|
| 熄火噪声 | 使用声级计,按 A 计权,快速档进行测定,环境本体噪声应小于 40dB 或比灶具实测噪声低 10dB 以上,否则按 GB/T 3768—2017 的表 2 进行修正;<br>测定的最大噪声应加 5dB 作为熄火噪声 |
| 接触黄焰 | 热水器稳定运行后,目测有无黄焰存在。在任意 1min 内,电极或热交换器连续接触黄焰在 30s 以上时,为电极或热交换器接触黄焰 |
| 烟气中一氧化碳含量($CO_{a=1}$) | 热水器运行 15min 后,用烟气分析仪测量烟气中一氧化碳含量,计算结果 |
| 小火燃烧器稳定性 | 具有小火燃烧器的热水器,点燃小火燃烧器至 15min,目测单独燃烧的火焰稳定性;<br>将燃气阀开至最大,使热水器连续启动 10 次,检查主火燃烧器在点燃和熄灭时小火燃烧器是否有熄灭现象 |
| 排烟温度 | 燃气条件:0-2 气,将燃气阀门开至最大,连续运行 15min 后,在热水器的排气口处或热交换器上方测定 |

### 燃烧工况试验条件                                          表 7-14

| 试验名称 | 强制排气式排气筒长度 | 强制给排气式给排气筒长度 | 燃气调节方式 | | 电压条件(%) | 试验气条件 |
|---|---|---|---|---|---|---|
| | | | 燃气量调节方式 | 燃气量切换方式 | | |
| 火焰传递 | 短 | 短 | 大、小 | 全 | 110 | 3-2 |
| 熄火 | 短 | 短 | 大、小 | 全 | 90 及 110 | 3-3 |
| 离焰 | 短 | 短 | 大 | 大 | 90 及 110 | 3-1 |
| 火焰状态 | 短 | 短 | 大、小 | 全 | 100 | 0-2 |
| 回火 | 短 | 短 | 大、小 | 全 | 90 及 110 | 2-3 |
| 燃烧噪声 | 短 | 短 | 大 | 大 | 100 | 2-1 |
| 熄火噪声 | 短 | 短 | 大 | 大 | 90 及 110 | 2-1 |
| CO 含量 | 长、短 | 长、短 | 大 | 大 | 100 | 0-2 |
| 黄焰和接触黄焰 | 长 | 长 | 大 | 大 | 90 | 1-1 |
| 积碳 | 长 | 长 | 大 | 大 | 90 | 1-1 |
| 烟气从排气口以外逸出 | 长 | 短 | 大 | 大 | 100 | 3-3 |
| | 长(回火) | 短 | 大 | 大 | 100 | 2-3 |
| | 长 | 短 | 大、小 | 大、小 | 100 | 1-1 |

注:1. "燃烧量调节方式"指在调节燃气旋钮或拔杆时,可调节燃气量。"大"指燃气量最大状态,"小"指燃气量最小状态。如不知其最小状态,则取最大燃气流量的 1/3 为最小状态。
2. "燃气量切换方式"指调节燃气旋钮时可改变燃烧器数量的调节方式。其中"大"指点燃全部燃烧,"小"指点燃最少量燃烧器,"全"指逐档点燃每个燃烧器状态。
3. "长"和"短"指在安装或使用说明书规定的排气管或给排气管的最长长度和最短长度的安装状态。

### 4. 气密性试验

气密性应满足:

(1) 通过燃气的第一道主阀门漏气量小于 0.07L/h、

（2）通过其他阀门漏气量小于 0.55L/h。

（3）燃气进气口至燃烧器火孔应无漏气现象。

燃气系统的气密性试验条件及方法如表 7-15 所示。

**燃气系统的气密性试验条件及方法**　　　　　　　　　　　表 7-15

| 项目 | 热水器状态、试验条件及方法 |
|---|---|
| 燃气阀门 | 使被测燃气阀门为关闭状态，其余阀门打开，逐道检查(并联的阀门作为同一道阀门检测)。在燃气入口连接检漏仪，通入压力为 4.2kPa 的空气，检查其泄漏量 |
| 燃气进气口至燃烧器火孔 | 燃气条件：0-1 气，点燃全部燃烧器，用肥皂液或检漏液检查火检查燃气进气口至火孔前各连接部位是否有漏气现象 |

### 7.3.6　试验数据及处理

试验数据记录在表 7-16 中。

**热水器参数记录表**　　　　　　　　　　　表 7-16

| 参数 | 单位 | 测试结果 | |
|---|---|---|---|
| 燃气低热值 | MJ/m$^3$ | | |
| 大气压力 | kPa | | |
| 大气压力计温度 | ℃ | | |
| 相对湿度 | — | | |
| 设计燃气压力 | kPa | | |
| 流量计燃气压力 | kPa | | |
| 燃气一次压力 | kPa | | |
| 燃气温度 | ℃ | | |
| 相对密度 | — | | |
| 饱和水蒸气压力 | kPa | | |
| 流量计系数 | — | | |
| 流量修正系数 | — | | |
| 流量修正系数 | — | | |
| 冷水温度 $t_1$ | ℃ | | |
| 热水温度 $t_2$ | ℃ | | |
| 水温差：$\Delta t = t_2 - t_1$ | ℃ | | |
| 水流量 $m$ | kg | | |
| 流量计初读数 $V_1$ | L | | |
| 流量计终读数 $V_2$ | L | | |
| 燃气耗量：$\Delta V = V_2 - V_1$ | L | | |
| 时间 $T$ | s | | |
| 折算热负荷 $\varphi_n$ | kW | | |
| 平均值 | kW | | |

| 参数 | | 单位 | 测试结果 | |
|---|---|---|---|---|
| 额定热负荷 | | kW | | |
| 准确度 | | — | | |
| 热效率 | | % | | |
| 平均值 | | % | | |
| 产热水能力 | | kg/min | | |
| 平均值 | | kg/min | | |
| 标称产热水能力 | | kg/min | | |
| 产热水率 | | % | | |
| 燃烧产物中 CO 含量 | $O_2$ | % | | |
| | $CO_2$ | % | | |
| | $NO_x$ | ppm | | |
| | $CO_{\alpha=1}$ | ppm | | |

# 7.4　燃气采暖热水炉测试

### 7.4.1　试验目的

燃气采暖热水炉是以燃气为燃料，提供生活热水或采暖热水的燃气用具，按照用途可分为单采暖型和两用型。

燃气采暖热水炉主要测试项目包括密封性试验、热输入和热输出试验、燃烧试验、热效率试验、生活热水性能试验、$NO_x$ 的测试试验、水阻力试验等。主要参考标准为《燃气采暖热水炉》GB 25034—2010 和《家用燃气快速热水器和燃气热水炉能效限定值及能效等级》GB 20665—2015。

### 7.4.2　试验条件

（1）试验气条件：基准气和界限气按现行国家标准《城镇燃气分类和基本特征》GB/T 13611 选用，也可根据实际要求调整试验用气。试验气代号及试验气压力代号见表 7-3。

（2）基准状态：15℃、101.3kPa。

（3）实验室条件：

1）实验室温度：20±5℃；

2）进水温度：20±2℃；

3）试验室温度与进水温度之差应小于等于 5℃；

4）其他条件应符合现行国家标准《家用燃气用具通用试验方法》GB/T 16411 的要求。

（4）热平衡条件：试验时的热平衡状态是指水流的出水和回水温度稳定在±2℃之内。

（5）电源条件：220V、50Hz。

### 7.4.3　试验原理

1. 采暖额定热输入或最大、最小热输入

试验采用 0-2 气，燃气采暖热水炉调整在额定或最大负荷状态，运行达到平衡后，用气体流量计测量燃气流量，气体流量计的指针应走动一周以上整圈数，且测定时间不得少于 1min，将测量的燃气耗量代入式（7-23）换算成基准状态下热输入。当使用湿式流量计测量时，应用式（7-24）对燃气密度进行修正，用 $d_h$ 代替 $d$。

$$Q=\frac{1}{3.6}\times H_i\times V\times\sqrt{\frac{101.3+p_g}{101.3}\times\frac{p_a+p_g}{101.3}\times\frac{288.15}{273.15+t_g}\times\frac{d}{d_r}} \tag{7-23}$$

$$d_h=\frac{d(p_a+p_g-p_s)+0.622p_s}{p_a+p_g} \tag{7-24}$$

式中　$Q$——15℃、大气压 101.3kPa、干燥状态下的折算热输入量，kW；

　　$H_i$——15℃、101.3kPa 基准气低热值，MJ/m³；

　　$V$——试验燃气流量，m³/h；

　　$p_g$——试验时燃气流量计内的燃气压力，kPa；

　　$p_a$——试验时大气压力，kPa；

　　$t_g$——试验时燃气流量计内的燃气温度，℃；

　　$d$——干试验气的相对密度；

　　$d_r$——基准气的相对密度；

　　$p_s$——在 $t_g$ 时的饱和水蒸气压力，kPa；

　0.622——理想状态下水蒸气相对密度。

测得的热输入与如下数值之差不应超过 10%：

（1）对于不带额定热输入调节装置的燃气采暖热水炉，额定热输入；

（2）对于带额定热输入调节装置的燃气采暖热水炉，最大和最小热输入；

当 10% 所对应的热量小于 500W 时，则允许有 500W 的偏差。

2. 额定热输入时采暖热效率

试验采用 0-2 气，额定电压。燃气采暖热水炉的温控器不工作，当燃气采暖热水炉处于热平衡状态，采暖水流量稳定在 ±1% 时，根据式（7-25）计算热效率。

$$\eta_c=\frac{4.186\times M\times(t_2-t_1)+D_p}{10\times V_{r(10)}\times H_i}\times100\% \tag{7-25}$$

式中　$\eta_c$——采暖热效率，%；

　　$M$——修正后测量出的热水量的数值，kg；

　　$D_p$——对应平均出水温度下测试装置热损失，包括循环泵产生的热量，kJ；

　$V_{r(10)}$——测量燃气消耗量折算成基准状态（15℃、101.3kPa）下的数值，m³；

　　$H_i$——试验燃气在基准状态下的低热值的数值，MJ/m³；

对于额定热输入不可调节的燃气采暖热水炉，在额定热输入 $Q_n$ 条件下测试热效率。

对于额定热输入可调节的燃气采暖热水炉，分别在最大热输入 $Q_m$ 条件下和在最大额定热输入和最小额定热输入的算术平均值 $Q_a$ 条件下测试热效率。

测试的热效率应满足：

（1）对于额定热输入不可调节的燃气采暖热水炉，对应于额定热输入时的采暖热效率不应小于 $(84+2\lg P_n)\%$。

（2）对于额定热输入可调节的燃气采暖热水炉，对应于最大热输入时的热效率不应小

于 $(84+2\lg P_{\max})\%$；对应于最大额定热输入和最小额定热输入的算术平均值时的热效率不应小于 $(84+2\lg P_a)\%$。

注：$P_a$ 是额定热输入可调节燃气采暖热水炉的最大额定热输出和最小额定热输出的算术平均值，单位为千瓦（kW）。

3. 额定热负荷热水热效率

使用 0-2 气，调节热水出水温度比进水温度高 40℃，燃气采暖热水炉调至额定热输入或最大热输入状态。在热平衡状态和出水温度保持恒定时开始测量。

热水热效率计算公式：

$$\eta_s = \frac{4.186 \times M \times (t_2 - t_1)}{10^3 \times V_{r(10)} \times H_i} \times 100 \tag{7-26}$$

式中　$\eta_s$——温升 $t_2 - t_1$ 时热水模式燃气采暖热水炉的热效率，%；

　　　$M$——试验过程中出生活热水的质量，kg；

　$V_{r(10)}$——测量燃气消耗量折算成基准状态（15℃、101.3kPa）下的数值，$m^3$；

　　　$H_i$——基准状态下干燃气的低热值，$MJ/m^3$；

如果连续两次测试的结果偏差小于等于其平均值的 2%，则取两者的平均值；如果偏差大于平均值的 2%，则重新试验或者连续测试 10 次取其平均值。

测试的热效率应满足在额定热输入（对额定热输入可调节燃气采暖热水炉为最大热输入）时，热水模式热效率不应小于 $(84+2\lg P_n)\%$。

4. 能效测试

燃气采暖热水炉能效等级如表 7-17 所示。

**燃气采暖热水炉能效等级**　　　　　　　　　　　表 7-17

| 类型 | | 热负荷 | 最低热效率值（%） | | |
|---|---|---|---|---|---|
| | | | 能效等级 | | |
| | | | 1 | 2 | 3 |
| 采暖炉 | 供暖 | 额定热负荷 | 99 | 89 | 86 |
| | | ≤50%额定热负荷 | 95 | 85 | 82 |
| | 热水 | 额定热负荷 | 96 | 89 | 86 |
| | | ≤50%额定热负荷 | 94 | 85 | 82 |

（1）热水热效率：

$$\eta_t = \frac{M \times C(t_{w2} - t_{w1})}{V \times H_i} \times \frac{273 + t_g}{273} \times \frac{101.3}{p_{amb} + p_g - S} \times 100\% \tag{7-27}$$

式中　$\eta_t$——温升 $t = t_{w2} - t_{w1}$ 时的热效率，%；

　　　$C$——水的比热，$C = 4.19 \times 10^{-3} MJ/(kg \cdot ℃)$；

　　　$M$——出热水量，kg/min；

　　$t_{w2}$——出热水温度，℃；

　　$t_{w1}$——进水温度，℃；

　　　$H_i$——实测燃气低热值，$MJ/m^3$；

　　　$V$——实测燃气流量，$m^3/min$；

$t_g$——试验时流量计内的燃气温度，℃；

$p_{amb}$——试验时的大气压力，kPa；

$p_g$——试验时燃气采暖热水炉前燃气压力，kPa；

$S$——温度 $t_g$℃时饱和水蒸气压力，kPa（当使用干式流量计测量时，$S$ 值应乘以试验燃气的相对湿度进行修正）。

（2）供暖热效率：

$$\eta_n = \frac{M \times C(t_{h2} - t_{h1})}{V \times H_i} \times \frac{273 + t_g}{273} \times \frac{101.3}{p_{amb} + p_g - S} \times 100\% \qquad (7\text{-}28)$$

式中 $\eta_n$——供暖热效率，%；

$C$——水的比热，$C=4.19 \times 10^{-3}$MJ/(kg·℃)；

$M$——供暖水流量，kg/min（体积流量按温度折算成质量流量）；

$t_{h2}$——供暖出水温度，℃；

$t_{h1}$——供暖回水温度，℃；

$H_i$——实测燃气低热值，MJ/m³；

$V$——实测燃气流量，m³/min；

$t_g$——试验时流量计内的燃气温度，℃；

$p_{amb}$——试验时的大气压力，kPa；

$p_g$——试验时燃气采暖热水炉前燃气压力，kPa；

$S$——温度 $t_g$℃时饱和水蒸气压力，kPa（当使用干式流量计测量时，$S$ 值应乘以试验燃气的相对湿度进行修正）。

5. 产热水率

采用 0-2 气，将热水温升提高到 $30 \pm 1$℃。试验要连续进行两次，且产热水率的测定值不应低于铭牌上标称值的 95%。

产热水量的计算公式：

$$D_i = \frac{M_{i(10)}}{10} \times \frac{\Delta t}{30} \qquad (7\text{-}29)$$

式中 $D_i$——每次测量的温升 30℃时的有效流量，L/min；

$M_{i(10)}$——试验过程中每次测量的水量，L；

$\Delta t$——试验过程中每次收集水量平均温升，℃。

当 $D_1$ 和 $D_2$ 的差值不超过其平均值的 10% 时，按式（7-30）计算：

$$\frac{D_1 + D_2}{2} \qquad (7\text{-}30)$$

当 $D_1$ 和 $D_2$ 的差值超过其平均值的 10% 时，应重新测试。

6. 烟气计算

燃气采暖热水炉安装最长的给排气管或对应压力损耗的给排气管。使用 0-2 气，且燃气采暖热水炉调至额定热输入。根据在热平衡状态下测量燃烧产物的 CO、$CO_2$ 和 $O_2$ 含量计算烟气中的 CO 含量。

干燥、过剩空气系数 $a=1$ 时，烟气中 CO 的含量可用下列公式计算：

$$CO_{a=1} = (CO)_m \times \frac{(CO_2)_N}{(CO_2)_m} \tag{7-31}$$

式中　$(CO)_m$——取样试验的 CO 含量，%；

　　　$(CO_2)_N$——干燥、过剩空气系数 $a=1$ 时烟气中 $CO_2$ 的最大含量，%；

　　　$(CO_2)_m$——取样试验的 $CO_2$ 含量，%。

注：$(CO_2)_N$ 的数值按实际燃气的理论烟气量计算或参照现行国家标准《城镇燃气分类和基本特性》GB/T 13611。

$$CO_{a=1} = (CO)_m \times \frac{21}{21 - (O_2)_m} \tag{7-32}$$

式中　$(CO)_m$——取样试验的 CO 含量，%；

　　　$(O_2)_m$——取样试验的 $O_2$ 含量，%。

注：当 $CO_2$ 浓度小于 2% 时，建议采用此公式。

7. $NO_x$ 测试原理

$NO_x$ 的排放分级如表 7-18 所示。

**$NO_x$ 排放分级**　　　　　　　　　　　　　　　　　　　　表 7-18

| $NO_x$ 排放分级 | $NO_x$ 浓度上限（mg/kWh） |
|:---:|:---:|
| 1 | 260 |
| 2 | 200 |
| 3 | 150 |
| 4 | 100 |
| 5 | 70 |

燃气采暖热水炉在额定热输入状态时，出水温度为 80℃，回水温度为 60℃。

当燃气采暖热水炉工作在低于额定热输入 $Q_n$ 的部分热输入状态下时，回水温度 $T_r$ 按式（7-33）确定：

$$T_r = 0.4Q + 20 \tag{7-33}$$

式中　$T_r$——回水温度，℃；

　　　$Q$——部分热输入，用与额定热输入 $Q_n$ 的百分比表示，%。

采暖水流量保持恒定。在热平衡状态下，测量 $NO_x$ 浓度。

当试验条件不符合基准条件时，按式（7-34）进行折算：

$$(NO_x)_o = (NO_x)_m + \frac{0.02(NO_x)_m - 0.34}{1 - 0.02(h_m - 10)} \times (h_m - 10) + 0.85 \times (20 - T_m) \tag{7-34}$$

式中　$(NO_x)_o$——基准条件下的 $NO_x$ 折算值，mg/kWh；

　　　$(NO_x)_m$——在 $h_m$ 和 $T_m$ 时测得的 $NO_x$ 值，mg/kWh，测量范围：50～300mg/kWh；

　　　$h_m$——测量 $NO_x$ 的相对湿度，g/kg，范围：5～15g/kg；

　　　$T_m$——测量 $NO_x$ 的温度，℃，范围：15～25℃。

### 7.4.4 试验装置

1. 试验装置流程图（见图 7-9 和图 7-10）

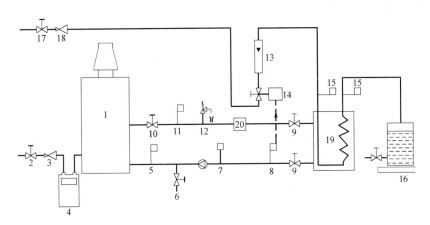

图 7-9 热效率测试装置

1—燃气采暖热水炉；2—截流阀；3—燃气流量调节器；4—燃气表；5/8/11/15—温度计；6—排水旋塞；
7—膨胀容器；9/10—控制阀Ⅱ；12—控制和安全阀；13—旋转式流量计；14—控制阀Ⅰ；
16—称重容器；17—水流截止阀；18—控制阀Ⅲ；19—热交换器；20—热缓冲器（可省略）

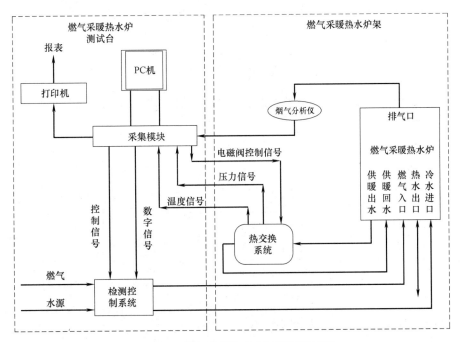

图 7-10 燃气采暖热水合试验测试系统

2. 试验用主要仪器仪表（见表 7-19）

3. 试验用燃气

试验气代号按现行国家标准《城镇燃气分类和基本特性》GB/T 13611 的规定，在试验过程中燃气的低热值华白数变化范围应在±2％以内。本试验所使用的试验气条件，以试验气种类代号和试验气压力代号表示，见表 7-20～表 7-22。

试验仪器表

表 7-19

| | 测试项目 | 仪器仪表名称 | 规格或范围 | 精度/最小刻度 |
|---|---|---|---|---|
| 温度 | 环境温度 | 温度计 | 0～50℃ | 0.1℃ |
| | 水温 | 低热惰性温度计,如水银温度计或热敏电阻温度计 | 0～150℃ | 0.1℃ |
| | 排烟温度 | 热电偶温度计 | 0～300℃ | 2℃ |
| | 表面温度 | 热电温度计或热电偶温度计 | 0～300℃ | 2℃ |
| | 湿度 | 湿度计 | 0～100% | 1%RH |
| 压力 | 大气压力 | 动槽式水银气压计 定槽式水银气压计 盒式气压计 | 81～107kPa | 0.1kPa |
| | 燃气压力 | U 型压力计或压力表 | 0～6000Pa | 10Pa |
| | 燃烧室给排气管压力 | 微压计 | 0～200Pa | 1Pa |
| | 水压力 | 压力计 | 0～0.6MPa | 0.4 级 |
| | 冷却水压力 | 压力计 | 0～2.5MPa | 0.5 级 |
| 流量 | 燃气流量 | 湿式或干式气体流量计 | 0～3.0m³/h | 0.1L |
| | | | 0～6.0m³/h | 0.2L |
| | | | 0～23.0m³/h | 1 级 |
| | 水流量 | 电子秤 | 0～200kg | 20g |
| | | 数字式水流量计 | 0～6000L/h | 1L/h |
| | 空气流量 | 干式气体流量计 | 0～10m³/h | 1.0 级 |
| | 密封性 | 气体检漏仪 | — | — |
| 烟气分析 | CO 含量 | 红外线气体分析系统 | 0～0.2% | ≤±5%的测量/(1×10⁶); 测量值的最大波动值≤4%; 反应时间≤10s |
| | CO₂ 含量 | 红外线气体分析系统 | 0～25% | ±5%测量值 |
| | O₂ 含量 | 红外线气体分析系统 | 0～25% | ±1% |
| | 空气中 CO₂ | 红外线气体分析系统 | 0～25% | 0.1% |
| 燃气分析 | 燃气成分 | 色谱仪 | — | — |
| | 燃气相对密度 | 燃气相对密度仪 | — | — |
| | 燃气热值 | 热量计 | — | — |
| 时间 | 1h 以内 | 秒表 | — | 0.1s |
| | 微压 | 微压计,动压管 | 0～200Pa | 1Pa |
| | 气体流速 | 风速仪 | 0～15m/s | 0.1% |
| | 质量 | 衡器 | 0～200kg | 20g |

试验气条件　　　　　　　　　　　　　　　　　表 7-20

| 试验气种类 | | 试验气压力(Pa) | | | | |
|---|---|---|---|---|---|---|
| 代号 | 气质 | 代号 | 人工煤气 | 天然气 | | 液化石油气 |
| 0 | 基准气 | — | 3R、4R、5R、6R、7R | 3T、4T | 10T、12T | 19Y、20Y、22Y |
| 1 | 黄焰和不完全燃烧界限气 | 1(最高压力) | 1500 | 1500 | 3000 | 3300 |
| 2 | 回火界限气 | 2(额定压力) | 1000 | 1000 | 2000 | 2800 |
| 3 | 离焰界限气 | 3(最低压力) | 500 | 500 | 1000 | 2000 |

注：对特殊气源，如果当地燃气供气压力与本表不符时，使用当地额定燃气供气压力

示例1："2-2"气，表示回火界限气-额定压力条件。

示例2："0-1"气，表示基准气-最高压力条件

试验用燃气的种类及代号　　　　　　　　　　　表 7-21

| 代号 | 试验用燃气 | 代号 | 试验用燃气 |
|---|---|---|---|
| 0 | 基准气 | 2 | 回火界限气 |
| 1 | 黄焰界限气 | 3 | 离焰界限气 |

试验用燃气压力　　　　　　　　　　　　　　　表 7-22

| 代号 | 试验用燃气压力 | | | |
|---|---|---|---|---|
| | 人工燃气<br>(3R、4R、5R、6R、7R)天然气<br>(3T、4T、6T) | 天然气(10T、12T) | 液化石油气<br>(19Y、20Y、22Y) | |
| 1(最高压力) | 1500 | 3000 | 3300 | 6000 |
| 2(额定压力) | 1000 | 2000 | 2800 | 5000 |
| 3(最低压力) | 500 | 1000 | 2300 | 4000 |

注：对特殊气源，如果当地宣称的额定燃气供气压力与本表不符时，应使用当地宣称的额定供气压力。

### 7.4.5　试验内容及步骤

试验准备：连接试验系统采暖、热水以及燃气管路，将进气阀前压力测压管和阀后压力测压管分别连接到相应的测压口。检查试验系统是否正常，检查湿式燃气流量计水位是否正常，检查燃气管路是否泄漏。烟管采用标准管，打开红外线气体分析系统，进行自检。打开测试程序，开始采集数据。读取试验室大气压力、温度，以及燃气温度。

1. 采暖性能测试

（1）调节精度测试

1）燃气采暖热水炉调至采暖模式，调节冷却水阀门控制冷水流量使采暖水温升大约为 2℃/min。

2）启动燃气采暖热水炉并保持连续工作，调节采暖温度设定值为最高（一般是 95℃）。

3）待燃气采暖热水炉停机报警时，在接近采暖出水口处，用低热惰性温度计连续测量水流中心的排水温度，直到热水温度为止，记录最高温度值。

4）关闭报警，再次启动燃气采暖热水炉，调节采暖温度设定值为最低（一般

是 30℃)。

5）待燃气采暖热水炉停机报警时，在接近采暖出水口处，用低热惰性温度计连续测量水流中心的排水温度，直到热水温度稳定，记录最高温度值。

（2）额定热输入与采暖热效率试验

测量效率时一次压力严格控制在 2000Pa 左右，测量热效率需连续测量两次，如果两次的测试结果之差与其平均值不超过 2%，则取两次测试平均值为测试结果。否则应重新测试，或者进行连续 10 次测试，取 10 次测试平均值作为测试结果。

1）关闭燃气采暖热水炉，将采暖和热水温度探头拔下，然后开启采暖热水炉。

2）调节采暖热水炉使其处于最大负荷状态（一般为 PH 模式），让燃气采暖热水炉稳定燃烧。

3）记录燃气流量初读数和燃气流量计指针在转过不少于 60s 整数圈后的燃气流量终读数，计算燃气耗量，代入式（7-23）计算折算热输入和热输入偏差。

4）根据折算输入估算采暖水流量（经验公式：$V =$ 实测热输入 $\times 40.9 - 52$），调节采暖水流量。

5）观察供回水温度差，根据实际微调采暖水流量阀门，使其达到 $47 \pm 1$℃ 的温差。

6）调节冷却水流量，使其供回水温度达到 $80 \pm 2$℃/$60 \pm 1$℃，并保持。

7）记录燃气流量初读数和燃气流量计指针在转过不少于 60s 整数圈后的燃气流量终读数和时间，读取供回水温度记录采暖热水质量，计算燃气耗量和供回水温度差。

8）代入式（7-23）和式（7-25）计算折算热输入和额定热输入下的热效率。

（3）$NO_x$ 测试

1）待燃气采暖热水炉燃烧一段时间达到热平衡状态后，记录燃气耗量、所用时间以及供、回水温度和水量，计算热输入，热输入百分比（负荷）。

2）如果热输入百分比 $\geqslant 38\%$，则测试最小状态负荷、60% 负荷、70% 负荷下的 $NO_x$ 含量，否则，还需做 40% 负荷下的 $NO_x$ 含量测试。

3）由最小状态的负荷根据式（7-33）计算回水温度，调节冷却水的流量使回水温度达到计算值。

4）待回水温度达到计算值稳定后，记录烟气成分中 $O_2$、$CO$、$NO$ 的含量和烟气温度，由式（7-34）计算 $NO_x$ 含量。

5）根据最小状态下的二次压力估算相应负荷下的二次压力，调节燃气比例阀开度达到相应的二次压力，调节冷却水流量改变回水温度达到相应的值，温度稳定后，记录烟气成分中 $O_2$、$CO$、$NO$ 的含量和烟气温度，由式（7-34）计算 $NO_x$ 含量。

2. 热水性能测试

（1）额定热输入下热水热效率

测量效率时一次压力严格控制在 2000Pa 左右，测量热效率需连续测量两次，如果两次的测试结果之差与其平均值不超过 2%，则取两次测试平均值为测试结果。否则应重新测试，或者进行连续 10 次测试，取 10 次测试平均值作为测试结果。

1）关闭燃气采暖热水炉冷却一段时间后开启，模式调为热水模式。

2）调节采暖热水炉使其处于最大负荷状态（一般为 PH 模式），让燃气采暖热水炉稳定燃烧。

3）记录燃气流量初读数和燃气流量计指针在转过不少于 60s 整数圈后的燃气流量终读数，计算燃气耗量，代入式（7-23）计算折算热输入和热输入偏差。

4）根据折算输入估算生活热水流量（经验公式：$V=$ 实测热输入 $\times 19.6-12$）。

5）调节生活热水流量和冷却水流量，达到计算的生活热水流量的同时保持生活热水的压力在 0.1MPa 左右。

6）调节冷却水流量，使热水温度比进水温度高 $40\pm1℃$，同时尽量保持生活热水的压力在 0.1MPa 左右。

7）记录燃气流量初读数和燃气流量计指针在转过不少于 60s 整数圈后的燃气流量终读数和时间，读取进出水温度记录生活热水质量，计算燃气耗量和进出水温度差。

8）代入式（7-23）和式（7-25）计算折算热输入和额定热输入下的热水效率。

（2）热水产率测试

1）将热水温升调节到 $30\pm1℃$，燃气采暖热水炉达到额定热输入的平衡状态。

2）当燃气采暖热水炉停机熄火时开始放水，持续 10min，且第一次放水结束不能早于第二次熄火，记录冷、热水温度和水流量。

3）燃气采暖热水炉运行 20min 后，开始第二次排水，同样持续 10min，记录冷、热水温度和水流量。

4）根据式（7-29）、式（7-30）计算产热水量。

（3）加热时间测试

1）关闭燃气采暖热水，外接上采暖探头和温度探头重新开启，调节生活热水压力至 0.1MPa。

2）调节冷水流量，使出水温度比进水温度高 40℃。

3）燃气采暖热水炉运行 5min 后，关闭燃气，水流仍然流动。

4）待到进、出水温度相等后打开燃气启动燃气采暖热水炉。

5）燃气采暖热水炉启动同时开始用秒表计时，待热水温升达到 36℃后停止计时。

6）记录加热时间。

（4）水温控制测试

1）调节阀门开度改变生活热水压力，分别调至 0.1MPa、0.2MPa、0.3MPa、0.6MPa。

2）在对应的生活热水压力下，在接近热水出口处用低热惰性温度计连续测量活热水分别在采暖最大和采暖最小时的水流中心的排水温度，直到热水温度最高，记录最高温度值。

（5）停水温升测试

1）使用 0-2 气，调节水流量或水温控制装置，使生活热水处于最高水温。

2）燃气采暖热水炉运行 10min 后，迅速关闭热水进水开关。

3）10s 后打开，在接近热水出口处，用低热惰性温度计连续测量水流中心的排水温度，直到热水温度稳定，记录最高温度值。

4）再按照上述步骤测试，但排水停止时间每次增加 10s，直至后一次测得最高温度值比前一次的最高温度值低。

（6）最高生活热水温度测试

1）缓慢减小供水压力至燃气采暖热水炉停机。

2）在接近热水出口处，用低热惰性温度计连续测量水流中心的排水温度，直到热水温度稳定，记录最高温度值，生活热水温度应小于 95℃。

3. 燃烧及气流监控测试

关闭燃气采暖热水炉冷却，烟管采用长烟轴管道，开启燃气采暖热水炉调至采暖模式。

（1）极限热输入

1）使用基准气调节燃气采暖热输入处于额定热输入状态。

2）根据额定状态二次压力估算燃气采暖热水炉燃气比例阀二次压力，调节使其处于 105％额定热输入状态。

3）待燃气采暖热水炉运行达到热平衡后，读取烟气成分中 $O_2$、$CO$、$CO_2$、$NO$ 的含量和烟气温度。

4）将烟气成分数值代入式（7-31）或式（7-32）计算过剩空气系数 $a=1$ 时，烟气中 CO 的含量，烟气中 $CO_{a=1}$ 浓度应小于 0.10％。

（2）不完全燃烧

1）使用基准气燃气采暖热水炉处于 105％额定热输入状态不变。

2）运行稳定后切换气源，用不完全燃烧界限气代替基准气，燃烧一段时间。

3）待燃气采暖热水炉运行达到热平衡后，读取烟气成分中 $O_2$、$CO$、$CO_2$、$NO$ 的含量和烟气温度。

4）将烟气成分数值代入式（7-31）或式（7-32）计算过剩空气系数 $a=1$ 时，烟气中 CO 的含量，烟气中 $CO_{a=1}$ 浓度应小于 0.20％。

（3）离焰

1）切换气源为基准气，调节燃气采暖热水炉为最小热输入状态，燃烧一段时间。

2）稳定后估算燃气比例阀二次压力，调节使其处于 95％额定热输入状态。

3）运行稳定后切换气源，用离焰界限气代替基准气，燃烧一段时间。

4）待燃气采暖热水炉运行达到热平衡后，读取烟气成分中 $O_2$、$CO$、$CO_2$、$NO$ 的含量和烟气温度。

5）将烟气成分数值代入式（7-31）或式（7-32）计算过剩空气系数 $a=1$ 时，烟气中 CO 的含量，烟气中 $CO_{a=1}$ 浓度应小于 0.20％。

（4）气流监控（至少选一种）

堵塞烟管法：

1）切换气源为基准气，燃烧一段时间。

2）将燃气采暖热水炉调为正常状态最大火，运行一段时间，使其稳定。

3）燃气采暖热水炉处于热平衡状态，开始用铝箔纸堵塞排气管气流口，缓慢堵塞，随时观察燃气采暖热水炉是否停机。

4）堵塞一排气孔时要停留一段时间，观察烟气成分含量，待其稳定后，继续堵塞，直到燃气采暖热水炉熄火关闭。

5）此时烟气成分含量会继续上升，达到最高值时，记录烟气成分中 $O_2$、$CO$、$NO$ 的含量和烟气温度。

6）将烟气成分数值代入式（7-31）或式（7-32）计算过剩空气系数 $a=1$ 时，烟气中

CO 的含量，烟气中 $CO_{a=1}$ 浓度应小于 0.20%。

降低风机电压法：

1）在控制模块中找出风机接线，外接电源线，连接到直流电源。

2）将万能表连接到直流电源，调至直流电压端。

3）分别给燃气采暖热水炉、直流电源通电，启动燃气采暖热水炉。

4）气源用 0-2 气，燃气采暖炉为正常状态最大火，运行一段时间。

5）燃气采暖热水炉处于热平衡状态，调节直流电源的大小。

6）直流电源从 220V 开始调起，调节的幅度为 20V，随时观察燃气采暖热水炉是否停机。

7）若电压降到 160V 时，燃气采暖热水炉未停机，电压调节幅度变为 5V。

8）燃气采暖热水炉停机时，烟气成分含量会继续上升达到最高值时，记录烟气成分中 $O_2$、CO、NO 的含量和烟气温度。

9）将烟气成分数值代入式（7-31）或式（7-32）计算过剩空气系数 $a=1$ 时，烟气中 CO 的含量，烟气中 $CO_{a=1}$ 浓度应小于 0.20%。

4. 稳压及点火热输入测试

关闭燃气采暖热水炉，将烟管换回标准管，开启燃气采暖热水炉，调至额定热输入状态，使用基准气。

（1）稳压测试

1）将基准气压力调至 3000kPa，待其稳定后，记录燃气耗量、所用时间以及供、回水温度和水量，计算热输入及热输入准确度。

2）将基准气压力调至 1500kPa，待其稳定后，记录燃气耗量、所用时间以及供、回水温度和水量，计算热输入及热输入准确度。

（2）点火热输入测试

1）将燃气采暖热水炉关机，然后开机，观察点火一瞬间的二次压力。

2）将二次压力调至刚刚观察到的压力。

3）燃气采暖热水炉开机燃烧，稳定后，记录燃气耗量、所用时间以及供、回水温度和水量，计算热输入。

5. 过热测试

（1）生活热水过热

1）燃气采暖热水炉调至采暖模式，强制大火。

2）调节冷却水流量使供暖出水温度达到 80℃，稳定燃烧。

3）不排热水连续运行 1h 后，将燃气采暖热水炉切换成热水模式，在接近生活热水出口处，用低热惰性温度计连续测量水流中心的排水温度，记录最高温度值。

（2）采暖过热测试

1）将供暖温度设定值调为最高值，正常燃烧。

2）调节冷却水流量使供暖出水温度升高，直至燃气采暖热水炉报警停机。

3）在接近供暖热水出口处，用低热惰性温度计连续测量水流中心的排水温度，记录最高温度值。

6. 能效测试

测量效率时一次压力严格控制在 2000Pa 左右，测量热效率需连续测量两次，如果两次的测试结果之差与其平均值不超过 2%，则取两次测试平均值为测试结果。否则应重新测试，或者进行连续 10 次测试，取 10 次测试平均值作为测试结果。

(1) 供暖能效测试

1) 关闭燃气采暖热水炉，将采暖和热水温度探头拔下外接探头，然后开启采暖热水炉调至采暖模式。

2) 调节采暖热水炉使其处于最大负荷状态（PH 模式），让燃气采暖热水炉稳定燃烧。

3) 根据额定状态调节二次压力，使其处于≤50%额定热负荷状态。

4) 记录燃气流量初读数和燃气流量计指针在转过不少于 60s 整数圈后的燃气流量终读数，计算燃气耗量，代入式（7-23）计算折算热输入和热输入偏差。

5) 根据折算输入估算（经验公式）采暖水流量（$V$＝实测热输入×55.4－93），调节采暖水流量。

6) 观察供回水温度差，根据实际微调采暖水流量阀门，使其达到 15±1℃的温差。

7) 调节冷却水流量，使其供回水温度达到 65±2℃/50±1℃，并保持温度。

8) 记录燃气流量初读数和燃气流量计指针在转过不少于 60s 整数圈后的燃气流量终读数和时间，读取供回水温度记录采暖热水质量，计算燃气耗量和供回水温度差；

9) 代入式（7-28）计算≤50%热输入下的热效率。

(2) 热水能效测试

1) 关闭燃气采暖热水炉冷却一段时间后开启，模式调为热水模式。

2) 调节采暖热水炉使其处于最大负荷状态（一般为 PH 模式），让燃气采暖热水炉稳定燃烧。

3) 根据额定状态调节二次压力，使其处于≤50%额定热负荷状态。

4) 记录燃气流量初读数和燃气流量计指针在转过不少于 60s 整数圈后的燃气流量终读数，计算燃气耗量，代入式（7-23）计算折算热输入和热输入偏差。

5) 根据折算输入估算（经验公式：生活热水流量 $V$＝实测热输入×26.6－37）。

6) 调节生活热水流量和冷却水流量，达到计算的生活热水流量的同时保持生活热水的压力在 0.1MPa 左右。

7) 调节冷却水流量，使热水温度比进水温度高 30±1℃，同时尽量保持生活热水的压力在 0.1MPa 左右。

8) 记录燃气流量初读数和燃气流量计指针在转过不少于 60s 整数圈后的燃气流量终读数和时间，读取进出水温度记录生活热水质量，计算燃气耗量和进出水温度差。

9) 代入式（7-27）计算≤50%额定热输入下的热水效率。

7. 其他测试

(1) 表面温升测试

1) 将热电线用胶水或铝箔纸固定在调节装置、控制装置和安全装置表面最高温度处。

2) 将燃气采暖热水炉调至采暖模式，处于额定热输入状态，设置为最高温度，待其达到热平衡后，用热电温度计读取温度，计算温升。

3) 用热电偶温度计测量燃气采暖热水炉侧面、前面和顶部的温度，计算温升。

（2）烟气测试

1）燃气采暖热水炉处于额定热输入状态，开机燃烧。

2）用基准气燃烧稳定后，切换为离焰气，阀后二次压力调为 2000Pa。

3）待烟气成分稳定，读取烟气成分中 $O_2$、CO、$CO_2$、NO 的含量和烟气温度。

4）将烟气成分数值代入式（7-31）或式（7-32）计算过剩空气系数 $\alpha=1$ 时，烟气中 CO 的含量，烟气中 $CO_{a=1}$ 浓度应小于 0.20%。

### 7.4.6 试验数据及处理

将试验数据分别填入表 7-23～表 7-27 中，然后进行数据处理。

**修正系数**  表 7-23

| 参数 | 符号 | 单位 | 测试结果 |
|---|---|---|---|
| 干烟气中$(CO_2)_N$体积百分数 | — | % | |
| 燃气低热值 | $Q_1$ | MJ/m³ | |
| 大气压力 | $P_{amb}$ | kPa | |
| 大气压力计温度 | $t_n$ | ℃ | |
| 相对湿度 | $\varphi$ | — | |
| 设计燃气压力 | $P_s$ | kPa | |
| 流量计燃气压力 | $P_m$ | kPa | |
| 燃气供暖热水炉前燃气压力 | $P_g$ | kPa | |
| 燃气温度 | $t_g$ | ℃ | |
| 相对密度 | $d_a$ | — | |
| 饱和水蒸气压力 | $S$ | kPa | |
| 流量计系数 | $f_0$ | — | |
| 流量修正系数 | $f$ | — | |
| 流量修正系数 | $f_1$ | — | |

**额定热输入状态热效率与能效测试记录**  表 7-24

| | 名称 | 单位 | 测试结果 |
|---|---|---|---|
| 热水性能 | 冷水温度 $t_1$ | ℃ | |
| | 热水温度 $t_2$ | ℃ | |
| | 水温差：$\Delta t=t_2-t_1$ | ℃ | |
| | 水流量 $m$ | kg | |
| | 流量计初读数 $V_1$ | L | |
| | 流量计终读数 $V_2$ | L | |
| | 燃气耗量：$\Delta V=V_2-V_1$ | L | |
| | 时间 $T$ | s | |
| | 折算热负荷 $Q$ | kW | |
| | 热效率 $\eta_s$ | % | |
| | 平均热效率 $\eta_s$ | % | |

| 名称 | | 单位 | 测试结果 |
|---|---|---|---|
| 供暖性能 | 供暖回水温度 $t_{h1}$ | ℃ | |
| | 供暖出水温度 $t_{h2}$ | ℃ | |
| | 水温差: $\Delta t = t_{h2} - t_{h1}$ | ℃ | |
| | 供暖水温度 $t$ | ℃ | |
| | 供暖水密度 $\rho_t$ | kg/m³ | |
| | 供暖水体积流量 $V_t$ | L/h | |
| 供暖性能 | 供暖水质量流量 $M$ | kg/h | |
| | 流量计初读数 $V_1$ | L | |
| | 流量计终读数 $V_2$ | L | |
| | 燃气耗量: $\Delta V = V_2 - V_1$ | L | |
| | 时间 $T$ | s | |
| | 燃气流量 $V$ | L/h | |
| | 折算热负荷 $\varphi$ | kW | |
| | 热效率 $\eta_c$ | % | |
| | 平均热效率 $\eta_c$ | % | |

## $NO_x$ 测试记录

表 7-25

| 名称 | 单位 | 试验一 | 试验二 | 试验三 | 试验四 |
|---|---|---|---|---|---|
| 二次压力 $P_1$ | kPa | | | | |
| 供暖回水温度 $t_1$ | ℃ | | | | |
| 供暖出水温度 $t_2$ | ℃ | | | | |
| 流量计初读数 $V_1$ | L | | | | |
| 流量计终读数 $V_2$ | L | | | | |
| 燃气耗量: $\Delta V = V_2 - V_1$ | L | | | | |
| 时间 $T$ | s | | | | |
| 折算热输入 $Q$ | kW | | | | |
| 实测额定热输入 $Q_n$ | kW | | | | |
| 与实测额定热输入百分比 | % | | | | |
| 干球温度 $T_d$ | ℃ | | | | |
| 湿球温度 $T_w$ | ℃ | | | | |
| 湿球饱和水蒸气压力 $P_{qb}$ | kPa | | | | |
| 空气含湿量 $h_m$ | g/kg | | | | |
| 加权系数 | — | | | | |
| 1ppm 等于 1.7554 | mg/kWh | | | | |

续表

| 名称 | | 单位 | 试验一 | 试验二 | 试验三 | 试验四 |
|---|---|---|---|---|---|---|
| 燃烧产物中 $NO_x$ 含量 | $O_2$ | % | | | | |
| | CO | ppm | | | | |
| | $(CO_2)_m$ | % | | | | |
| | $NO_x$ | ppm | | | | |
| | $(NO_x)_{a=1}$ | mg/kWh | | | | |
| | $(NO_x)_m$ 折算值 | mg/kWh | | | | |
| | $(NO_x)_o$ 权重值 | mg/kWh | | | | |
| | 等级 | — | | | | |

**燃烧测试记录**　　　　　　　　　　　　　　　　　　表 7-26

| 名称 | | 单位 | 极限热输入 | 不完全燃烧 | 离焰 |
|---|---|---|---|---|---|
| 二次压力 $P_1$ | | kPa | | | |
| 流量计初读数 $V_1$ | | L | | | |
| 流量计终读数 $V_2$ | | L | | | |
| 燃气耗量: $\Delta V = V_2 - V_1$ | | L | | | |
| 时间 $T$ | | s | | | |
| 折算热输入 $Q$ | | kW | | | |
| 标称额定热输入 $Q_n$ | | kW | | | |
| 与标称额定热输入百分比 | | % | | | |
| 燃烧产物中 CO 含量 | 理论干烟气中 $(CO_2)_m$ 体积百分数 | % | | | |
| | $O_2$ | % | | | |
| | CO | ppm | | | |
| | $(CO_2)_m$ | % | | | |
| | $NO_x$ | ppm | | | |
| | $CO_{a=1}$ | % | | | |

**稳压性能记录**　　　　　　　　　　　　　　　　　　表 7-27

| 名称 | 单位 | 最高压力 | 最低压力 |
|---|---|---|---|
| 二次压力 $P_1$ | kPa | | |
| 流量计初读数 $V_1$ | L | | |
| 流量计终读数 $V_2$ | L | | |
| 燃气耗量: $\Delta V = V_2 - V_1$ | L | | |
| 时间 $T$ | s | | |
| 折算热输入 $Q$ | kW | | |
| 实测额定热输入 $Q_n$ | kW | | |
| 与实测额定热输入偏差 | % | | |

# 第8章 商用燃气厨具的测试

## 8.1 中餐燃气炒菜灶测试

### 8.1.1 试验目的

安全、合理地使用中餐燃气炒菜灶（以下简称炒菜灶），可以改善工作环境的劳动条件，因此在使用前对其进行技术测定，并做出质量评判或提出改进和使用建议是必要的。参考的标准为《中餐燃气炒菜灶》CJ/T 28—2013。

### 8.1.2 试验条件

（1）实验室大气压力应在 86～106kPa 之间。

（2）实验室室温应为 20±15℃，每次试验过程中波动应小于5℃。室温测定方法是在距炒菜灶正前方、正左方和正右方各 1.0m 处，将温度计感温部分固定在与灶面等高位置，测量上述三点的温度，取其平均值。

（3）实验室的空气相对湿度不应大于85%。

（4）实验室通风换气应良好，室内空气中 CO 含量应小于 0.002%，$CO_2$ 含量应小于0.2%，在换气良好的前提下应无影响燃烧的气流。

（5）实验室使用的交流电源，电压波动范围应在±2%之内。

（6）实验用燃气种类应符合现行国家标准《城镇燃气分类和基本特性》GB/T 13611规定的燃气，试验气代号及试验气压力代号见表7-3。

（7）在进行炒菜灶性能试验过程中，燃气的华白数变化不应大于±3%；

（8）试验用气压力在试验开始时应控制在要求压力的±2%以内，试验过程中压力变化不应超过±2%。

### 8.1.3 试验原理

1. 热负荷准确度

试验采用0-2气，调整燃具气路上的旋塞、燃气调节装置处于最大通气状态，点燃燃具，待热负荷稳定（一般为运行15min）后用气体流量计测定燃气流量。气体流量计指针走动一周以上的整圈数，且测定时间应不小于1min。重复测定2次以上，读数误差小于2%时，按下式计算燃具实测折算热负荷：

$$Q = \frac{1}{3.6} \times H_i \times V \times \frac{P_a + P_m}{P_a + P_g} \times \sqrt{\frac{101.3 + p_g}{101.3} \times \frac{p_a + p_g}{101.3} \times \frac{288}{273 + t_g} \times \frac{d}{d_r}} \tag{8-1}$$

$$d_h = \frac{d(p_a + p_g - p_s) + 0.622 p_s}{p_a + p_g} \tag{8-2}$$

式中 $Q$——基准状态条件下，燃具前燃气压力为额定压力时干燃气实测折算热负荷，kW；

$H_i$——基准状态条件下，基准干燃气的低位热值，$MJ/m^3$；

$V$——试验时试验气流量，$m^3/h$；

$p_a$——试验时的大气压力，$kPa$；

$p_m$——试验时通过燃气流量计的试验气压力，$kPa$；

$p_g$——试验时燃具前试验气压力，$kPa$；

$t_g$——试验时通过燃气流量计的试验气温度，℃；

$d$——干试验气的相对密度；

$d_r$——基准气的相对密度；

$p_s$——在温度为$t_g$时饱和水蒸气的压力，$kPa$；

$d_h$——湿试验气相对密度（使用湿式流量计时用$d_h$代替$d$）；

0.622——理想状态下水蒸气的相对密度。

热负荷准确度：

$$\Delta Q = \frac{Q - Q_n}{Q_n} \times 100\% \tag{8-3}$$

式中　$\Delta Q$——热负荷准确度，%；

　　　$Q$——基准状态下，燃具前燃气压力为额定压力时干燃气实测折算热流量，$kW$；

　　　$Q_n$——额定压力下，燃具使用基准气在单位时间内放出的热量，$kW$。

总热负荷准确度要求如表8-1所示。

根据式（8-1）和式（8-2）计算出总实测折算热负荷和各燃烧器实测折算热负荷，按下式计算出总实际折算热负荷与各燃烧器实测折算热负荷之和的百分比值：

$$b = \frac{I}{\sum I_i} \times 100\% \tag{8-4}$$

式中　$b$——总实测折算热负荷的百分比值，%；

　　　$I$——总实测折算热负荷，$kW$；

　　　$I_i$——每个燃烧器的实测折算热负荷，$kW$。

**热负荷准确度要求**　　　　　　　　　　　　　　　　　　　表8-1

| 项目 | 性　能 |
|---|---|
| 热负荷准确度 | 各燃烧器的实测折算热负荷与额定热负荷的偏差应在±10%以内 |
| 总热负荷准确度 | 具有两个燃烧器的炒菜灶总实测折算热负荷不应小于单个燃烧器实测折算热负荷之和的90%，具有三个及以上燃烧器的炒菜灶不应小于85% |

**2. 热效率**

使用0-2气点燃燃烧器，放上辅助锅燃烧15min，待燃烧稳定后，按所选试验用锅（常温）称相应的水量放入试验用锅中，锅加锅盖后放在支架上开始试验。水初温取室温加5℃，水终温取水初温加50℃。试验过程中，在低于初始温度5℃时开始搅拌，到水初温时停止搅拌，并开始计量燃气耗量，在低于水终温5℃时开始搅拌，到达水终温时停止搅拌，并立即关掉燃气，停止计量燃气耗量。按下式计算试验用锅内水实际吸收的热量：

$$Q_z = M_1 \times c_p \times (t_2 - t_1) \tag{8-5}$$

式中　$Q_z$——试验用锅内水实际吸收的热量，$MJ$；

$M_1$——试验用锅加热水量，kg；

$c_p$——水从初温到终温的平均定压比容，$4.19 \times 10^{-3} MJ/(kg \cdot ℃)$；

$t_2$——试验用锅内水的终温，℃；

$t_1$——试验用锅内水的初温，℃。

对有尾锅的炒菜灶在上述操作的同时在尾锅中加入其容积 2/3 的水量，在无锅盖的情况下测试。在对试验用锅进行搅拌的同时对尾锅进行搅拌，开始计量燃气耗量时记下水初温，停止计量时记下水终温。按下式计算尾锅吸收的热量：

$$Q_w = M_2 \times c_p \times (t_2' - t_1') \tag{8-6}$$

式中　$Q_w$——尾锅吸收的热量，MJ；

$M_2$——尾锅加热水量，kg；

$t_2'$——尾锅内水的终温，℃；

$t_1'$——尾锅内水的初温，℃。

炒菜灶的热效率按下式计算，当炒菜灶为带有尾锅时，$Q_w$ 取零。

$$\eta' = \frac{Q_z + 0.3Q_w}{V \times Q_i} \times \frac{273 + t_g}{288} \times \frac{101.3}{P_{amb} + P_m - P_v} \times 100\% \tag{8-7}$$

式中　$\eta'$——热效率，%；

$V$——实测燃气消耗量，$m^3$；

$Q_i$——15℃、101.3kPa 状态下试验气低热值，$MJ/m^3$；

$t_g$——试验时燃气流量计内的燃气温度，℃；

$P_{amb}$——试验时的大气压力，kPa；

$P_m$——实测燃气流量计内的燃气相对静压力，kPa；

$P_v$——温度为 $t_g$ 时的饱和水蒸气压力（当使用干式流量计测量时，$P_v$ 值应乘以试验燃气的相对湿度进行修正），kPa。

热效率需连续测量两次，两次的热效率之差不大于两次热效率平均值的 5%，此平均值即为热效率。若大于 5%，应再重复检验。

试验用锅搅拌器应选用符合《家用燃气灶具》GB 16410—2007 中规定的锅直径为 320mm 的试验用搅拌器，尾锅搅拌器应选用符合 GB 16410—2007 中规定的锅直径为 220mm 的试验用搅拌器。

3. 烟气计算

干烟气中一氧化碳含量：在主燃烧器点燃 15min 后，应尽可能均匀地在排烟部位采集烟气样，采集的位置如图 8-4 和图 8-5 所示。

测定烟气中的一氧化碳和氧的含量，按下式计算：

$$CO_{a=1} = (CO)_m \times \frac{(O_2)_a}{(O_2)_a - (O_2)_m} \tag{8-8}$$

对于试验中能确定气体组分时，测定烟气中一氧化碳和二氧化碳含量，按下式计算：

$$CO_{a=1} = (CO)_m \times \frac{(CO_2)_N}{(CO_2)_m} \tag{8-9}$$

式中　$CO_{a=1}$——过剩空气系数 $a$ 等于 1 时，干烟气中一氧化碳含量，%；

$(CO)_m$——干烟气中一氧化碳含量，%；

$(O_2)_a$——供气口周围空气中的氧含量,%;(新鲜空气中$(O_2)_a=20.9$)

$(O_2)_m$——干烟气中氧含量,%;

$(CO_2)_N$——过剩空气系数等于1时,干烟气中二氧化碳含量计算的数值,%;

$(CO_2)_m$——干烟气中的二氧化碳含量测定的数值,%。

注:式（8-9）的使用条件是,烟气中氧的含量小于14%;$(CO_2)_N$ 的数值按实际燃气的理论烟气量计算或参照现行国家标准《城镇燃气分类和基本特性》GB/T 13611。

### 8.1.4 试验装置

1. 试验装置图（见图 8-1～图 8-5）

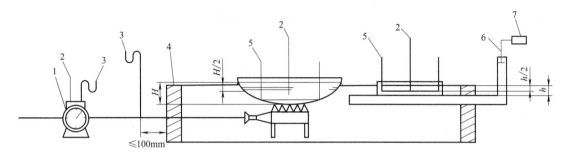

图 8-1 试验系统图

1—气体流量计;2—温度计;3—压力计;

4—炒菜灶;5—搅拌器;6—取样管;7—气体分析仪

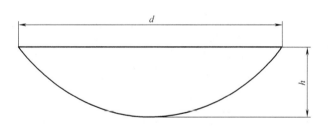

图 8-2 试验用锅尺寸

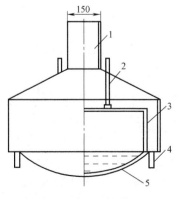

图 8-3 取样罩

1—外筒;2—蒸汽口;3—内筒;

4—筒脚;5—检验用锅

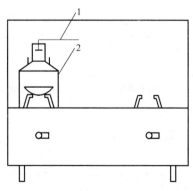

图 8-4 无一级烟道的炒菜灶取样方式

1—取样器;2—取样罩

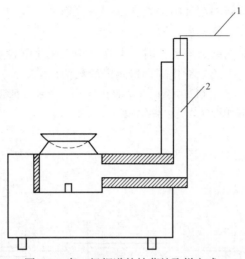

图 8-5　有一级烟道的炒菜灶取样方式
1—取样器；2—一级烟道

## 2. 试验仪器

试验仪器及其规格参数如表 8-2 所示。

试验仪器及其规格参数　　　　　　　　　　　　　　　　　　　　　　表 8-2

| 测试项目 | | 名　称 | 规格或范围 | 精度或最小刻度 |
|---|---|---|---|---|
| 温度 | 环境温度 | 温度计 | 0～50℃ | 0.5℃ |
| | 燃气温度 | 水银温度计 | 0～50℃ | 0.5℃ |
| | 水温 | 水银温度计 | 0～100℃ | 0.2 |
| | 蒸汽温度 | 水银温度计 | 0～120℃ | 0.5 |
| | 表面温度/烟气温度 | 热电温度计或热电偶温度计 | 0～300℃ | 2.0℃ |
| 相对湿度 | | 湿度计 | 0～100% | 1% |
| 质量 | | 衡器 | 0～200kg | 20g |
| 压力 | 大气压力 | 动槽式水银气压计<br>定槽式水银气压计<br>盒式气压计 | 81～107kPa | 0.1kPa |
| | 燃气压力 | U 形压力计或压力表 | 0～10000Pa | 10Pa |
| 流量 | 燃气流量 | 气体流量计 | 0～2.0m³/h | 湿式流量计，1.0 级；<br>干式流量计，1.5 级 |
| | | | 0～6.0m³/h | |
| | | | 0～10 m³/h | |
| | | | 0～20 m³/h | |
| 烟气分析 | 密封性 | 气体检漏仪 | 0～600mL/h | ±5% |
| | CO 含量 | CO 分析仪 | 2000 ppm | ≤±5%；<br>测量值的最大波动值≤4%；<br>反应时间小于或等于 10s |
| | CO₂ 含量 | CO₂ 分析仪 | 0～25% | ±5%的测量值 |
| | 或 O₂ 含量 | O₂ 分析仪 | 0～21% | ±1% |

续表

| 测试项目 | | 名　称 | 规格或范围 | 精度或最小刻度 |
|---|---|---|---|---|
| 燃气分析 | 燃气成分 | 色谱仪 | — | 灵敏度:<br>大于或等于 800mV·ml/mg,<br>定量重复性:<br>小于或等于 3% |
| | 或　燃气相对密度 | 燃气相对密度仪 | — | ±2% |
| | 燃气热值 | 热量计 | — | ±1% |
| 时间 | | 秒表 | — | 0.1s |
| 噪声 | | 声级计 | 40~120dB | 0.5dB |
| 力 | | 推拉型指针试测力计 | 0~100N | 0.1N |
| 电压 | | 交流电压表 | 0~250V | 1.0 级 |
| 电气安全 | 电气强度 | 耐压测试仪 | 电压:0~5000V<br>电流:0~40mA | 1.0 级 |
| | 泄漏电流 | 泄漏电流测试仪 | 电压:AC 0~250V<br>电流:0~3.5mA | 1.0 级 |
| | 接地电阻 | 接地电阻测试仪 | 电压:DC 12V,<br>电流:25A<br>电阻:0~0.1Ω | 1.0 级 |

注:表中所示试验仪器仪表仅为试验的最基本条件,应采用同等性能或更高性能的其他试验仪器仪表。

### 8.1.5 试验内容及步骤

试验准备:按照试验系统图将炒菜灶与燃气管道相连,选择合适的烟气取样方法,放入烟气分析仪。试验使用 0-2 气,检测燃气管路气密性,看是否漏气。记录试验室室温和大气压力,以及燃气温度。调整炒菜灶气路上的旋塞、燃气调节装置处于最大通气状态。

1. 热负荷准确度测试

(1) 点燃炒菜灶,调节炒菜灶前燃气压力为额定压力。

(2) 用秒表计时使其稳定燃烧 15min。

(3) 15min 后测定燃气流量计旋转一周以上整圈数,且测定时间在 1min 以上时所用时间,重复测定,直至读数误差小于 2%。

(4) 读取烟气成分中 $O_2$、CO、$CO_2$、NO 的含量并计算干烟气中一氧化碳含量。

(5) 代入式(8-1)计算折算热负荷。

(6) 将计算的折算热负荷与标定的热负荷代入式(8-3)计算热负荷准确度。

2. 热效率测试

(1) 根据实测的热负荷查表 8-3 选取合适直径的试验用锅,并加入相应质量的水,并在尾锅加入其容积 2/3 的水量(有一级烟道),无一级烟道的对水量没有要求。

(2) 分别在试验用锅中插入温度计,温度计感温部分放在锅中心水深的 1/2 处。

(3) 在试验用锅中的水温达到室温时,开始搅拌,同时对尾锅也进行搅拌,当达到水初温时停止搅拌,并开始计量燃气耗量。记录燃气流量计初读数和尾锅水初温。

(4) 在试验用锅中的水温低于水终温 5℃时再次搅拌,到达水终温时停止搅拌,立即关掉燃气,停止计量燃气耗量,记录燃气流量计终读数和尾锅水终温。

（5）将记录的数值分别代入式（8-5）、式（8-6）计算试验用锅和尾锅内水吸收的热量。

（6）将计算的热量代入式（8-7）计算炒菜灶的热效率。

试验用锅和水量的选用 表 8-3

| 实测折算热负荷 $I_i$/(kW) | 锅直径 $d$/(mm) | 锅深 $h$/(mm) | 水重/(kg) | 锅厚/(mm) |
|---|---|---|---|---|
| $I_i<28$ | $360\pm10$ | $108\pm5$ | 5 | 2 |
| $28\leqslant I_i<32$ | $460\pm10$ | $138\pm5$ | 10 | 2 |
| $32\leqslant I_i<42$ | $500\pm10$ | $150\pm5$ | 13 | 2 |
| $I_i\geqslant42$ | $560\pm10$ | $180\pm5$ | 20 | 2.5 |

3. 燃烧工况测试

（1）重新点燃燃烧器，使其燃烧 15min 稳定后，读取烟气成分中 $O_2$、CO、$CO_2$、NO 的含量并计算干烟气中一氧化碳含量。

（2）切换气源，用 1-2 气（不完全燃烧气）代替 0-2 气，燃烧稳定后，取烟气成分中 $O_2$、CO、$CO_2$、NO 的含量并计算干烟气中一氧化碳含量。

（3）切换气源，用 3-2 气（离焰气）代替 1-2 气，燃烧稳定后，测试火焰有无离焰。

4. 噪声测试

（1）使用 0-1 气，点燃燃烧器，带锅运行 15min 稳定后，用声级计 A 档，在距炒菜灶正面水平 1m 与燃烧器等高处检测，读取最大值。

（2）快速关闭燃烧器，在距炒菜灶正面水平 1m 与燃烧器等高处，采用声级计的快速档检测燃烧器的熄火噪声，有熄火噪声时应为测定的最大值加 5dB（A）作为熄火噪声。若熄火无爆鸣声应为无熄火噪声。

5. 温升测试

使用 0-1 气，点燃燃烧器，调节炒菜灶前燃气压力为最高压力，带锅运行 30min 后，用温度计检测各部位的表面温度，计算温升。

### 8.1.6　试验数据及处理

把各项试验数据分别填入表 8-4～表 8-7 进行处理。

流量修正系数 表 8-4

| 参　数 | 符　号 | 单位 | 测试结果 |
|---|---|---|---|
| 干烟气中$(CO_2)_N$体积百分数 | — | % | |
| 燃气低热值 | $Q_i$ | MJ/$m^3$ | |
| 大气压力 | $P_{amb}$ | kPa | |
| 大气压力计温度 | $t_n$ | ℃ | |
| 相对湿度 | $\varphi$ | （%） | |
| 设计燃气压力 | $P_s$ | kPa | |
| 流量计燃气压力 | $P_m$ | kPa | |
| 商用灶具前燃气压力 | $P_g$ | kPa | |
| 燃气温度 | $t_g$ | ℃ | |

续表

| 参　数 | 符号 | 单位 | 测试结果 |
|---|---|---|---|
| 相对密度 | $d_a$ | — | |
| 饱和水蒸气压力 | $S$ | kPa | |
| 流量计系数 | $f_0$ | — | |
| 流量修正系数 | $f$ | — | |
| 流量修正系数 | $f_1$ | — | |

**热准确度及燃烧工况** 表 8-5

| 名称 | | 单位 | 测试结果 |
|---|---|---|---|
| 室温 | | ℃ | |
| 额定负荷 $Q$ | | kW | |
| 流量计初读数 $V_1$ | | L | |
| 流量计终读数 $V_2$ | | L | |
| 燃气耗量:$\Delta V=V_2-V_1$ | | L | |
| 时间 $T$ | | s | |
| 折算热负荷:$Q_n$ | | kW | |
| 平均值 | | kW | |
| 准确度 | | — | |
| 选锅直径 | | mm | |
| 基准气 | $O_2$ | % | |
| | $CO_2$ | ppm | |
| | $(CO_2)_m$ | % | |
| | $NO_x$ | ppm | |
| | $CO_{\alpha=1}$ | % | |
| 不完全燃烧气（黄焰界限气） | $O_2$ | % | |
| | $CO_2$ | ppm | |
| | $(CO_2)_m$ | % | |
| | $NO_x$ | ppm | |
| | $CO_{\alpha=1}$ | ppm | |
| 回火（回火界限气） | | 有无回火 | |
| 离焰（离焰界限气） | | 主要检测离焰状态，目视火孔着火状态 | |

**热效率** 表 8-6

| 名称 | 单位 | 测试结果 |
|---|---|---|
| 室温 $t$ | ℃ | |
| 试验用锅直径 $D$ | mm | |
| 水重量 $M_1$ | kg | |
| 水初温 $t_1$ | ℃ | |

177

续表

| 名称 | 单位 | 测试结果 |
|---|---|---|
| 水终温 $t_2$ | ℃ | |
| 水温差 $\Delta t$ | ℃ | |
| 流量计初读数 $V_1$ | L | |
| 流量计终读数 $V_2$ | L | |
| 燃气耗量：$\Delta V = V_2 - V_1$ | L | |
| 时间 $T$ | s | |
| 折算热负荷 $Q_n$ | kW | |
| 平均值 | kW | |
| 试验用锅水吸收热量 $Q_z$ | kW | |
| 尾锅加热水量 $M_2$ | kg | |
| 尾锅内水初温 $t_1'$ | ℃ | |
| 尾锅内水终温 $t_2'$ | ℃ | |
| 尾锅水温差 $\Delta t'$ | ℃ | |
| 尾锅水吸收热量 $Q_w$ | kW | |
| 热效率 $\eta$ | % | |
| 平均值 | % | |

**表面温升**　　　　　　　　表 8-7

| 项　目 | | 温　升 |
|---|---|---|
| 易接触部位（旋钮等）的表面 | 金属及其相同材料 | |
| | 非金属材料 | |
| 壳体部位的表面 | 金属及类似材料 | |
| | 非金属材料 | |
| 阀门外壳的表面 | | |
| 燃气接头的表面 | | |
| 电点火器及导线的表面 | | |
| 安装灶具地面面板的表面 | | |

注：表面温升的基础温度为室温。

## 8.2　燃气大锅灶测试

每个灶眼额定热负荷不大于 80kW 且锅的公称直径不小于 600mm 的炊用燃气大锅灶（以下简称大锅灶），用来烹饪大量食物，常用于食堂。按照灶眼数一般可分为单眼和双眼。按照所使用的燃烧器形式，大锅灶可分为扩散式、大气式、强制鼓风式；按照排烟方式，大锅灶可分为间接排烟大锅灶和烟道式大锅灶。对投入使用前的燃气大锅灶进行全面的质量鉴定是很有必要的。

#### 8.2.1 试验目的

燃气大锅灶的鉴定测试是依据《炊用燃气大锅灶》CJ/T 392—2012、《家用燃气用具通用试验方法》GB/T 16411—2008 和《商用燃气灶具能效限定值及能效等级》GB 30531—2014，测定其气密性、燃烧稳定性、热工特性试验（包括热负荷、热效率）、烟气含量、表面温升、工作噪声是否符合规定。

#### 8.2.2 试验条件

（1）实验室温度 20±15℃，在每次试验过程中室温波动应小于±5℃。室温的确定：在距灶具正前方、正右方及正左方各 1 m 处将温度计感温部分固定在与灶具上端大致等高位置，测量上述三个点，三点平均温度即为室温。测温点不应受到来自大锅灶的烟气、辐射热等直接影响。

（2）通风换气良好，室内空气中 CO 含量应小于 0.002%，$CO_2$ 含量不超过 0.2%，且不应有影响燃烧的气流。

（3）电源条件：实验室使用的交流电源，电压波动范围在±2%以内。

（4）湿度：实验室的空气相对湿度不应大于 85%。

（5）不得有辐射传热或对流传热影响试验室的测量装置，测试系统周围空气流动速度不大于 0.3m/s。

#### 8.2.3 试验系统、仪器和仪表

试验系统如图 8-6 所示；试验用主要仪表如表 8-2 所示，试验用水量的确定如表 8-8 所示。

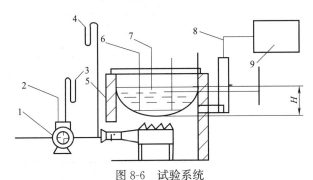

图 8-6　试验系统

1—气体流量计；2/7—温度计；3/4—压力计；

5—大锅灶；6—搅拌器；8—取样管；9—气体分析仪

**试验用水量**　　　　　　　　　　　　　　　　　　　　表 8-8

| 锅直径(mm) | 500 | 560 | 600 | 660 | 700 | 760 |
|---|---|---|---|---|---|---|
| 水量(kg) | 18 | 21 | 23 | 26 | 28 | 31 |

#### 8.2.4 试验原理

1. 热效率

热效率试验应在基准气状态下进行。检验用锅应采用厂家配置的锅，检验时的加热水量应为有效容积的 75%。

在 0-2 气条件及热态条件下，点燃燃烧器，温度计由锅中心插入水深 1/4 处，水初温取室温加 5℃，水终温取初温加 45℃。在热态下，在初温和终温前 5℃时应开始搅拌至初

温和终温。热效率按下列公式计算：

$$\eta = \frac{\Delta t \cdot G \cdot c}{V \times Q_i} \times \frac{273 + t_g}{288} \times \frac{101.3}{P_{amb} + P_g - P_v} \times 100\% \tag{8-10}$$

式中　$\eta$——大锅灶的热效率，%；

　　　$\Delta t$——水的温升值，℃；

　　　$G$——加热的水质量，kg；

　　　$c$——水的比热，$4.2 \times 10^{-3}$ MJ/(kg·℃)；

　　　$V$——实测燃气流量，$m^3$；

　　　$Q_i$——15℃，101.3kPa 状态下实测试验气低热值，$MJ/m^3$；

　　　$t_g$——通过燃气流量计的燃气温度，℃；

　　$p_{amb}$——试验时的大气压力，kPa；

　　　$P_g$——大锅灶灶前压力，kPa；

　　　$P_v$——温度为 $t_g$℃时的饱和水蒸气压力，kPa。

热效率检验在相同条件下进行两次，连续两次热效率之差不大于两次热效率平均值的5%时，此平均值即为实测热效率。若两次热效率之差大于两次热效率平均值的5%时，应再重复检验，直到合格为止。

搅拌器的规格应符合表 8-9 的要求，搅拌器结构如图 8-7 所示。特殊结构大锅灶的搅拌器应保证搅拌均匀。

**搅拌器加工尺寸**　　　　　　　　　　　　　　　　　　　　　　　表 8-9

| 锅径(mm) | $d_1$ | $d_2$ | $d_3$ | $d_4$ | $d_5$ | $H$ |
|---|---|---|---|---|---|---|
| 600≤d<700 | 330 | 99 | 66 | 224 | 165 | 365 |
| 700≤d<800 | 380 | 114 | 76 | 258 | 190 | 390 |
| 800≤d<900 | 430 | 129 | 86 | 292 | 215 | 415 |
| 900≤d<1000 | 480 | 144 | 96 | 326 | 240 | 440 |
| 1000≤d<1100 | 530 | 159 | 106 | 360 | 265 | 465 |
| d≥1100 | 530 | 174 | 116 | 394 | 290 | 490 |

升温速度按照下式计算：

$$\Delta = \frac{45}{\tau}$$

式中　$\Delta$——升温速度，℃/min；

　　　$\tau$——水温升高 45℃所用的时间，min。

2. 实测折算热负荷

实测折算热负荷为设计燃气低热值与实际燃气流量折算到标准状态的计算值的乘积。灶具的热负荷应满足：

（1）每个燃烧器的实测折算热负荷与额定热负荷的偏差应在 10%以内；

（2）总实测折算热负荷与单个燃烧器折算热负荷总和之比大于或等于 85%；

实测折算热负荷的计算公式：

$$Q = \frac{1}{3.6} \times \frac{273}{288} \times H_i \times V \times \sqrt{\frac{d_a}{d_{mg}}} \times \frac{101.3 + p_s}{101.3} \times \frac{p_{amb} + p_m}{p_{amb} \times p_g} \times$$

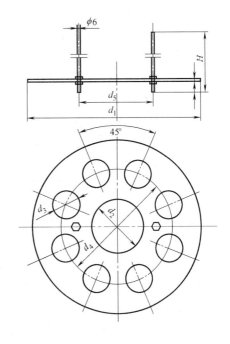

$$\sqrt{\frac{288}{273+t_g}\times\frac{p_{amb}+p_m-(1-0.622/d_a)\times S}{101.3+p_s}}$$

$$(8-11)$$

式中　$Q$——实测热负荷，kW；

$\quad\quad H_i$——15℃、101.3kPa 状态下试验燃气的

$\quad\quad\quad$低热值，MJ/m³；

$\quad\quad V$——实测燃气流量，m³/h；

$\quad\quad d_a$——标准状态下干试验气的相对密度；

$\quad\quad d_{mg}$——标准状态下干设计气的相对密度；

$\quad\quad p_{amb}$——试验时的大气压力，kPa；

$\quad\quad p_s$——设计时使用的额定燃气供气压
$\quad\quad\quad$力，kPa；

$\quad\quad p_m$——实测燃气流量计内的燃气相对静压
$\quad\quad\quad$力，kPa；

$\quad\quad p_g$——实测灶具前的燃气相对静压
$\quad\quad\quad$力，kPa；

$\quad\quad t_g$——燃气流量计内的燃气温度，℃；

$\quad\quad t_n$——室内温度，℃；

图 8-7　搅拌器

$\quad\quad S$——温度为 $t_g$ 时的饱和水蒸气压力，kPa（当使用干式流量计测量时，$S$ 值应乘
$\quad\quad\quad$以试验燃气的相对湿度进行修正）；

0.622——理想状态下水蒸气的相对密度。

3. 烟气计算

干烟气中一氧化碳含量：在主燃烧器点燃 15min 后，应尽可能均匀地在排烟部位采
集烟气样。

测定烟气中的一氧化碳和氧的含量，按式（8-8）计算。

当试验中能确定气体组分时，测定烟气中一氧化碳和二氧化碳含量，按式（8-9）
计算。

### 8.2.5　试验内容及步骤

试验准备：按照试验系统图将大锅灶与燃气管道相连，选择合适的烟气取样方法和烟
道，放入烟气分析仪。试验使用 0-2 气，检测燃气管路气密性，看是否漏气。记录实验室
室温、大气压力和燃气温度。调整大锅灶气路上的旋塞、燃气调节装置和风机阀门处于最
大通气状态。

1. 气密性试验

（1）先检验从燃气入口到燃气阀门的气密性。使被测燃气阀门为关闭状态，其余阀门
打开。

（2）逐道检查（并联的阀门作为同一道检测），在燃气入口连接检漏仪，通入压力为
4.2kPa 的空气，检查其泄露量。

（3）检验自动控制阀门处的气密性。关闭自动控制阀门，其余均打开。

（4）在燃气入口连接检漏仪，通入压力为 4.2kPa 的空气，检查其泄露量。

（5）检验从燃气口到燃烧器火孔。使用 0-1 气，点燃全部燃烧器。

（6）用洗洁精水、检漏液或试验火的燃烧器检查燃气入口至燃烧器火孔前各部位是否有漏气现象。

灶具的气密性应满足以下要求：

（1）从燃气入口到燃气阀门在 4.2kPa 压力下，漏气量≤0.07L/h。

（2）自动控制阀门在 4.2kPa 压力下，漏气量≤0.55L/h。

（3）用 0-1 气点燃燃烧器，从燃气口到燃烧器火孔无燃气泄漏现象。

2. 热准确度测试

（1）点燃大锅灶，调节炒菜灶前燃气压力为额定压力。

（2）用秒表计时，使其稳定燃烧 5min。

（3）5min 后测定燃气流量计旋转一周以上整圈数，且测定时间在 1min 以上时所用时间，重复测定，直至读数误差小于 2%。

（4）读取烟气成分中 $O_2$、CO、$CO_2$、NO 的含量并计算干烟气中一氧化碳含量。

（5）代入式（8-2）计算实测折算热负荷。

3. 热效率测试

（1）选择合适直径的试验用锅，并加入相应质量的水。

（2）分别在试验用锅中插入温度计，温度计感温部分放在锅中心水深的 1/2 处。

（3）在试验用锅中的水温达到室温时开始搅拌，当达到水初温时停止搅拌，并开始计量燃气耗量。记录燃气流量计初读数。

（4）在试验用锅中的水温低于水终温 5℃时又开始搅拌，到达水终温时停止搅拌，立即关掉燃气，停止计量燃气耗量，记录燃气流量计终读数。

（5）将测量数值带入相应公式，能效等级如表 8-10 所示。

商用燃气灶具能效等级　　　　　　　　表 8-10

| 类型 | 热效率 $\eta$（%） | | |
| --- | --- | --- | --- |
| | 1 级 | 2 级 | 3 级 |
| 炒菜灶 | 45 | 35 | 25 |
| 大锅灶 | 65 | 55 | 45 |
| 蒸箱 | 90 | 80 | 70 |

4. 温升测试

使用 0-1 气，点燃燃烧器，调节大锅灶前燃气压力为最高压力，带锅运行 30min 后，用温度计检测各部位的表面温度（见表 8-11），计算温升。

炒菜灶和大锅灶测试关键点　　　　　　　　表 8-11

| 指标 | 锅 | 水量 | 开始时间 | 水温测点 | 水初温 | 水终温 | 搅拌 |
| --- | --- | --- | --- | --- | --- | --- | --- |
| 炒菜灶 | 选锅 | 与锅对应 | 热态 | 水深 1/2 | 室温加 5℃ | 水初温加 50℃ | 在水初温和终温前 5℃时搅拌至初温和终温（尾锅随主锅在无盖的情况下一块搅拌） |
| 炒菜灶尾锅 | 厂家配锅 | 2/3 锅容积 | 随主锅 | 水深 1/2 | 随主锅 | 随主锅 | |
| 大锅灶 | 厂家配锅 | 锅 75% 有效容积 | 热态 | 水深 1/4 | 室温加 5℃ | 水初温加 45℃ | |

注：尾锅水吸收热量在计算效率时只计入其热量的 30%。

### 8.2.6 摇摆汤锅和夹层汤锅的特别要求

1. 可倾斜的汤锅相应要求

(1) 可倾斜式汤锅应有液位标记，或者用其他方式标出额定最大容量。

(2) 锅体倾倒过程应仅利用执行机构使其倾斜。这种要求应在锅被倾斜回到其工作位置时一样。

(3) 就手动控制装置来说，此装置应保证在其所有倾斜角度内，倾斜移动是受控制的。

(4) 除非利用预定的方式之外，倾斜作用应不可能有相反的影响。

(5) 锅应自动平衡或自动锁定。

(6) 就锅的电力控制倾斜来说，应利用操作反应的控制器装置来实现，而该装置应位于危险区间之外，并且安装的位置在倾斜期间操作者能清晰地看到锅的移动。

(7) 倾斜机械装置应自动锁定，以防止在电力故障情况下锅在每个位置无意识的移动。控制倾斜过程的装置应清晰地标出以看到移动的方向。控制器装置应以上述方式定位并加以保护，以至于该装置不能意外地操作。

(8) 利用辅助能源程序倾斜装置，倾斜的最短时间为 20s。

(9) 锅口应有导流槽，方便食物或者液体能够倾倒。

(10) 采用隔水蒸气加热的汤锅，蒸汽压力不应大于 0.9kPa，并应有自动和手动泄压装置。当压力大于设计的标准压力时，应有熄火保护装置。隔水蒸气加热的汤锅，夹层锅内应有缺水保护装置。夹层汤锅应设计溢水装置，当夹层锅体内到达最大水位时，多余的水应能溢出。

2. 汤锅类燃具其他相应要求

(1) 应附带与之匹配的锅。

(2) 使用锅应符合食品卫生安全要求，使用不锈钢锅应符合现行国家标准《食品安全国家标准 食品接触用金属材料及制品》GB 4806.9 的要求。

(3) 稳定性和机械安全性应满足一下要求：

1) 燃烧器与锅体一体的燃具，在器皿倾斜时，应能自动切断燃气管路。

2) 手动控制装置应保证其在所有倾斜角度内，倾斜移动是受控制的。

3) 自动控制倾斜的锅，应通过控制装置进行操作，控制装置位置应位于危险区间之外，并且能保证操作者控制倾斜期间清晰地看到锅的移动。

4) 自动倾斜机械装置各位置应自动锁定，以防止电力故障情况下锅在各个位置随意移动。倾斜控制装置应清晰地标出锅移动的方向。

5) 控制器装置应有自锁功能，应先解锁后操作。

(4) 锅盖的安全性要求：

1) 锅盖应在不受控制的闭合时应不会引起对操作者的伤害。

2) 电动锅盖应有装有互锁或相似装置，以至于操作者可以不用手就可以将其激活。互锁装置不应自动复位。

(5) 夹层汤锅的安全性要求：

1) 蒸汽夹层内蒸汽压力不应大于 0.08MPa，并应有自动和手动泄压装置。

2) 蒸汽夹层内应有缺水保护装置。

3) 夹层煮锅应设计溢水装置，当夹层锅体内到达最大水位时，多余的水应能溢出。

### 8.2.7　试验数据及处理

把各项试验数据分别填入表 8-12～表 8-15 进行处理。

流量修正系数　　　　　　　　　　表 8-12

| 参数 | 符号 | 单位 | 测试结果 |
|---|---|---|---|
| 干烟气中 $(CO_2)_N$ 体积百分数 | / | % | |
| 燃气低热值 | $H_i$ | MJ/m³ | |
| 大气压力 | $P_{amb}$ | kPa | |
| 大气压力计温度 | $t_n$ | ℃ | |
| 相对湿度 | $\varphi$ | — | |
| 设计燃气压力 | $P_s$ | kPa | |
| 流量计燃气压力 | $P_m$ | kPa | |
| 燃气大锅灶前燃气压力 | $P_g$ | kPa | |
| 燃气温度 | $t_g$ | ℃ | |
| 相对密度 | $d_a$ | — | |
| 饱和水蒸气压力 | $S$ | kPa | |
| 流量计系数 | $f_0$ | — | |
| 流量修正系数 | $f$ | — | |
| 流量修正系数 | $f_1$ | — | |

热准确度及燃烧工况　　　　　　　　表 8-13

| 名称 | | 单位 | 测试结果 |
|---|---|---|---|
| 室温 | | ℃ | |
| 额定负荷 $Q$ | | kW | |
| 流量计初读数 $V_1$ | | L | |
| 流量计终读数 $V_2$ | | L | |
| 燃气耗量: $\Delta V = V_2 - V_1$ | | L | |
| 时间 $T$ | | s | |
| 折算热负荷: $Q_n$ | | kW | |
| 平均值 | | kW | |
| 准确度 | | — | |
| 选锅直径 | | mm | |
| 基准气 | $O_2$ | % | |
| | $CO_2$ | ppm | |
| | $(CO_2)_m$ | % | |
| | $NO_x$ | ppm | |
| | $CO_{\alpha=1}$ | % | |
| 不完全燃烧气<br>(黄焰界限气) | $O_2$ | % | |
| | $CO_2$ | ppm | |
| | $(CO_2)_m$ | % | |
| | $NO_x$ | ppm | |
| | $CO_{\alpha=1}$ | % | |
| 回火(回火界限气) | | 有无回火 | |
| 离焰(离焰界限气) | | 主要检测离焰状态,目视火孔着火状态 | |

热效率 表 8-14

| 名称 | 单位 | 测试结果 |
|---|---|---|
| 室温 $t$ | ℃ | |
| 试验用锅直径 $D$ | mm | |
| 水重量 $M_1$ | kg | |
| 水初温 $t_1$ | ℃ | |
| 水终温 $t_2$ | ℃ | |
| 水温差 $\Delta t$ | ℃ | |
| 流量计初读数 $V_1$ | L | |
| 流量计终读数 $V_2$ | L | |
| 燃气耗量:$\Delta V=V_2-V_1$ | L | |
| 时间 $T$ | s | |
| 折算热负荷 $Q_n$ | kW | |
| 平均值 | kW | |
| 试验用锅水吸收热量 $Q_z$ | kW | |
| 热效率 $\eta$ | % | |
| 平均值 | % | |

表面温升 表 8-15

| 项 目 | | 温 升 |
|---|---|---|
| 易接触部位(旋钮等)的表面 | 金属及其相同材料 | |
| | 非金属材料 | |
| 壳体部位的表面 | 金属及类似材料 | |
| | 非金属材料 | |
| 阀门外壳的表面 | | |
| 燃气接头的表面 | | |
| 电点火器及导线的表面 | | |
| 安装灶具地面面板的表面 | | |

注:表面温升的基础温度为室温。

# 8.3 商用箱式燃气食品烘炉测试方法

## 8.3.1 试验目的

对商用燃气烘炉整机进行全面的质量检定,主要检定项目为燃气气密性、燃气热负荷热效率、燃烧工况(干烟气中 CO 含量)、烘炉温升测定、烘炉工作时噪声测定、安全装置试验等。需检定以上各项参数是否符合标准规范及有关规定。具体请参考《箱式燃气食品烘炉》SB/T 10607—2011 和《家用燃气用具通用试验方法》GB/T 16411—2008。

### 8.3.2　试验条件

（1）电源条件：单相额定电压≤250V。

（2）在高原地区使用的燃气烘炉，应考虑海拔高度对实测热负荷的影响。

（3）燃气通路气密性应满足以下要求：

1）从燃气入口到燃气阀门在 4.2kPa 压力下，漏气量≤0.07L/h；

2）自动控制阀门在 4.2kPa 压力下，漏气量≤0.55L/h。

（4）试验室温度 20±15℃，空气相对湿度不大于 80%；

（5）燃气方面的试验室条件应符合现行国家标准《家用燃气用具通用试验方法》GB/T 16411 的规定。

（6）电气方面的试验条件应符合现行国家标准《家用和类似用途电器的安全　第 1 部分：通用要求》GB 4706.1 的规定。

### 8.3.3　试验原理

**1. 实测热负荷**

用式（8-12）计算实测热负荷：

$$Q_{实}=\frac{1}{3.6}\times V\times H_i\times\frac{273}{273+t_g}\times\frac{P_{amb}+P_m-S}{101.3} \tag{8-12}$$

式中　$Q_{实}$——实测热负荷，kW；

　　　$H_i$——0℃，101.3kPa 状态下试验燃气的低热值，MJ/m³；

　　　$V$——实测燃气流量，m³/h；

　　　$t_g$——燃气流量计内的燃气温度，℃；

　　$P_{amb}$——试验时的大气压力，kPa；

　　　$P_m$——实测燃气流量计内的燃气相对静压力，kPa；

　　　$S$——温度为 $t_g$ 时的饱和蒸汽压力，kPa（当使用干式流量计时，$S$ 值应乘以试验气的相对湿度进行修正）。

**2. 实测折算热负荷**

实测折算热负荷：设计燃气低热值与实际燃气流量折算到标准状态的计算值的乘积。

热负荷应满足：

（1）每个燃烧器的实测折算热负荷与额定热负荷的偏差应在 10% 以内；

（2）总实测折算热负荷与单个燃烧器折算热负荷总和之比≥85%；实测折算热负荷的计算公式见式（8-11）：

**3. 额定热负荷精度**

用式（8-13）计算额定热负荷精度：

$$额定热负荷精度=\frac{实测折算热负荷-额定热负荷}{额定热负荷}\times100\% \tag{8-13}$$

**4. 燃气烘炉的一氧化碳浓度**

测量干烟气中的一氧化碳含量和二氧化碳含量，然后按式（8-14）计算烟中一氧化碳浓度：

$$C_1=C_{1a}\times\frac{C_{2max}}{C_{2a}-C_{2t}}\times100\% \tag{8-14}$$

式中 $C_1$——干烟气中的一氧化碳浓度，理论空气系数 $a=1$，%；

$C_{1a}$——干烟气中一氧化碳浓度测定值，%；

$C_{2t}$——室内空气（干燥状态）中的二氧化碳浓度测定值，%；

$C_{2a}$——干烟气样中的二氧化碳浓度测定值，%；

$C_{2max}$——理论干烟气样中的二氧化碳浓度（计算值），%。

### 8.3.4 热负荷试验

热负荷试验的条件、状态及方法如表 8-16 所示。

热负荷试验的条件、状态及方法                                    表 8-16

| 试验项目 | 试验条件 试验状态 试验方法 |
| --- | --- |
| 实测热负荷 | 试验条件:使用 0-2 气;<br>试验方法:在燃烧器点燃 15～20min 时段内,用气体流量计测定燃气流量,气体流量计指针走一周以上整圈,且测定时间不小于 1min,重复测定两次以上,读数误差小于 2%,取两次流量的平均值,然后换算成实测折算热负荷 |

### 8.3.5 燃气烘炉的燃烧工况

（1）燃烧烟气中一氧化碳浓度（过剩空气系数 $a=1$）不大于 0.1%。

（2）燃烧器点火时 4s 内传遍整个燃烧器，且无爆燃现象。

（3）燃烧器无离焰、熄火、回火、黄焰、黑烟等现象。

（4）烘炉工作时的噪声不大于 65dB（A）（声功率级），熄火噪声不大于 85dB（A）（声功率级）。

### 8.3.6 使用性能试验

1. 炉内温度分布

试验条件：使用 0-2 气。

试验方法：把图 8-8 所示的测温板放入烤盘，置于烘炉内，测温板中心应放到烘炉内大致中心的部位，点燃燃烧器，并使测温板的中心温度保持在 $230\pm10℃$，1h 后，分别测出中心测温点及其他 6 个测温点的温度，并计算中心测温点温度与其他 6 个测温点的温度差。

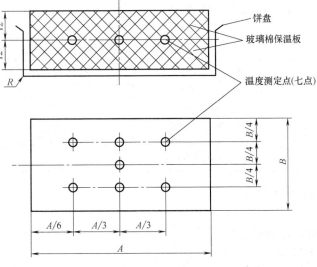

图 8-8 测定烤箱温度分布情况用测温板

2. 燃气烘炉升温时间

试验条件：使用 0-2 气。

试验状态：烘炉内不放入任何物品，将燃气气阀门开到最大使用状态。带有控温器的烘炉，应置于控温器最高温度位置上。

试验方法：当烘炉内温度与室温相同时点燃燃烧器。点燃后，使用图 8-9 所示热电偶测量从点火到烘炉内中心点温度达到 250℃ 时所需的时间，并按式（8-15）求出升温时间。

$$T_C = T \times \frac{230}{250 - t} \tag{8-15}$$

式中　$T_C$——升温时间（烤箱内温度从 20℃ 升到 250℃ 所需时间），min；

　　　$T$——实测时间，min；

　　　$t$——室温，℃。

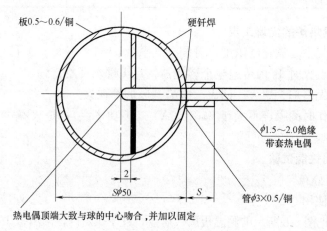

图 8-9　测定烤箱温度用热电偶

### 8.3.7　气密性试验

气密性试验的条件、状态及方法如表 8-17 所示。

气密性试验的条件、状态及方法　　　　　　　　　　　表 8-17

| 试验项目 | 试验条件、试验状态、试验方法 |
|---|---|
| 从燃气入口到燃气阀门 | 使被测燃气阀门为关闭状态，其余阀门打开，逐道检测（并联的阀门作为同一道阀门检测），在燃气入口连接检漏仪，通入压力为 4.2kPa 的空气，检查其泄露量 |
| 从燃气入口到燃烧器火孔 | 试验条件：使用 0-1 气；<br>试验状态：点燃燃烧器；<br>试验方法：用皂液、检漏液或试验火的燃烧器检查燃气入口至燃气器火孔前各部位是否有漏气现象 |

### 8.3.8　试验内容及步骤

1. 试验装置

试验装置如图 8-10 所示。

2. 试验用仪器仪表

燃气方面的试验用仪器仪表应符合表 8-2 的规定要求。试验用主要仪器仪表见表 8-2。

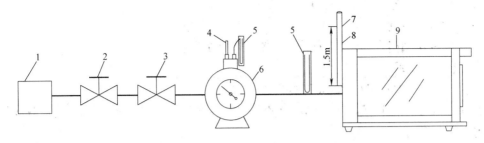

图 8-10　试验装置流程图

1—燃气；2—阀门；3—调压阀；4—温度计；5—压力计；
6—湿式气体流量计；7—干烟气取样处；8—烟囱；9—燃气烘炉

### 3. 试验设备

试验设备如表 8-18 所示。

试验设备　　　　　　　　　　　　　　　　　　　　　　　　表 8-18

| 用途（试验项目） | 试验设备名称 | 种类及规格 | |
| --- | --- | --- | --- |
| | | 种类 | 备注 |
| 试验气配制 | 配气装置 | — | 华白数±2% |
| 热负荷测定 | 燃气耗量测定装置 | 燃气调压器、流量计、湿度计、温度计、压力计、测定压力用的三通 | — |
| 燃气通路气密性试验 | 气密性试验装置 | 气体检漏仪、试验火的燃烧器 | |
| 耐久性试验 | 燃气阀门的耐久性试验装置 | — | — |
| | 点火、控制装置耐久性试验装置 | — | — |
| | 熄火保护装置耐久性试验装置 | — | — |
| | 电磁阀耐久性试验装置 | — | — |
| 结构部件耐热试验 | 恒温装置 | 恒温装置 | 室温～750℃ |
| 振动试验 | 振动试验装置 | 振动试验台 | 振动频率 10Hz，全振幅 5mm（上下左右） |

### 4. 试验步骤

（1）气密性试验

1）使被测燃气阀门为关闭状态，其余阀门打开。

2）逐道检测（并联的阀门作为同一道阀门检测），在燃气入口连接检漏仪，通入压力为 4.2kPa 的空气，检查其泄露量。

3）检验自动控制阀门处的气密性。关闭自动控制阀门，其余均打开。

4）在燃气入口连接检漏仪，通入压力为 4.2kPa 的空气，检查其泄露量。

5）使用 0-1 气，点燃全部燃烧器。

6）用皂液、检漏液或试验火的燃烧器检查燃气入口至燃烧器火孔前各部位是否有漏气现象。燃气通路气密性应满足以下要求：

① 从燃气入口到燃气阀门在 4.2kPa 压力下，漏气量≤0.07L/h；

② 自动控制阀门在 4.2kPa 压力下，漏气量≤0.55L/h。

（2）热负荷试验

1）将燃气烘炉推到试验室按照图 8-10 连接好。

2）使用 0-2 气，将风门调节到燃烧火焰最佳状态，然后固定鼓风机风门，各项试验时不得再调节风门。

3）对燃气流量计的液面进行调整；在气源断开的前提下，将右上方通大气孔的螺栓取下，观察右侧面液面高度，以液面高度正好与金属尖平齐为标准。

4）记录大气压力 $P_{amb}$，大气温度 $t_n$ 及大气相对湿度 $\varphi$；打开气阀；调节烘炉前进口压力为规定相对应值。

5）启动烘炉电源开关，将上火、下火温度调到最大值开始点火升温。

6）求上火、下火热负荷：测上火、下火燃气流量。方法：记录初值流量数据 $V_1$，同时掐表，等待秒表走 1min 以上，流量计转整圈数时掐表，得出 $\Delta t$，记录末流量值 $V_2$。由上火、下火测得的数据根据式（8-12）求出上火、下火的实测热负荷，根据式（8-11）求出实测折算热负荷，根据式（8-13）计算额定热负荷精度。

7）关闭燃气总阀门，记录上火、下火电磁阀正常关闭时间。

8）测烘炉烟气：将烟气探测头与烟气分析仪连接，在烟囱 1.5m 处取样，待烟气分析仪表显示数据稳定后，记录 CO 和 $CO_2$ 的数值，按式（8-14）求出 CO 浓度。

9）记录及整理数据。

（3）炉内温度分布试验

试验条件：使用 0-2 气。

试验步骤：

1）如图 8-8 所示，选用 2 块测温板，1 个铝制烤盘。

2）将 1 块测温板置于烤盘内，再放入如图 8-9 所示的测温热电偶，按图 8-8 所示摆在测温板上方。

3）将另外 1 块测温板盖在测温热电偶上方与下面的测温板重叠，烤盘应放到烘炉内中心的部位。

4）启动控温器，设置温度为 230℃，测温板的中心温度保持在 230±10℃后，开始掐表计时，1h 后，分别测出中心测温点及其他 6 个测温点的温度，并计算中心测温点温度与其他 6 个测温点的温度差。

（4）燃气烘炉升温时间

试验条件：使用 0-2 气。

试验步骤：

1）烘炉内不放入任何物品，将燃气气阀门开到最大使用状态。控温器设置最高温度位置上。

2）用图 8-9 所示热电偶测量从点火到烘炉内中心点温度达到 250℃时所需的时间，并按式（8-15）求出升温时间。

5. 燃气烘炉燃烧工况试验

(1) 燃烧烟气中一氧化碳浓度（过剩空气系数 $a=1$）不大于 0.1%。

(2) 燃烧器点火时 4s 内传遍整个燃烧器，且无爆燃现象。

(3) 燃烧器无离焰、熄火、回火、黄焰、黑烟等现象。

(4) 燃烧器应火焰均匀。

(5) 烘炉工作时的噪声不大于 65dB（A）（声功率级），熄火噪声不大于 85dB（A）（声功率级）。

(6) 燃气烘炉温度控制器工作时的燃烧稳定性要求：无熄火、无回火，火焰传递性能易于点燃，无爆燃。

(7) 熄火保护装置的开阀时间应不大于 20s，闭阀时间应不大于 60s。

(8) 点火性能：在排空燃烧器内空气的第一次着火后，点火 10 次着火次数应不小于 8 次。

6. 噪声试验

(1) 测定燃烧噪声，要求不大于 65dB（A）。启动上火、下火控温器。

(2) 烘炉正常工作 15min 后，使用声功率级进行测试，测试部位按图 7-7 所示三点进行试验。

### 8.3.9 测试结果及数据记录

将测试结果分别填入表 8-19～表 8-21，然后进行相应的数据处理。

测试结果记录表 表 8-19

| 测试项目 | 实测数值 | 备注 |
|---|---|---|
| 额定热负荷 | | |
| 烘炉升温时间 | | |
| 实测热负荷 | | |
| 实测热负荷平均值 | | |
| 实测折算热负荷 | | |
| 实测折算热负荷偏差 | | |
| 实测二氧化碳含量 | | |
| 实测一氧化碳含量 | | |
| 折算一氧化碳含量 | | |
| 工作噪声 | | |
| 熄火噪声 | | |
| 开阀时间 | | |
| 闭阀时间 | | |
| 着火次数 | | |
| 温度分布均匀度 | 前左： 前中： 前右：<br>后左： 后中： 后右：<br>中心点： | |

表面温升 表 8-20

| 项 目 | | 温 升 |
|---|---|---|
| 易接触部位(旋钮等)的表面 | 金属及其相同材料 | |
| | 非金属材料 | |
| 壳体部位的表面 | 金属及类似材料 | |
| | 非金属材料 | |
| 阀门外壳的表面 | | |
| 燃气接头的表面 | | |
| 电点火器及导线的表面 | | |
| 安装灶具地面面板的表面 | | |

注:表面温升的基础温度为室温。

热准确度及燃烧工况 表 8-21

| 名称 | | 单位 | 测试结果 |
|---|---|---|---|
| 室温 | | ℃ | |
| 额定负荷 $\Phi$ | | kW | |
| 流量计初读数 $V_1$ | | L | |
| 流量计终读数 $V_2$ | | L | |
| 燃气耗量:$\Delta V=V_2-V_1$ | | L | |
| 时间 $T$ | | s | |
| 折算热负荷:$\Phi_n$ | | kW | |
| 平均值 | | kW | |
| 准确度 | | — | |
| 选锅直径 | | mm | |
| 基准气 | $O_2$ | % | |
| | $CO_2$ | ppm | |
| | $(CO_2)_m$ | % | |
| | $NO_x$ | ppm | |
| | $CO_{a=1}$ | % | |
| 不完全燃烧气(黄焰界限气) | $O_2$ | % | |
| | $CO_2$ | ppm | |
| | $(CO_2)_m$ | % | |
| | $NO_x$ | ppm | |
| | $CO_{a=1}$ | ppm | |
| 回火(回火界限气) | | 有无回火 | |
| 离焰(离焰界限气) | | 主要检测离焰状态,目视火孔着火状态 | |

# 8.4　商用燃气蒸汽机测试方法

### 8.4.1　试验目的

掌握商用燃气蒸汽机测试方法，对投入使用前的商用燃气蒸汽机进行全面的质量鉴定。鉴定的主要项目为商用燃气蒸汽机的气密性、燃气灶具热负荷热效率、燃气灶具燃烧工况（包括厨具火焰情况、干烟气中 CO 含量）、厨具表面温升测定、厨具工作时噪声测定、安全装置试验等，检测设备的各项性能有没有达到相关标准的要求，从而进一步的完善设备的各项性能。依据检测数据，对设备做出质量评判或提出改进和使用建议。

### 8.4.2　试验条件

见本书第 8.2.2 节燃气大锅灶测试试验条件。

### 8.4.3　试验原理

1. 热负荷准确度

实测折算热负荷计算公式同式（8-1）。

热负荷准确度计算公式同式（8-3）。

总热负荷准确度计算公式同式（8-4）。

2. 燃气蒸汽机热效率的计算原理

热效率：指有效利用热量占供给热量的百分比。它表示热能的有效利用率，反映了燃烧与传热的综合效果。

燃气蒸汽机热效率计算公式：

$$\eta = \frac{(M_1 - M_2) \times (q_2 - t \times C_p)}{\Delta V \times f \times Q_1} \times 100\% \tag{8-16}$$

$$f = \frac{288}{273 + t_g} \times \frac{p_a + p_g - p_v}{101.3} \tag{8-17}$$

式中　$\eta$——热效率,%；

$M_1$——热效率测试前的电子秤初读数，kg；

$M_2$——热效率测试前的电子秤终读数，kg；

$q_2$——饱和水蒸气比焓，取 2.68MJ/kg(100℃，101.325kPa)；

$t$——进水温度,℃；

$C_p$——水的平均定压比热容，取 $4.19 \times 10^{-3}$MJ/(kg·℃)；

$\Delta V$——燃气耗量，$m^3$；

$f$——将燃气耗量折算到15℃、101.3kPa 状态下的修正系数；

$Q_1$——15℃，101.3kPa 状态下燃气的低热值，$MJ/m^3$；

$t_g$——燃气温度,℃；

$p_a$——试验时的大气压力，kPa；

$p_g$——燃气压力，kPa；

$p_v$——温度为 $t_g$℃时的饱和水蒸气压力，kPa。

3. 干烟气中 CO 含量测试原理

烟气计算公式同式（8-8）、式（8-9）。

### 8.4.4　试验装置

商用燃气蒸汽机测试装置如图 8-11 所示。

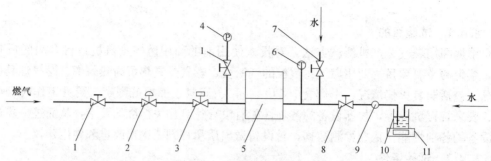

图 8-11　热效率试验装置图

1—燃气进气阀；2—燃气调压阀；3—燃气流量表；4—压力表；5—蒸汽机；6—温度表；

7—水阀门；8—水阀门；9—增压泵；10—盛水容器；11—电子秤

### 8.4.5　试验内容及步骤

气密性试验、热负荷准确性试验、燃烧工况试验、电气性能试验同本书第 8.2 节燃气大锅灶测试中相应内容，这里不再赘述。

1. 蒸汽压力试验

（1）把一定长度的压力测试管一端与蒸箱压力测定接口连接，另一端与微压计连接。

（2）使用 0-2 气，启动、运行蒸箱，打开进入蒸腔的所有蒸汽阀门，观察微压计，至压力不再上升时，记录最高压力示值。

2. 水烧沸时间试验

按照蒸箱使用说明书正常操作补水，补水压力控制在 0.2MPa，使蒸箱运行，从水胆内水温为 30℃时开始计时，将水加热产生蒸汽，至蒸箱最底层蒸腔蒸气进口处的蒸汽温度达到 98℃，所需的时间为水烧沸时间。

注：1. 测试时使用室温温度的冷水，测试完成后修正到 30℃；

2. 高海拔地区蒸汽温度应取当地大气压下实际饱和蒸汽温度减去 2℃。

3. 蒸箱蒸发效率试验

水胆与蒸腔分体式蒸箱（要求蒸箱的门全部打开，或采取一切可以的方法避免产生的蒸汽与蒸箱箱体接触冷凝后产生的冷凝水参与到公式计算中）热效率试验装置如图 8-11 所示。

测试步骤如下：

（1）按照图 8-11 连接测试系统，水阀门 8 处于关闭状态，打开水阀门 7，将蒸箱水胆放满水后关闭，蒸汽机使用 0-2 气、额定热负荷条件下以正常工作状态运行。

（2）打开水阀门 8，用增压水泵 9 从盛水容器 10 中抽水至蒸箱的水胆，补水压力为 0.4MPa，使用水稳压阀或者稳压电源等方法在试验过程中保持补水压力恒定，测试过程中进水温度变化应不超过 ±0.5℃。

（3）蒸汽机开始产生蒸汽后，运行 15min 以上，使蒸箱在开门状态处于热平衡状态，确认蒸汽稳定均匀地产生并离开箱体门。

（4）在热平衡状态下，开始测试热效率，测试时间约 15min，电子补水控制器补水方式的蒸箱以电子秤读数开始连续下降、稳定不变至再次开始连续下降为止作为一个补水周期，至少测试两个完整的补水周期，同步记录燃气消耗量和盛水容器中水的消耗量。如果 15min 的耗水量小于 5kg，则增加测试时间或补水周期，使耗水量大于 5kg。同时检测并记录进水温度。

（5）按式（8-16）、式（8-17）计算热效率。

（6）热效率的确定：热效率测试应在相同条件下进行两次，两次热效率之差不应大于两次热效率平均值的 5%，此平均值即为热效率。若两次热效率之差大于两次热效率平均值的 5%，应重复测试，直至合格为止。

水胆与蒸腔为一体式结构时（水箱蒸汽直接通入蒸腔），应防止冷凝水流回水胆和水沸腾时水滴溅出水胆。测试热效率时应在水胆上方开口位置设置一隔离水胆和蒸腔空间的顶盖，顶盖面积为 100cm²，中间留出一个蒸汽孔，蒸汽应自由进入蒸腔空间，冷凝水不应流回水胆和水沸腾时水滴不应溅出水胆（见图 8-12）。

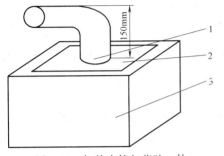

图 8-12　加热水箱与蒸腔一体蒸箱热效率测试示意图

1—蒸汽出口；2—盖子；3—水胆

**4. 保温性能试验**

（1）使用蒸箱生产商配备的蒸箱容器进行测试，如提供多种蒸箱容器，则选择最大规格的进行测试验。

（2）将容器内加入其 70% 容积质量的水，水温为 20±1℃。

（3）将装水后的容器按照产品设计要求装满蒸箱。

（4）热电偶依次放入蒸箱内上、中、下容器中心位置，测量点距容器底部 10mm 处。

（5）在正常测试条件下，启动蒸箱以最大功率工作。

（6）当容器中最低的温度达到 90℃时，停机保温 1h 后，测量各个容器内的温度，取平均值。

（7）用该平均值减去 90℃为检测结果，其检测结果满足蒸箱在高温状态下保温 1h，蒸饭盆水温下降平均值不大于 10℃。

**5. 温度均匀性试验**

试验按照本书第 8.1.5 节进行试验，当容器中最低温度达到 90℃时，蒸箱内各处最大温度差≤15℃。

**6. 蒸箱补水系统试验**

（1）补水系统动作的准确性试验

1）蒸箱按照正常连接模式连接补水系统，供水压力≥0.1MPa；

2）蒸箱水系统缺水状态下，打开补水系统阀门开始自动补水；

3）补水结束后，检查水系统的液位不高于蒸箱指示的最高刻度线；

4）保持蒸箱自动补水系统常开，打开蒸箱的排泄口缓慢排泄工作用水；

5）直至补水系统补水动作开始，检查系统也为不低于蒸箱的最低刻度线。

（2）补水系统耐用性（补水过多的危害，补水系统耐久进行预防）

补水系统进行 1000 次耐久试验。蒸箱在正常工作时，当液位低于最低液位指示前开始补水，高于最高指示位前停止补水。

7. 蒸汽机其他结构要求

测试方法：目测。

（1）蒸汽系统不应出现封闭运行的情况，应设置确保蒸腔内蒸汽压力大于 15Pa 并不超过 500 Pa 的排汽装置。尾蒸汽排气孔应为防堵塞结构，且不应排放到一级烟道中。

（2）蒸腔应与燃气、烟气系统隔绝。

（3）蒸腔保温材料应与蒸腔隔绝。

（4）蒸箱应设置自动补水装置。

（5）蒸箱应在最上层蒸腔的左、右或后面板合适位置设置蒸汽压力测压接口，出厂时应进行密封处理。

（6）蒸箱应设置缺水保护装置或带有液位警戒线的可视水位显示装置。

（7）在水胆底部、蒸腔底部应设置排污口，且排污阀的设置位置应便于操作。

（8）蒸箱应在最上层蒸腔的左、右或后面板合适位置设置蒸汽压力测压接口，出厂时应进行密封处理。

（9）蒸箱补水系统应设最低和最高补水液位刻度。

（10）具备保温性能的蒸箱宜设置保温层。

（11）蒸箱蒸汽蒸发系统宜设置防干烧安全装置（大部分蒸箱没有控制系统）。

（12）蒸箱宜设置泄压安全装置。（《商用电汽两用蒸饭柜》SB/T 10697—2012 第 4.5.1 条要求：额定压力大于 20kPa 时，蒸柜应设置压力安全阀。

（13）蒸箱与实物、水接触的部分应为无毒、无污染。

（14）蒸箱应具防污染性能：水箱和蒸汽发生器应设置排污阀；蒸箱内胆、挂码、层架、容器、饭盆、门胶条等应具有防污设计，不易藏污垢并易清洁，符合现行国家标准《食品机械安全卫生》GB 16798 相关要求。

### 8.4.6　试验数据及处理

将各项测试数据分别填入表 8-22～表 8-25，然后做相应数据处理。

热负荷和烟气 表 8-22

| | 试验项目 | 单位 | 第一次 | 第二次 | 第三次 | |
|---|---|---|---|---|---|---|
| 热负荷和烟气 | 额定热负荷 | W | | | | |
| | 体积 | L | | | | |
| | 时间 | s | | | | |
| | 实测热负荷 | W | | | | |
| | 实测热负荷平均值 | W | | | | |
| | 实测折算热负荷 | W | | | 热负荷百分比 | |
| | 实测折算热负荷偏差 | % | | | | |
| | 选锅 | mm | | | | |
| | 实测二氧化碳含量 | % | | | 实测折算热负荷 | |
| | 实测一氧化碳含量 | ppm | | | | |
| | 折算一氧化碳含量 | % | | | | |

热准确度及燃烧工况　　　　　　　　　　　　　　　　　　表 8-23

| 名　　称 | 单位 | 测试结果 |
|---|---|---|
| 室温 | ℃ | |
| 额定负荷 $Q$ | kW | |
| 流量计初读数 $V_1$ | L | |
| 流量计终读数 $V_2$ | L | |
| 燃气耗量: $\Delta V = V_2 - V_1$ | L | |
| 时间 $T$ | s | |
| 折算热负荷 $Q_n$ | kW | |
| 平均值 | kW | |
| 准确度 | — | |
| 选锅直径 | mm | |

热效率　　　　　　　　　　　　　　　　　　　　　　　　表 8-24

| 名称 | 单位 | 测试结果 |
|---|---|---|
| 水初温 $t_1$ | ℃ | |
| 水终温 $t_2$ | ℃ | |
| 水温差: $\Delta t = t_2 - t_1$ | ℃ | |
| 加热水量 $G$ | kg | |
| 流量计初读数 $V_1$ | L | |
| 流量计终读数 $V_2$ | L | |
| 燃气耗量: $\Delta V = V_2 - V_1$ | L | |
| 时间 $T$ | s | |
| 折算热负荷 $Q$ | kW | |
| 热效率 $\eta_s$ | % | |
| 平均热效率 | % | |

表面温升　　　　　　　　　　　　　　　　　　　　　　　表 8-25

| 项　　目 | | 温　　升 |
|---|---|---|
| 易接触部位(旋钮等)的表面 | 金属及其相同材料 | |
| | 非金属材料 | |
| 壳体部位的表面 | 金属及类似材料 | |
| | 非金属材料 | |
| 阀门外壳的表面 | | |
| 燃气接头的表面 | | |
| 电点火器及导线的表面 | | |
| 安装灶具地面面板的表面 | | |

注:表面温升的基础温度为室温。

# 8.5　商用燃气油炸炉测试方法

### 8.5.1　试验目的

掌握商用燃气油炸炉（以下简称炸炉）测试方法；对投入使用前的商用燃气炸炉进行全面的质量鉴定，鉴定的主要项目为商用燃气炸炉的气密性、热负荷、热效率、燃烧工况（包括厨具火焰情况、干烟气中CO含量）、厨具表面温升测定、厨具工作时噪声测定、安全装置试验等；检测设备的各项性能是否有达到相关标准的要求，从而进一步的完善设备的各项性能。依据检测数据，对设备做出质量评判或提出改进和使用建议。

### 8.5.2　试验条件

见本书第8.2.2节燃气大锅灶测试试验条件。

### 8.5.3　试验原理

1. 热负荷准确度

实测折算热负荷计算公式同式（8-1）。

热负荷准确度计算公式同式（8-3）。

总热负荷准确度计算公式同式（8-4）。

2. 燃气油炸炉热效率的确定

燃气油炸炉热效率计算公式：

$$\eta = \frac{M_w \times G_w}{V_c \times H_i} \times 100\% \tag{8-18}$$

式中　$M_w$——在测量期间内，水的汽化量，g；

　　　$G_w$——水的热蒸发，MJ/g（2.256MJ/g）；

　　　$V_c$——在测量期间内，燃气消耗的容积或质量，m³或kg；

　　　$H_i$——在15℃、101325Pa时干基准燃气的低热值，MJ/m³。

如果$V_c$被测量的为容积，则有：

$$V_c = V_{mes} \times \frac{P_a + P_m - P_s}{101325} \times \frac{288.15}{273.15 + t_g} \tag{8-19}$$

式中　$V_{mes}$——燃气测得的容积，m³；

　　　$P_a$——大气压力，Pa；

　　　$P_m$——燃气压力，Pa；

　　　$P_s$——在温度为$t_g$时饱合水蒸气的压力，Pa；

　　　$t_g$——在热负荷测量点上的燃气温度，℃。

3. 干烟气中CO含量测试

烟气计算公式同式（8-8）、式（8-9）。

### 8.5.4　试验装置

试验装置如图8-11所示。

### 8.5.5　试验内容及步骤

气密性试验、热负荷准确性试验、燃烧工况试验、电气性能试验同本书第8.2节燃气大锅灶测试中相应内容，这里不再赘述。

1. 燃气油炸炉热效率试验

（1）燃具使用 0-2 气在最高标定功率下运行。依照制造厂的技术规范，注入器具最大液位等容积的水量。恒温器调节在最高档位，当水沸腾后开始计时，测量一定周期内水的蒸发量（20min 以上为宜）。

（2）用式（8-18）和式（8-19）计算油炸炉热效率。

（3）油炸锅的热效率应不小于 50％。

2. 油炸炉类燃具温度调节试验

（1）室温在 20±5℃时，平底锅注入油至其最底液体面。

（2）试验是由冷态开始的，再使用 0-2 气以其标定热负荷运行。

（3）温度在油表面的几何中心和油表面下的 25mm 处测量。

（4）温度控制器调节到最高档位，连续运行中在温度控制器切断三次过程中，记录油温的最高温度。

（5）温度调节：油炸炉的恒温应安置在油缸容器内液位的中间壁上，并加防护外套保护管固定。最高设置温度不得超过 200℃，并符合在性能试验条件下验证温度时决不超过 200℃的规定。

3. 过热限定装置试验

使恒温器损坏不能使用，加热食物油直至过热装置已经运行后，测量最高温度，检查验证温度不超过 230℃。

4. 测试温度控制试验

（1）测试温度用温度传感器安装在测试用油液面下 25mm。

（2）调节油炸炉温控器到相应的设定温度。

（3）油炸炉温控器动作停止工作时，测量测试用油的温度。

（4）依次测量温控器在各个设定位置时的油温动作温度，其偏差不大于 10K。

（5）油炸炉的恒温器传感器应安置在油缸容器内液位的中间壁上，并加防护外套保护管固定。

### 8.5.6　试验数据及处理

将各项试验数据分别填入表 8-26～表 8-29 中，然后进行相应的数据处理。

**热负荷和烟气**　　　　　　　　　　　　表 8-26

| 试验项目 | | 单位 | 第一次 | 第二次 | 第三次 |
|---|---|---|---|---|---|
| 热负荷和烟气 | 额定热负荷 | W | | | |
| | 体积 | L | | | |
| | 时间 | s | | | |
| | 实测热负荷 | W | | | |
| | 实测热负荷平均值 | W | | | |
| | 实测折算热负荷 | W | | 热负荷百分比 | |
| | 实测折算热负荷偏差 | ％ | | | |
| | 选锅 | mm | | | |
| | 实测二氧化碳含量 | ％ | | 实测折算热负荷 | |
| | 实测一氧化碳含量 | ppm | | | |
| | 折算一氧化碳含量 | ％ | | | |

热准确度及燃烧工况 表 8-27

| 名称 | 单位 | 测试结果 | |
|---|---|---|---|
| 室温 | ℃ | | |
| 额定负荷 $Q$ | kW | | |
| 流量计初读数 $V_1$ | L | | |
| 流量计终读数 $V_2$ | L | | |
| 燃气耗量: $\Delta V = V_2 - V_1$ | L | | |
| 时间 $T$ | s | | |
| 折算热负荷 $Q_n$ | kW | | |
| 平均值 | kW | | |
| 准确度 | — | | |
| 选锅直径 | mm | | |

热效率 表 8-28

| | 项目 | 单位 | 测试结果 |
|---|---|---|---|
| 油炸锅的热效率 | 水开始重量 | kg | |
| | 测试后重量 | kg | |
| | 水的汽化量 | kg | |
| | 水的热蒸发 | kJ/g | |
| | 燃气耗量: $\Delta V = V_2 - V_1$ | L | |
| | 时间 $T$ | s | |
| | 折算热负荷 $Q$ | kW | |
| | 热效率 $\eta_s$ | % | |
| | 平均热效率 | % | |

表面温升 表 8-29

| 项　目 | | 温　升 |
|---|---|---|
| 易接触部位(旋钮等)的表面 | 金属及其相同材料 | |
| | 非金属材料 | |
| 壳体部位的表面 | 金属及类似材料 | |
| | 非金属材料 | |
| 阀门外壳的表面 | | |
| 燃气接头的表面 | | |
| 电点火器及导线的表面 | | |
| 安装灶具地面面板的表面 | | |

注:表面温升的基础温度为室温。

# 第9章 燃气输配设施及附件的测试

## 9.1 城镇燃气调压器性能测试

### 9.1.1 试验目的

城镇燃气供应系统的压力工况是利用调压器来控制的,其作用是根据燃气的需用情况将燃气调至不同压力。通过对调压器各项性能测试,进一步了解燃气压力调压原理,加深对调压器测试中常用到的基本概念的认识;了解影响调压器性能的有关因素并掌握有关测试仪器的选择和测定方法。

### 9.1.2 试验条件

(1) 试验室温度应为 5~35℃,试验过程中室温波动应小于±5℃。

(2) 承压件液压强度的试验介质:温度高于 5℃的洁净水(可加入防锈剂)。

(3) 其他试验用介质:洁净的、露点低于－20℃的空气。调压器进口介质温度不应高于 35℃,其出口温度不应低于 5℃(极限温度下的适应性温度除外)。

### 9.1.3 试验方法及步骤

城镇燃气调压器性能试验测试系统,见图 9-1。该测试系统主要包括调压器、进口截断阀、进口压力表、进口温度计、被测调压器、出口压力表、出口温度计、流量调节阀和流量计。各设备之间的相对安装距离应该严格执行图 9-1 中所示的距离要求,其中 $DN_1$ 为被测调压器前面上游管道的公称尺寸,$DN_2$ 为被测调压器后面下游管道的公称尺寸。

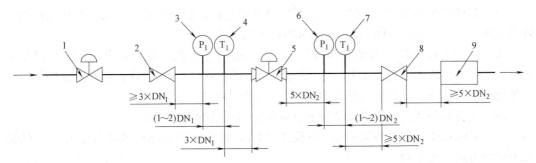

图 9-1 城镇燃气调压器性能测试试验流程图
1—调压器;2—进口截断阀;3—进口压力表;4—进口温度计;5—被测调压器;
6—出口压力表;7—出口温度计;8—流量调节阀;9—流量计

1. 外观检查

目测法观察调压器表面,其应进行防腐处理,防腐层应均匀,色泽一致,无起皮、龟裂、气泡等缺陷。调压器与附加装置及指挥器间的连接管应平滑,无压瘪、碰伤等缺陷。

2. 静特性试验参数设定

查看调压器参数入口压力范围 $P_{1min} \sim P_{1max}$、出口压力范围 $P_{2min} \sim P_{2max}$ 及对应流量范围 $Q_{min} \sim Q_{max}$，以及进出口压力范围内的性能指标：稳压等级 AC 和关闭压力等级 SG。

设定出口压力 $P_{2c}$ 分别为 $P_{2min}$、$P_{2max}$、$P_{2int}$，其中 $P_{2int} = P_{2min} + \dfrac{P_{2max} - P_{2min}}{2}$；

进口压力 $P_1$ 的取值分别为 $P_{1min}$、$P_{1max}$ 和 $P_{1av} = P_{min} + \dfrac{P_{1max} - P_{1min}}{2}$。

3. 静特性试验步骤

（1）首先在进口压力等于 $P_{1av}$、流量为 $(1.15 \sim 1.2)Q_{min,P1av}$ 的工况下，将调压器出口压力调整至初设出口压力 $P_{2int}$，如图 9-2 所示初始点。

（2）完成初设后进行如下操作，测定一条静特性线：

1）利用流量调节阀改变流量，先逐步增加至最大试验流量 $Q_L$，然后逐步降低至零，最后再增加至初始点；

2）在 $Q = 0$ 至 $Q_L$ 间至少分布 11 个测量点，分别为：初始点、5 个流量增加点、4 个流量降低点、1 个零流量点，如图 9-2 所示。

3）流量调节阀的操作应缓慢；

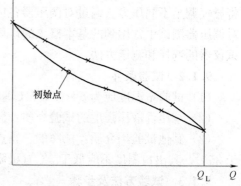

图 9-2　测点分布示意图

4）$Q=0$ 时的调压器出口压力应在调压器关闭后 5min 和 30min 时分别测量两次；

（3）进口压力分别调整至 $P_{1min}$ 及 $P_{1max}$，重复（2）的操作。如此可得 $P_{2int}$ 下的一族静特性线；

（4）在进口压力为 $P_{1max}$ 时，当流量回至初始点后，利用流量调节阀再次将流量缓慢降低至零，并在调压器关闭 5min 后测量两次出口压力。

（5）再在各自的 $P_{1av}$ 及流量为 $(1.15 \sim 1.2)Q_{min,P1av}$ 的工况下，将调压器出口压力调整至初设出口压力 $P_{2max}$ 及 $P_{2min}$；重复（2）、（3）和（4）的操作；如此重复操作可得上述初设出口压力 $P_{2c}$ 和进口压力 $P_1$ 下的三族静特性线。

（6）在各族静特性线的测试过程中不应变更调压器的调整状态。

（7）实际试验所测得的流量 $Q_m$ 应按式（9-1）换算至调压器在进口温度为 15℃ 的情况下试验得到的流量 $Q$；

$$Q = Q_m \sqrt{\frac{d \times (273 + t_1)}{273 + 15}} \tag{9-1}$$

式中　$Q$——流量，$m^3/h$；

　　　$Q_m$——调压器进口温度为 $t_1$ 时试验测得的流量，$m^3/h$；

　　　$d$——试验介质的相对密度，对于空气，$d=1$；

　　　$t_1$——调压器前试验介质温度，℃。

（8）第二次测得的关闭压力 $P_{b2}'$ 应作温度修正，按式（9-2）计算可得到修正后的关

闭压力 $P'_{b2}$，与第一次测得的关闭压力 $P_{b1}$ 作比较。

$$P_{b2} = \frac{t_{21}+273}{t_{22}+273}(P'_{b2}+P_a)-P_a \qquad (9\text{-}2)$$

式中　$P_{b2}$——第二次测量测得的关闭压力经温度修正后的压力，MPa；

　　　　$P'_{b2}$——第二次测量测得的关闭压力，MPa；

　　　　$t_{21}$——第一次测量测得的调压器出口温度，℃；

　　　　$t_{22}$——第二次测量测得的调压器出口温度，℃；

　　　　$P_a$——大气压力，MPa。

关闭压力 $P_b$ 取 $P_{b1}$ 和中 $P_{b2}$ 中的最大值。

（9）记录表格及其要求见表 9-3。

3. 结果判断

对每个 $P_{2c}$ 分别将其静特性线族画在 $Q\text{-}P_2$ 坐标图上，如图 9-3 所示，并按如下方法对每族静特性线进行判定：

（1）在各图上以各静特性线的 $Q_{max}$（或 $Q_L$）和 $Q_{min}$ 作垂直线分别与相应的静特性线相交得交点，以交点间静特性线上的最高点和最低点分别作虚线 1 和虚线 2，并以虚线 1 和虚线 2 纵坐标的中间值作虚线 3。

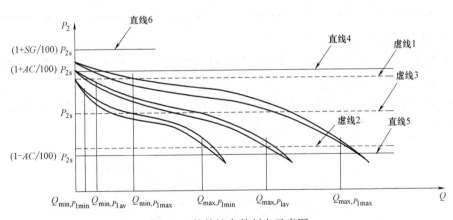

图 9-3　静特性参数判定示意图

（2）以虚线 3 的纵坐标 $P_{2s}$，再作三条平行线，直线 4、直线 5 和直线 6，其纵坐标分别为：$\left(1+\dfrac{AC}{100}\right)\times P_{2s}$、$\left(1-\dfrac{AC}{100}\right)\times P_{2s}$、$\left(1+\dfrac{SG}{100}\right)\times P_{2s}$。

（3）各 $Q_{max}$（或 $Q_L$）和 $Q_{min}$ 间的静特性线段均应在直线 4 和直线 5 包含的范围内。

（4）各关闭压力 $P_b$ 均不应大于 $\left(1+\dfrac{SG}{100}\right)\times P_{2s}$。

（5）$Q_{max}$（或 $Q_L$）和 $Q_{min}$ 之间压力回差 $\Delta P_h$ 的最大值包含在稳压精度范围内，并且 $\Delta P_h$ 应按式（9-3）计算；

$$\Delta P_h \leqslant \frac{AC}{100}\times P_{2s} \qquad (9\text{-}3)$$

式中　$\Delta P_h$——压力回差，MPa；

$AC$——稳压精度等级，见表 9-1；

$P_{2s}$——设定压力，MPa；

**稳压精度等级**　　　　　　　　　　　　　　　　　　　　　表 9-1

| 稳压精度等级 | 最大允许相对正负偏差 |
|---|---|
| $AC1$ | $\pm1\%$ |
| $AC2.5$ | $\pm2.5\%$ |
| $AC5$ | $\pm5\%$ |
| $AC10$ | $\pm10\%$ |
| $AC15$ | $\pm15\%$ |

（6）静特性线族关闭压力区等级 $SZ_{P2}$ 应符合表 9-2 的要求。

**静特性线族关闭压力区等级 $SZ_{P2}$**　　　　　　　　　　表 9-2

| 关闭压力区等级 | $Q_{min,p1max}/Q_{max,p1min}$ |
|---|---|
| $SZ_{P2}2.5$ | $2.5\%$ |
| $SZ_{P2}5$ | $5\%$ |
| $SZ_{P2}10$ | $10\%$ |
| $SZ_{P2}20$ | $20\%$ |

4. 流量系数试验步骤

（1）将调压器处于全开状态，记录介质温度（空气）$t_1$，把试验台上的流量调节阀开至最大，使出口压力尽量低。

（2）调节流量调节阀，逐渐增加调压器进口压力，在进口压力范围内，测得 6 组数据，记录同一时刻入口压力、出口压力及其流量。

（3）各测试工况下的流量系数 $C_{gi}$ 按照式（9-4）计算得到。

$$C_{gi}=\frac{Q\sqrt{d\times(t_1+273)}}{69.7(P_1+P_a)}=\frac{Q\dfrac{\sqrt{d\times(t_1+273)}}{(P_2+P_a)}}{69.7\dfrac{(P_1+P_a)}{(P_2+P_a)}} \qquad (9-4)$$

式中　$C_{gi}$——测试工况下的流量系数；

$Q$——通过调压器的流量，$m^3/h$；

$d$——试验介质的相对密度，对于空气，$d=1$；

$t_1$——调压器前试验介质温度，℃；

$P_1$——进口压力，MPa；

$P_2$——出口压力，MPa；

$P_a$——大气压力，MPa。

流量系数等于临界流动状态时各测试工况下流量系数的平均值，按照式（9-5）计算得到。

$$C_g=\sum_{i=1}^{n}\frac{C_{gi}}{n} \qquad (9-5)$$

式中　$C_g$——流量系数；

$\quad\quad\ C_{gi}$——测试工况下的流量系数；

$\quad\quad\ n$——测试工况数。

（4）要求调压器的流量系数 $C_g$ 不应低于厂家声明流量系数值的 $90\%$。

（5）记录表格及其要求见表 9-4。

### 9.1.4　试验表格

该试验表格如表 9-3 和表 9-4 所示。

静特性线记录表格　耐久试验前/后　　　　　　　　　　表 9-3

| 流量 | $P_{1max}$ | 流量 | $P_{1av}$ | 流量 | $P_{1min}$ |
|---|---|---|---|---|---|
| 0.00 | | 0.00 | | 0.00 | |
| | | | | | |
| | | | | | |
| | | | | | |
| | | | | | |
| | | | | | |
| 入口压力<br>（MPa） | | 入口压力<br>（MPa） | | 入口压力<br>（MPa） | |
| 关闭压力<br>（kPa） | | 关闭压力<br>（kPa） | | 关闭压力<br>（kPa） | |
| 温度（℃） | | 温度（℃） | | 温度（℃） | |

流量系数记录表格　　　　　　　　　　表 9-4

| 序号 | 进口压力<br>（MPa） | 出口压力<br>（kPa） | 流量<br>（m³/h） | 介质温度<br>（℃） | 流量系数 | 平均值 | 声明值 | 实测值与<br>标称值比值 |
|---|---|---|---|---|---|---|---|---|
| 1 | | | | | | | | |
| 2 | | | | | | | | |
| 3 | | | | | | | | |
| 4 | | | | | | | | |
| 5 | | | | | | | | |
| 6 | | | | | | | | |

## 9.2　液化石油气钢瓶的测试

### 9.2.1　试验目的

验证与气瓶质量完整性和性能有直接关系的关键设计参数，测定其爆破安全系数，估计和对比某些其他性能。

### 9.2.2　试验条件

（1）试验使用清洁淡水，供水稳定连续；试验时的水温不低于 5℃，试验时环境温度不得低于 5℃；受试瓶中的水温与即将压入的水温之差不大于 2℃。

（2）试验装置及承压管具有 1.5 倍最高试验压力的承受能力。

（3）试验装置上至少安装 2 只量程相同并能正确显示试验压力的压力表，且量程为试瓶计算压力的 1.5 ～ 3 倍。压力表必须经校准合格。

（4）测量水及环境温度的仪表最小显示值不大于 1℃。

（5）用于试验装置中的量筒应有适当的容积和直径，保持垂直度和稳定性。其最小刻度值不大于 5mL（大容积气瓶）或 1mL（小容积气瓶），刻度值的相对误差不大于 1％。

（6）试验样品：未充装过液化气的新气瓶 3 只。

### 9.2.3　试验方法及步骤

1. 射线透照

（1）射线透照检验按《承压设备无损检测》JB 4730 或《气瓶对接焊缝 X 射线数字成像检测》GB 17925 的规定执行。

（2）无损检测人员应按《锅炉压力容器无损检测人员资格考核与监督管理规则》考试合格，并持有有效证书。

（3）只有环焊缝的钢瓶，应按生产顺序每 250 只随机抽取 1 只（不足 250 只时，也应抽取 1 只），对环焊缝进行 100％射线透照检验。如不合格，应再抽取 2 只检验。如仍有 1 只不合格，则应逐只检验。

（4）有纵、环焊缝的钢瓶，应逐只对钢瓶的纵、环焊缝总长度的 20％进行射线透照检验，其中必须包括纵、环焊缝的交接处。

（5）焊缝射线透照检验结果，应按《承压设备无损检测》JB 4730 评定，射线透照底片质量或图像质量为 AB 级，焊缝缺陷等级Ⅲ级为合格。

（6）未经射线透照检验的焊缝质量也应符合（5）的规定。

2. 水压试验

（1）水压试验按《气瓶水压试验方法》GB/T 9251 的规定执行。

（2）水压试验时，应以每秒不大于 0.5MPa 的速度缓慢升压至 3.2MPa，并保持 1min，检查钢瓶，不得有宏观变形和渗漏，压力表不允许有回降现象。

（3）不应对同一钢瓶连续进行水压试验。

3. 气密性试验

（1）钢瓶气密性试验按《气瓶气密性试验方法》GB/T 12137 的规定执行。

（2）钢瓶气密性试验应在水压试验合格后进行，试验压力为 2.1MPa。

（3）试验时向瓶内充装压缩空气，达到试验压力后，浸入水中，保持 1min，检查钢瓶不得有泄漏现象。

（4）进行气密性试验时，应采取有效的防护措施，以保证操作人员的安全。

4. 力学性能试验

（1）取样要求：

1）只有环焊缝的钢瓶，应从钢瓶封头直边部位切取母材拉力试样一件，如果直边部位长度不够，可从封头曲面部位切取。从环焊缝处切取焊接接头的拉力试样、横向面弯和背弯试样各一件，见图 9-4。

2）有纵、环焊缝的钢瓶，应从筒体部分沿纵向切取母材拉力试样一件，从封头顶部切取母材拉力试样一件，从纵焊缝上切取拉力、横向面弯、背弯试样各一件，如果环焊缝和纵焊缝的焊接工不同，则应在环焊缝上切取同样数量的试样，见图 9-5。

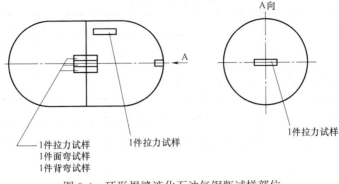

图 9-4　环形焊缝液化石油气钢瓶试样部位

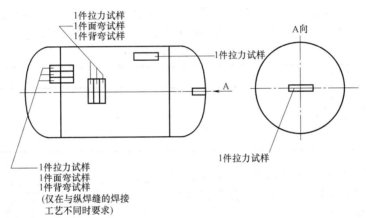

图 9-5　混合焊缝液化石油气钢瓶试样部位

（2）试样上焊缝的正面和背面应采用机械加工方法使之与板面齐平。对不够平整的试样，允许在机械加工前，采用冷压法矫平。

（3）试样的焊接横断面应是良好的，不得有裂纹、未熔合、未焊透、夹渣和气孔等缺陷。

（4）拉力试验

1）钢瓶母材拉力试验按《金属材料　拉伸试验》GB/T 228 的规定执行（见图 9-6）；试验结果应满足：

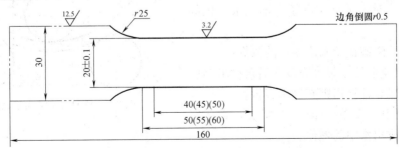

图 9-6　母材拉伸试验试件

注：母材试样按《金属材料　拉伸试验　第 1 部分：高温试验方法》
GB/T 228.1—2010 附录 B P04 试样，取比例系数 $k = 5.65$。

① 实测抗拉强度 $R_{ma}$ 不得低于母材标准规定值的下限或热处理保证值；

② 试样的断后伸长率应符合表 9-5 的规定。

**断后伸长率 A 的数值**　　　　　　　　　　　　　表 9-5

| 瓶体名义壁厚 $S_0$ | $R_{ma} \leqslant 490MPa$ | $R_{ma} > 490MPa$ |
|---|---|---|
| $S_0 \geqslant 3mm$ | $A \geqslant 29\%$ | $A \geqslant 20\%$ |
| $S_0 < 3mm$ | $A_{80mm} \geqslant 22\%$ | $A_{80mm} \geqslant 15\%$ |

注：$A_{80mm}$——原始标距为 80 mm 的试样断后伸长率。

2）钢瓶焊接接头拉力试验按《焊接接头拉伸试验方法》GB 2651 的规定执行。试样采用该标准规定的带肩板形试样，如断裂发生在焊缝部位，其抗拉强度不得低于母材标准规定值的下限。

（5）弯曲试验

1）焊接接头弯曲试验按《焊接接头弯曲试验方法》GB 2653 的规定执行。

2）弯轴直径 $X_T$ 和试样厚度 $S_0$ 之间的比值 $n$ 应符合表 9-6 的规定。

**弯轴直径和试样厚度比值**　　　　　　　　　　　表 9-6

| 实测抗拉强度 $R_{ma}$（MPa） | $n$ |
|---|---|
| $R_{ma} \leqslant 430$ | 2 |
| $430 < R_{ma} \leqslant 510$ | 3 |
| $510 \leqslant R_{ma} \leqslant 590$ | 4 |

3）弯曲试验中，应使弯轴轴线位于焊缝中心，两支持辊的辊面距离应保证试样弯曲时恰好能通过，见图 9-7。

4）焊接接头试样弯曲 180°时应无裂纹，但试样边缘的先期开裂不计。

5. 水压爆破试验

（1）钢瓶水压爆破试验按《气瓶水压爆破试验方法》GB 15385 规定执行，其试验系统，见图 9-8。

（2）进行水压爆破试验时，升压应缓慢平稳，水泵每小时送水量应不超过钢瓶水容积的 5 倍。

（3）水压爆破试验及应测定的数据：

1）称出空瓶的重量，充满水后再称出钢瓶和水的总重量，计算出钢瓶的水容积。

2）缓慢升压至 2.1MPa，然后卸压，反复进行数次，排出水中的气体。

3）排尽气体后，再缓慢升压至 3.2MPa，至少保持 30s 后，钢瓶不应发生宏观变形和渗漏。

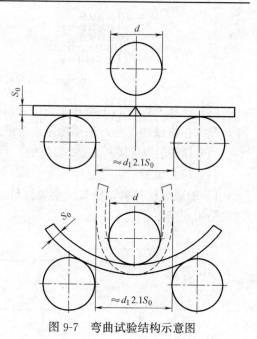

图 9-7　弯曲试验结构示意图

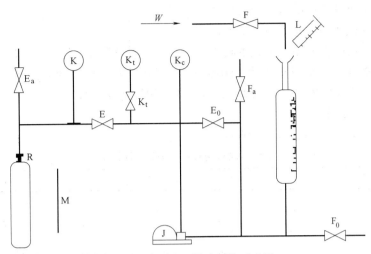

图 9-8　钢瓶水压爆破系统示意图

4）继续缓慢升压直至钢瓶爆破，试验装置应自动记录压力、时间和进水量，绘制压力—时间、压力—进水量曲线，并确定钢瓶开始屈服时的压力；钢瓶爆破时，应自动记录爆破压力和总进水量。

（4）爆破压力 $P_b$ 按式（9-6）计算。

$$P_b \geqslant \frac{2SR_m}{D-S_0}\qquad(9\text{-}6)$$

式中　$S$——受试瓶瓶体厚度，mm；

　　　$R_m$——受试瓶瓶体材料热处理后抗拉强度保证值，N/mm$^2$；

　　　$D$——受试瓶瓶体外径，mm；

　　　$S_0$——受试瓶瓶体名义厚度，mm。

（5）钢瓶爆破前变形应均匀，爆破时容积变形率（爆破时钢瓶容积增加量与钢瓶水容积之比）应符合表 9-7 的规定。

钢瓶爆破时容积变形率　　　　　　　　　　　　　表 9-7

| 瓶体高度与钢瓶外直径之比 $H/D$ | 抗拉强度（MPa） | | |
| :---: | :---: | :---: | :---: |
| | $R_m \leqslant 360$ | $360 < R_m \leqslant 490$ | $R_m > 490$ |
| | 容积变形率（%） | | |
| >1 | 20 | 15 | 12 |
| ≤1 | 14 | 10 | 8 |

（6）受试钢瓶破裂时的容积变形计算方法：

$$E = \Delta V/V \times 100\%$$

$$\Delta V = A - B - (V+A-B)P_b \times \beta_t$$

式中　$E$——受试瓶破裂时的容积变形率（容积百分比）；

　　　$\Delta V$——受试瓶破裂时的容积变形值，mL；

　　　$V$——受试瓶的实际容积，mL；

　　　$A$——承压管道在受试瓶破裂压力下的总压入水量，mL；

$B$——承压管道在受试瓶破裂压力下的压入水量，mL；

$P_b$——受试瓶的爆破压力，MPa；

$\beta_t$——在试验温度和受试瓶爆破压力下的平均压缩系数（见有关标准）。

（7）钢瓶爆破时不应形成碎片，爆破口不应发生在阀座角焊缝上、封头曲面部位（小容积钢瓶除外）、纵焊缝上和环焊缝上（垂直于环焊缝者除外）。

### 9.2.4 试验表格

该试验相关记录表格如表 9-8 所示。

液化石油气钢瓶水压爆破试验记录 表 9-8

| 样品编号 | | 样品型号 | | 试验日期 | |
|---|---|---|---|---|---|
| | | | | | |
| 实测容积 $V$(mL) | 试验水温(℃) | | 水温压缩系数 $K$ | | 试验用时(s) |
| | | | | | |
| 屈服压力(MPa) | 爆破压力(MPa) | | 总进水量(mL) | | 容积变形率 |
| | | | | | |
| 破口部位 | 破口形状 | | 破口长度(mm) | | 破口宽度(mm) |
| | | | | | |

# 参 考 文 献

[1]  方修睦. 建筑环境测试技术［M］. 北京：中国建筑工业出版社，2016.

[2]  金志刚，王启. 燃气检测技术［M］. 北京：中国建筑工业出版社，2011.

[3]  张永瑞，刘振起，杨林耀 等. 电子测量技术基础［M］. 西安：西安电子科技大学出版社，2000.

[4]  周渭，于建国，刘海霞. 测试与计量技术基础［M］. 西安：西安电子科技大学出版社，2004.

[5]  田胜元，肖曰荣. 试验设计与数据处理［M］. 北京：中国建筑工业出版社，1998.

[6]  费业泰. 误差理论与数据处理［M］. 北京：机械工业出版社，2010.

[7]  袁有臣 等. 误差理论与测试信号处理［M］. 北京：化学工业出版社，2011.

[8]  王玲生. 热工检测仪表［M］. 北京：冶金工业出版社，2006.

[9]  吕崇德. 热工参数测量与处理［M］. 北京：清华大学出版社，2005.

[10]  西安建筑学院，同济大学. 热工测量与自动调节［M］. 北京：中国建筑工业出版社，1983.

[11]  郑正泉 等. 热能与动力工程测试技术［M］. 武汉：华中科技大学出版社，2001.

[12]  施文康，余晓芬. 检测技术［M］. 北京：机械工业出版社，2007.

[13]  纪纲. 流量测量仪表应用技巧［M］. 北京：化学工业出版社，2005.

[14]  蔡武昌，孙淮情，纪纲. 流量测量方法和仪表的选用［M］. 北京：化学工业出版社，2003.

[15]  刘耀浩. 建筑环境设备测试技术［M］. 天津：天津大学出版社，2005.

[16]  王池，王自和，张宝珠，孙淮清. 流量测量技术全书［M］. 北京：化学工业出版社，2012.

[17]  伍国福，任季琼，曾永红 等. 燃气测试实验技术［M］. 重庆：重庆大学出版社，2005.